环烷基石油磺酸盐

霍　进　石国新　聂小斌　等著

石油工业出版社

内容提要

本书以驱油用表面活性剂驱油机理、石油磺酸盐合成与工业化生产现状为出发点，详细论述了环烷基石油磺酸盐的研发、原料油选择、磺化工艺条件和酸渣的再利用；通过对环烷基石油磺酸盐的分离纯化、定量表征、指纹图谱识别和分子结构剖析等明确了环烷基石油磺酸盐的性能与结构的关系，给出了环烷基石油磺酸盐表面活性剂大幅度提高石油采收率机理；通过新疆油田实施的几个复合驱工业化试验总结了环烷基石油磺酸盐在二中区三元复合驱、七中区二元复合驱等矿场中的应用效果。

本书可供从事石油天然气开发工作的管理人员、工程技术人员，以及相关院校师生参考使用。

图书在版编目（CIP）数据

环烷基石油磺酸盐 / 霍进等著 . —北京：石油工业
出版社，2020.12

ISBN 978-7-5183-4285-3

Ⅰ . ① 环… Ⅱ . ① 霍… Ⅲ . ① 环烷基原油—磺酸盐—表面活性剂 Ⅳ . ① TE35

中国版本图书馆 CIP 数据核字（2020）第 201109 号

出版发行 : 石油工业出版社

（北京安定门外安华里 2 区 1 号　　100011）

网　　址 : www.petropub.com

编辑部 :（010）64523537　图书营销中心 :（010）64523633

经　销 : 全国新华书店

印　刷 : 北京中石油彩色印刷有限责任公司

2020 年 12 月第 1 版　2020 年 12 月第 1 次印刷

787×1092 毫米　开本 : 1/16　印张 : 16.75

字数 : 390 千字

定价 : 130.00 元

石油是一种不可再生资源，2018 年全球一次能源消费中，石油占 33.6%，天然气占 23.9%，石油在一次能源结构中占主导地位，是世界经济发展不可或缺的战略资源。经过一次和二次采油可以采出原油储量的 30%～50%，地下储层中仍留存有 50%～70% 的原油，针对储层中大量的未采出原油，世界各国开展了三次采油技术研究。三次采油技术是依靠物理、化学和生物等方法提高原油采收率的油田开发技术，运用三次采油技术大幅度提高采收率是减缓油田产量递减、保持原油稳产的必然选择。三次采油技术中的复合驱油方法在我国研究和应用范围最广，得到人们的普遍重视，作为复合驱的核心——驱油用表面活性剂，以阴离子型表面活性剂中的石油磺酸盐类表面活性剂产量最大、应用领域最为广泛。

新疆准噶尔盆地蕴藏着丰富的环烷基原油资源。环烷基原油是炼制高等级变压器油、火箭推进剂、耐极寒机油、特级沥青等重要产品的主要原材料，被誉为石油中的"稀土"，世界稠油探明储量共 $8150 \times 10^8 t$，其中环烷基原油仅占 0.15%。环烷基含量大于 50% 的为优质环烷基稠油，新疆克拉玛依的稠油环烷基含量高达 69.7%。我国一直缺少油田用驱油表面活性剂，而准噶尔盆地丰富的环烷基原油也是生产驱油用表面活性剂的优质原料油。本书介绍了环烷基石油磺酸盐的研发及驱油机理，从环烷基石油磺酸盐研发与生产、组成分析与结构表征、性能与结构关系、驱油机理、矿场应用等方面进行了详细论述，全书共分为六章。第一章论述了表面活性剂驱油机理、石油磺酸盐合成与工业化生产现状；第二章论述了环烷基石油磺酸盐的研发、原料油选择、磺化工艺条件和酸渣的再利用；第三章论述了环烷基石油磺酸盐的分离纯化、定量表征、谱纹图谱识别和分子结构剖析；第四章论述了环烷基石油磺酸盐性能与结构的关系；第五章论述了环烷基石油磺酸盐驱油机理；第六章论述了环烷基石油磺酸盐在新疆油田二中区三元复合驱、七中区二元复合驱等矿场中的应用效果。

本书编写过程中，得到了中国石油天然气股份有限公司、中国石油克拉玛依石化有限责任公司、新疆金塔投资集团公司、中国科学院兰州化学物理研究所等单位领导和专家的大力支持，在此再次表示感谢。由于笔者水平及掌握的资料有限，书中不足之处在所难免，敬请广大读者批评指正。

目 录

第一章 绪论

石油的开采过程一般可以分为 3 个阶段：一次采油（POR），仅依靠地层的压力出油，采收率一般低于 30%；二次采油（SOR），是通过向油层注水、气以补充地层压力，可将采收率提高到 40%～50%；三次采油（EOR），是利用物理化学和生物学等技术改变油、水、岩石间的性能以开采更多的石油，原油采收率可提高到 80%～85%[1]。

随着原油被开采，油层压力逐渐降低，仅靠二次采油的方法很难将岩石缝隙中的原油采出，三次采油技术成为目前国内外石油行业的研究热点。三次采油方法[1]主要分为：热力驱，如蒸汽驱、火烧油层等；混相驱，如烃类混相驱、CO_2 混相驱、N_2 混相驱等；化学驱，如聚合物驱、表面活性剂驱、碱水驱等；微生物驱，如生物聚合物驱、微生物表面活性驱。

目前国内部分大型油藏开发到后期时，原油采收率较低，大多采用化学驱进一步提高采收率。化学驱技术是指向注入水中加入化学剂，以改变驱替流体的物化性质及驱替流体与原油和岩石矿物之间的界面性质，从而有利于原油生产的一种采油方法。主要包括聚合物驱、聚合物—表面活性剂二元复合驱、表面活性剂—聚合物—碱三元复合驱等。其中三元复合驱油技术，于 20 世纪 80 年代产生之后发展迅速，三元复合驱是将碱、表面活性剂与聚合物混合复配在一起形成的一种能够大幅提高原油采收率的驱油体系，但是碱带来的伤害和结垢影响了三元复合驱技术的推广应用，目前无碱二元复合体系驱油技术的研究快速发展，已经成为国内外采油行业的研究热点。

第一节 表面活性剂及驱油机理

表面活性剂驱油是以表面活性剂体系作为驱油剂的一种提高采收率方法。

表面活性剂体系主要有：活性水［表面活性剂浓度＜临界胶束浓度（cmc）的体系］；胶束溶液（表面活性剂浓度＞临界胶束浓度，但小于 2% 的体系）；微乳液（表面活性剂浓度＞4% 的体系）；乳状液体系；泡沫体系等。

一、表面活性剂驱油机理

表面活性剂体系是通过提高驱替效率和波及系数来提高采收率的，但不同的表面活性剂体系其驱油机理有所不同。

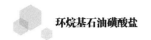

1. 活性水驱

活性水是表面活性剂浓度为 0.001%～0.1% 范围的水溶液。它比普通水驱油具有更高的采收率，因为它可以提高驱油剂的驱替效率和波及系数。

1）提高驱替效率

驱油剂将黏附在岩石表面上的原油驱替下来需要克服黏附功（W_a）：

$$W_a = \gamma_{sg} + \gamma_{lg} - \gamma_{sl} \qquad (1-1)$$

式中　W_a——黏附功；

　　　γ_{sg}——气固表面张力；

　　　γ_{lg}——气液表面张力；

　　　γ_{sl}——液固表面张力。

利用润湿方程可将式（1-1）改写为：

$$W_a = \gamma_{ow} \left(1 + \cos\theta\right) \qquad (1-2)$$

式中　γ_{ow}——油水界面张力；

　　　θ——油对岩石的润湿角。

活性水中的表面活性剂可在油水界面发生吸附，使油水界面张力降低；同时表面活性剂可通过在岩石表面吸附，改变岩石表面润湿性，使润湿角增加。因此活性水使原油从岩石表面驱替下来所做的功就大大减少了，驱替效率得以提高。

2）减少毛细管阻力

虽然岩石表面是亲水的，但由于在油层中岩石表面为原油所覆盖，使其不为水所润湿从而变为亲油表面。因此，水驱油过程中会产生毛细管阻力。毛细管阻力可用式（1-3）表示：

$$\Delta p = \frac{2\gamma}{r}\cos\theta \qquad (1-3)$$

式中　Δp——毛细管阻力；

　　　γ——油水界面张力；

　　　r——地层孔隙半径；

　　　θ——油对岩石表面的润湿角。

由式（1-3）可知，若油水界面张力越大，油对岩石表面的润湿角越小，则毛细管阻力越大，对水驱油越不利。

由于表面活性剂可使油水界面张力降低，并使油对岩石表面的润湿角增加，因此表面活性剂可大大减少毛细管阻力。当用活性水代替普通水驱油时，活性水可进入半径更小而普通水原来进不去的毛细孔隙，从而提高波及系数。

3）活性水与原油乳化

配制活性水的表面活性剂都是亲水亲油值（HLB）＞8 的水溶性表面活性剂，可使原油与活性水乳化成水包油型乳状液。形成乳状液后，一方面使乳化的油不易再黏附回岩石表面，因而有利于提高驱替效率；另一方面乳化的油滴可在高渗透层段产生叠加的液阻效应，迫使注入水进入中、低渗透层段，因而可提高波及系数。

2. 微乳液驱

微乳液是由油、水、表面活性剂、助表面活性剂和电解质组成的透明或半透明的热力学稳定体系。微乳液组成见表1-1。

表1-1 微乳液组成

微乳液	油（%）	水（%）	活性剂（%）	助剂（%）	盐（%）
油/水	1～5	40～90	≥4	0.01～5	<4
水/油	40～50	10～50	≥4	0.01～5	<4

微乳液也有水外相微乳液和油外相微乳液之分。用亲水性表面活性剂可配成水外相微乳液，用亲油性表面活性剂可配得油外相微乳液。油可以用汽油、柴油、煤油、轻烃、芳烃；水可以用淡水或盐水；表面活性剂通常用阴离子活性剂或非离子活性剂；助表面活性剂为 C_4—C_8 正异构醇；电解质可用 NaCl 或 KCl 等。

微乳液驱油机理较为复杂，可简单归纳如下。

1）混相驱动

微乳液在一定范围内可与油、水混溶。因此，在它进入地层初期与地层中的油和水都无界面，属于混相驱动。由于微乳液和油、水之间无界面，因此不存在毛细管阻力，其波及系数比普通水和活性水都大，可大幅度提高采收率。

2）与原油形成超低界面张力

微乳液与原油的混溶实际上是一种增溶作用，随着微乳液进入地层深处，增溶的油量逐渐增多，最后达到饱和。这时微乳液与原油之间就出现了界面，由原来的混相驱变成非混相驱。但由于微乳液是浓表面活性剂体系，体系中还含有助剂醇和无机盐，因此可与原油形成超低界面张力（$\leqslant 10^{-3}$mN/m）。超低界面张力可大大减少毛细管阻力，降低黏附功，既可提高波及系数，又可提高驱替效率，从而提高采收率。

3）与原油乳化

当增溶的油量达到饱和后，微乳液体系可与原油发生乳化形成乳状液，在地层中产生液阻效应，提高波及系数和驱替效率，从而提高采收率。

3. 泡沫驱

配制泡沫的表面活性剂通常为浓度为0.1%～1.0%的阴离子表面活性剂；气体可以用空气、氮气、二氧化碳、天然气、炼厂气、烟道气；水可以用淡水或盐水。可向油层中胶体注入表面活性剂溶液和气体，也可将两者分别从油管和套管同时注入。泡沫驱油的机理也较为复杂，可归纳如下。

1）气阻效应

气泡通过毛细管孔道时对流体流动产生阻力的现象称为气阻效应。气阻效应也可叠加，当泡沫通过非均质性地层时，首先进入高渗透层，由于气阻效应的不断叠加，流动阻力逐渐增大，使得泡沫依次进入中、低渗透层，从而提高了波及系数。

2）黏度高

在一定温度下，泡沫的黏度取决于分散介质和泡沫中气体的含量，也称为泡沫特征值。泡沫体系的黏度可表示为：

$$\eta = \eta_0 \frac{1}{1-\phi^{1/3}} \qquad (1-4)$$

式中 ϕ——泡沫中气体体积含量；

η——泡沫黏度；

η_0——配制泡沫所用液体黏度。

用于驱油的泡沫 $\phi \geqslant 0.9$，当 $\phi=0.9$ 时，$\eta/\eta_0=29$。由于泡沫体系黏度高，所以有较大的波及系数。

3）具有活性水的功能

当泡沫在地层中破灭后具有活性水的功能。

二、驱油用表面活性剂概述

适宜驱油用的表面活性剂应满足下列条件：有较强的降低油水界面张力的能力；有较强的改善润湿性能力；有较好的乳化能力；受地层离子影响小。要满足前两个条件，表面活性剂的亲油基应带有分支，因为分支结构的表面活性剂降低界面张力和润湿反转能力都较强。要满足第三个条件，表面活性剂的 HLB 值应在 8～18 之间，使油能乳化成水包油型乳状液。要满足最后一个条件，表面活性剂应选用非离子型或耐盐性能较好的阴离子表面活性剂。常用的表面活性剂有以下几种。

1. 石油磺酸盐

石油磺酸盐是目前提高采收率中应用最广泛的一类表面活性剂。石油磺酸盐是由硫酸精制白油的副产物经中和而得到，因原料组成不同，分子结构十分复杂，其结构大致如下：

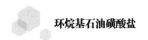

（以低黏度油为原料得到的单芳烃磺酸盐和双芳烃磺酸盐）

（以高黏度油为原料得到的单芳烃磺酸盐和双芳烃磺酸盐）

目前人们所说的石油磺酸盐是以石油及其馏分为原料，用磺化剂磺化，再用碱中和而制成的产品。由于石油磺酸盐的原料多用混合物，所以产品的组成较为复杂，质量随原料组成及工艺条件而变化。其原料可用原油、拔头原油、原油馏分和原油加工半成品油。原油可用石蜡基原油或沥青基油，馏分油和半成品油包括煤油、柴油和润滑油馏分。制备石油磺酸盐的磺化剂可用浓硫酸、发烟硫酸或三氧化硫等。中和石油磺酸的碱通常用氢氧化钠。

石油磺酸盐的优点是：界面活性高；与原油配伍性好；成本低、工艺简单、竞争力强。但也存在一些问题：对高价阳离子敏感；易与黏土吸附，即吸附损失严重；产品组成和性能稳定性差。

2. 木质素磺酸盐

木质素是存在于种子植物中的一类芳香族化合物的总称，是一类结构复杂的天然高分子化合物。工业上的木质素通常来自造纸工业碱法或亚硫酸盐造纸法的纸浆废液，得到的是碱木质素或木质素磺酸盐。由纸浆废液得到的未经改性的木质素磺酸盐在地层表面吸附量大，因此在驱油过程中作为助表面活性剂使用。木质素磺酸盐与其他磺酸盐表面活性剂复配作为驱油剂使用，可以使主表面活性剂的吸附损失减少60%以上，也可以使驱油体系的界面张力再降低一个数量级。

木质素磺酸盐分子中有较多的亲水基团，亲油性较弱。为提高其亲油性，可用脂肪胺通过 Mannich 反应在其分子中引入长链烷基。

$$CH_3O \overset{CHSO_3Na}{\underset{HO}{\bigcirc}} + CH_2O + H_2N\!-\!R \xrightarrow{OH^-} CH_3O \overset{CHSO_3Na}{\underset{HO}{\bigcirc}} CH_2NH\!-\!R$$

脂肪胺可用十二胺、十六胺或十八胺。在脂肪胺用量均为木质素磺酸盐质量20%的条件下进行胺烷基化反应，十二胺的胺烷基化产物的表面活性最好。

3. 合成磺酸盐

合成磺酸盐主要包括：烷基芳基磺酸盐、α—烯磺酸盐、烷基磺酸盐和氧乙烯基磺酸盐等。

$$R\!-\!\bigcirc\!-\!SO_3Na \qquad R = C_{12}\!-\!C_{18}$$

（烷基苯磺酸盐）

$$R\!-\!SO_3Na \qquad R = C_{14}\!-\!C_{18}$$

（烷基磺酸盐）

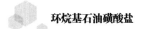

$$R—CH = CH + CH_2 \frac{}{n} SO_3Na \qquad R'CH + CH_2 \frac{}{m} SO_3Na$$
$$\underset{OH}{|}$$

（α—烯磺酸盐）

目前研究较广泛的是以洗涤剂烷基苯副产物重烷基苯为原料，经磺化、中和得到的重烷基苯磺酸盐。重烷基苯中主要有如下的组分。

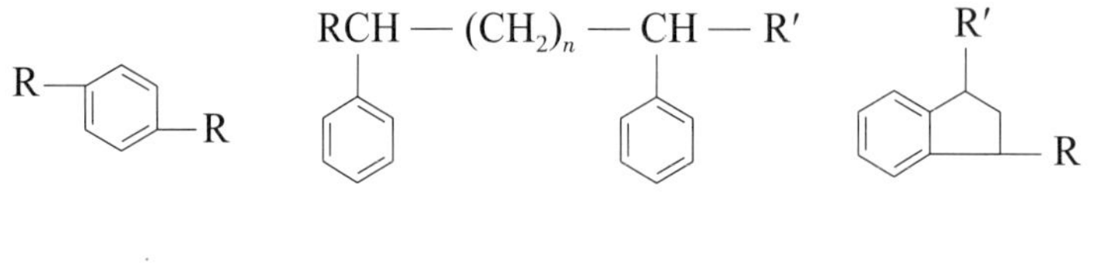

（二烷基苯）　　　（二苯烷）　　　（烷基茚满）　　（烷基萘满）

此外，以甲苯、乙苯、二甲苯、异丙苯为原料，经烷基化在苯环上引入长链烷基，再经磺化、中和后得到的烷基芳基磺酸盐也具有很好的驱油效果。

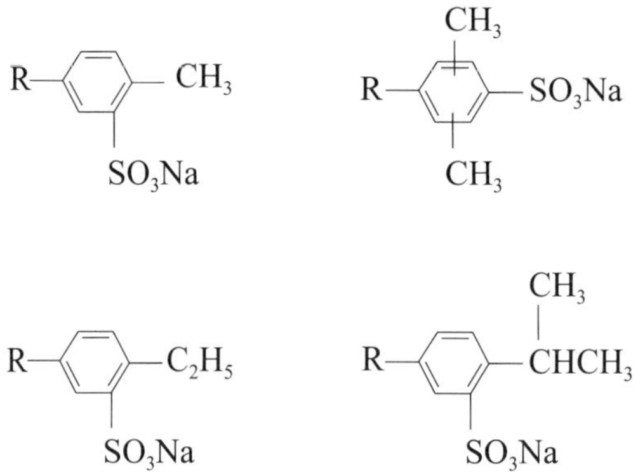

$$R = C_{12}—C_{18}$$

（烷基芳基磺酸盐）

在脂肪醇聚氧乙烯醚和烷基酚聚氧乙烯醚基础上研制出的磺酸盐和羧酸盐表面活性剂也有很好的降低油水界面张力的能力。

$$R—O + C_2H_4O \frac{}{n} CH_2CH_2SO_3Na \qquad R—\bigcirc—O + C_2H_4O \frac{}{n} CH_2CH_2SO_3Na$$

（烷基聚氧乙烯醚磺酸盐）　　　　　（烷基酚聚氧乙烯醚磺酸盐）

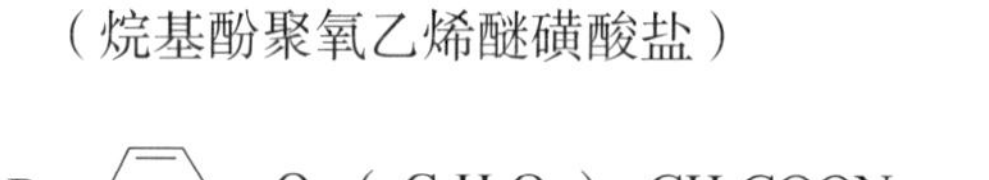

$$R—O + C_2H_4O \frac{}{n} CH_2COONa \qquad R—\bigcirc—O + C_2H_4O \frac{}{n} CH_2COONa$$

（烷基聚氧乙烯醚羧酸盐）　　　　　（烷基酚聚氧乙烯醚羧酸盐）

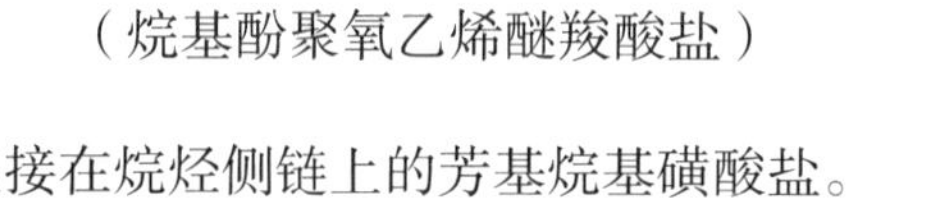

美国 Berger 公司开发出一种磺酸基连接在烷烃侧链上的芳基烷基磺酸盐。

$$CH_3 (CH_2 \xrightarrow{}_m CH \xrightarrow{} (CH_2 \xrightarrow{}_{n+1} SO_3M$$

（芳基烷基磺酸盐）

首先用 α 烯烃与三氧化硫生成烯基磺酸，烯基磺酸再与芳烃反应生成芳基烷基磺酸盐。所用芳烃可以是苯、甲苯、乙苯、二甲苯或烷基酚聚氧乙烯醚。这种芳基烷基磺酸盐具有很高的界面活性，并具有很强的抗盐和抗钙能力。

4. 非离子表面活性剂

用于驱油的非离子表面活性剂主要有：

$$R \xrightarrow{} \bigcirc \xrightarrow{} O \xrightarrow{} (CH_2CH_2O \xrightarrow{}_n H \qquad R \xrightarrow{} O \xrightarrow{} (CH_2CH_2O \xrightarrow{}_n H$$

（烷基酚聚氧乙烯醚） （脂肪醇聚氧乙烯醚）

$$CH_3 \xrightarrow{} CH \xrightarrow{} O \xrightarrow{} (C_3H_6O \xrightarrow{}_m (CH_2CH_2O \xrightarrow{}_n H$$
$$CH_2 \xrightarrow{} O \xrightarrow{} (C_3H_6O \xrightarrow{}_m (CH_2CH_2O \xrightarrow{}_n H$$

（聚氧乙烯聚氧丙烯丙二醇醚）

$$\begin{array}{c} O \\ \parallel \\ R \xrightarrow{} C \xrightarrow{} O \xrightarrow{} NH \xrightarrow{} (C_2H_4O \xrightarrow{}_n H \end{array} \qquad \begin{array}{c} O \\ \parallel \\ R \xrightarrow{} C \xrightarrow{} N \begin{cases} (C_2H_4O \xrightarrow{}_m H \\ (C_2H_4O \xrightarrow{}_n H \end{cases} \end{array}$$

（单聚氧乙烯烷基酰胺） （二聚氧乙烯烷基酰胺）

非离子表面活性剂一般与磺酸盐表面活性剂复合使用，可提高体系的耐盐性能，并可进一步降低油水界面张力。

第二节 石油磺酸盐的合成与工业化生产

为了适应不同目标油藏的特点，二元复合驱体系中各个化学剂所使用的种类繁多。二元复合驱体系中的表面活性剂主要采用石油磺酸盐和烷基苯磺酸盐[1]；聚合物一般采用部分水解聚丙烯酰胺或生物聚合物[2]。

石油磺酸盐表面活性剂作为提高采收率用表面活性剂，是研究工作和现场试验中采用最多的表面活性剂。石油磺酸盐原料油组成复杂，是多种结构的混合物。作为提高原油采收率用表面活性剂，越来越受到各国油田化学专家和学者的重视，已进入工业性推

广应用阶段，其作为驱油剂有如下优点[3-4]：界面活性强，能使油水界面张力降低到 10^{-3} mN/m 以下；原料来源广，产于油，用于油；生产工艺简单，成本较低，竞争力强；与原油配伍性好，有较强的稳定乳化能力。

一、合成原理[5-7]

所谓石油磺酸盐是指用发烟硫酸、三氧化硫或硫酸磺化高沸点石油馏分、润滑油精制过程中抽出的富含芳烃的抽出油或二次加工的副产物催化裂化油浆等的产物，以及用磺化法精制白油时的副产物。合成石油磺酸盐的一般过程如图 1-1 所示。

图 1-1　石油磺酸盐的合成步骤

磺化主要是用硫酸、发烟硫酸或 SO_3 作为磺化剂进行反应。这类磺化反应是典型的亲电取代反应。其反应历程如图 1-2 所示。

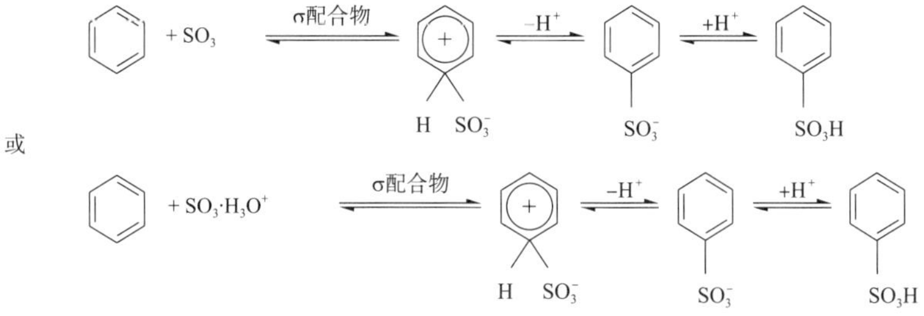

图 1-2　石油磺酸盐的磺化反应历程

在磺化过程中，不仅生成所希望得到的产物，还发生若干副反应和二次反应。这些副反应的多少主要取决于被磺化物的性质，磺化剂的种类以及磺化的工艺和设备。由于磺化反应是硫酸基团的取代反应，得到的石油磺酸盐产品的 pH 值通常小于 7，中和反应时主要用 NaOH 等碱性物质（图 1-3），生成石油磺酸盐的形式，才具有优良的洗油、乳化等性能。

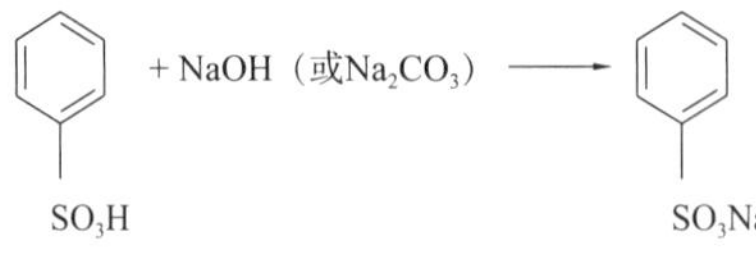

图 1-3　磺酸与碱中和反应方程式

二、原料的选择

考虑到原油和未精制的馏分油的组分极其复杂，特别是胶质、沥青质及杂环化合物的存在会影响石油磺酸盐的驱油效果，馏分油中烃含量及胶质含量是两个重要制约因素。已经证明，石油馏分油中被磺化的部分是芳烃，原料油中含有较多的短侧链芳烃就会与 SO_3 作用发生聚合而生成大分子产物；同时，胶质含量高，会更促进聚合物的产生，从而使制得的磺化产物成为坚硬的黑色聚合物难于中和，后处理无法进行。石油磺酸盐中烷基芳基磺酸盐的烷基链越长[8]，分子量越高，油溶性越强。用于驱油的石油磺酸盐应既能溶于油又能溶于水，因此，对一定特性的原油和地层水，磺酸盐的分子量应有一个合适的范围。高分子量当量的石油磺酸盐是降低界面张力的有效成分，也较容易被吸附；低分子量当量的石油磺酸盐可以改善水的溶解能力；中等分子量当量的石油磺酸盐则可作为吸附的牺牲剂[9]。因此分子量当量分布较宽的石油磺酸盐才具有好的驱油特性。

张志军[10]根据各组分的质荷比，应用电喷雾质谱分析方法，推断出石油磺酸盐中几种母体烃结构，结果见表1-2。

表1-2 石油磺酸盐的母体烃结构及质荷比

类型	峰位 m/z	母体烃结构式
烷基苯类	409, 423, 437, 451, 465, 479, 493, 507, 521, 535, 549, 563, 577, 591, 605	
茚满类	407, 421, 435, 449, 463, 477, 491, 505, 519, 533, 547, 561, 575, 589, 603	
苯并二环己烷类	405, 419, 433, 447, 461, 475, 489, 503, 517, 531, 545, 559, 573, 587, 601	
烷基萘类	403, 417, 431, 445, 459, 473, 487, 501, 505, 515, 529, 543, 557, 571, 585, 599	
苊类	401, 415, 429, 443, 457, 471, 485, 499, 513, 527, 541, 555, 569, 583, 597	
芴类	399, 413, 427, 441, 455, 469, 483, 497, 511, 525, 539, 553, 567, 581, 595	
菲（蒽）类	397, 411, 425, 439, 435, 467, 481, 495, 509, 523, 537, 551, 565, 579, 593, 607	

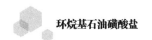

三、磺化剂的选择

在合成石油磺酸盐的过程中,磺化反应是最为关键的一环。目前,磺化生产技术在国内外都得到迅速发展。工业上可采用的磺化方法主要有 SO_3 磺化法、过量硫酸磺化法、氯磺酸磺化法、亚硫酸盐磺化法、共沸水磺化法、烘焙磺化法等。所用磺化剂分别为 SO_3(包括气态 SO_3 和液态 SO_3)、各种浓度的硫酸(如质量分数 98% 硫酸、质量分数 92.5% 硫酸即绿矾油等)、发烟硫酸(含质量分数 20%~25% 或 60%~65% 游离 SO_3 的硫酸)、氯磺酸和亚硫酸盐等。各种磺化剂具有不同的特点,适用于不同的场合。采用氯磺酸为磺化剂时,磺化反应完全,可在室温下进行,操作方便,但其对反应器有较强的腐蚀性,且价格较高,工业生产中较少使用[11]。以下仅论述 SO_3 和发烟硫酸或浓硫酸作为磺化剂合成石油磺酸盐的研究进展。

1. 发烟硫酸或浓硫酸磺化

发烟硫酸或浓硫酸作磺化剂时,反应温和,适用面广,反应易控制,但磺化产品含盐量高,副反应多,产品稳定性差,且产生大量的废酸。

肖传敏等[12]以发烟硫酸、辽河减三线馏分油为原料,在发烟硫酸与馏分油质量比为 0.4:1、反应温度为 50℃、反应时间为 30~40min 的最优条件下,合成出一种石油磺酸盐。该产品分子中芳香环数目平均为 3~5 个,饱和碳原子数平均为 31~39 个,与原油具有较好的匹配性,界面活性高,与助剂复配后性能更优,界面张力可达超低,应用于聚表复合驱具有良好的驱油能力,较水驱提高采收率 20.5%。

齐慧丽等[13]以庆化催化裂解油浆、浓硫酸为原料进行磺化反应,经氨水中和后得到石油磺酸盐。研究表明,当磺化反应条件选取浓硫酸与油浆质量比为 2.5:1、反应温度为 60℃、反应时间为 3h 时,可以得到性能优良的石油磺酸盐,该石油磺酸盐对稠油具有较好的乳化降黏作用,产品收率可达 70%。

宋瑞国等[14]以甲基苯、丙二酸二乙酯为初始反应物,通过傅 - 克反应、Knoevenagel 反应以及磺化反应,将丙二酸二乙酯和磺酸根合成到一个分子中,合成了一种改性甲基苯磺酸钠。该改性石油磺酸钠在钙镁离子浓度为 600mg/L 时仍能获得 10^{-3} 级的超低油水界面张力,抗钙镁离子能力强于普通石油磺酸钠。

刘应志[15]以渣油和浓硫酸为主要原料合成出一种石油磺酸盐类表面活性剂,并研究了其驱油性能。结果表明,该表面活性剂的最佳合成条件为浓硫酸与渣油质量比 5:1、反应时间 4h、反应温度为 40℃。驱油性能测定结果表明,注入量为 1PV(PV 是指注入地下的聚合物溶液体积占地下总孔隙体积的倍数)、质量分数为 3% 的该石油磺酸盐类表面活性剂溶液,原油的采收率平均提高了 14.34%。

王凤清等[16]以海洋混合减一、辽河减一、辽河减二、辽河减三、辽河减四、辽河常三、胜利催化油浆为原料油、发烟硫酸为磺化剂制备了石油磺酸盐。结果表明,辽河常三线油、辽河减二线油、辽河减三线油、辽河减四线油及胜利催化油浆都具有较高的收率。但胜利催化油浆所得的粗石油磺酸盐在常减压蒸馏过程中出现大量白色油状物质,并不是很好的磺化原料。以海洋混合减一线油、辽河减四线油为原料制得的石油磺酸盐产品，提纯后具有较好的表面张力和界面性质。

2. 液态 SO_3 磺化

液相磺化法是将有机物或 SO_3 溶于溶剂中进行磺化反应。液态 SO_3 性质高度活泼，它不仅是磺化剂，而且还是氧化剂，使用时必须注意安全。反应时，注意反应温度和投料顺序，以防止爆炸事故发生。另外，还应注意多磺化、焦化和氧化等副反应。该方法有利于控制反应速率，抑制副产物的生成。

关晓明等[17]以克拉玛依减四线糠醛抽出馏分油为原料，1,2—二氯乙烷为溶剂，经液态 SO_3 磺化反应制备出一种石油磺酸盐 KPS，优化的最佳工艺条件为：SO_3 与馏分油物质的质量比为（1.2~1.3）∶1，磺化温度为 20℃，1,2—二氯乙烷与馏分油的质量比为1∶1，SO_3 加料速率为 1.50mL/min，老化时间为 5min，在此条件下反应产物中石油磺酸盐质量分数高达 67.27%。

陈东平等[18]以庆化炼油厂催化裂解后的油渣作为原料，以液态 SO_3 为磺化剂，在反应温度为 25℃，磺化剂与渣油的质量比为 1.3∶1，稀释剂与渣油的质量比为 1.25∶1，老化时间为 15min 条件下合成了石油磺酸盐产品，反应产物中石油磺酸盐质量分数为34.78%，平均相对分子质量为 417.9。

程静等[19]对大港油田及周边地区收集到的 9 种石油馏分油作为合成驱油用石油磺酸盐的原料油进行筛选研究。以液态 SO_3 为磺化剂，对在相同条件下合成的石油磺酸盐产品进行油水界面张力、酸渣生成量等性能指标的对比分析，确定的最佳合成条件为：磺化温度为 55℃，稀释剂二氯乙烷的质量分数为 2.0%，反应时间为 1h。由低黏度糠醛抽出油和中捷减二线馏分油合成出来的石油磺酸盐产品性能可以达到要求。

翁展[20]以复杂的石油馏分为主要原料，采用超重力液相 SO_3 磺化工艺，进行了无碱驱油用超低油水界面张力石油磺酸盐表面活性剂的制备研究。综合考察了温度、溶剂量、磺化剂用量、转速、反应时间等对石油磺酸盐组分含量及油水界面性能的影响。结果表明，超重力反应器对磺化石油馏分过程有明显的强化效果，可以有效地避免结焦、氧化等副反应；与常规搅拌反应器的磺化效果相比，用超重力反应器得到的石油磺酸盐质量分数可提高 11%。该石油磺酸盐的临界胶团质量分数为 0.0092%，对应的表面张力（γ^{CMC}）为 2.05×10^{-3}mN/m。在质量分数 0.005%~1.0% 范围内，该石油磺酸盐表现出了良好的油水界面性能、抗盐性能以及稳定性能。

3. 气态 SO_3 磺化

随着膜式反应器在工业中的广泛应用，气态 SO_3 的应用也日趋广泛。气态 SO_3 活性极高，需用干空气、氮气或二氧化硫等气体稀释使用，体积分数一般控制在 10% 以内。磺化时，易发生多种副反应，同时大量放热，因此必须做好反应的中间过程控制。此方法的优点是反应迅速，不生成废酸。

郭东红等自 2003 年以来，在石油磺酸盐室内合成、评价、机理研究、工业化生产等方面做了大量的研究工作[21-29]。他们以价格低廉、来源丰富的大庆减压渣油为原料，以气态 SO_3 作为磺化剂，制备出复合驱用表面活性剂 OCS。油田评价结果表明，在强碱条件下，对于大庆第一、第二、第三、第四、第五、第六等采油厂的油水单独使用渣油磺酸盐表面活性剂时，当表面活性剂质量分数为 0.1%～0.3%，碱质量分数在 0.6%～1.2% 的范围内时，油水界面张力均可达到超低值 10^{-3}mN/m。在弱碱情况下，渣油磺酸盐表面活性剂用于大庆一厂、二厂、四厂和华北油田古一联等，均具有较好的效果。OCS 表面活性剂二元复合体系用于大庆油田的室内模拟驱油实验结果表明，采收率比水驱采收率提高 20% 以上。在无碱条件下，OCS 表面活性剂用于大港油田的枣园 1256 断块、1219 断块、江苏油田、青海油田西区原油，可以使油水界面张力达到 10^{-2}～10^{-3}mN/m，提高采收率 10% 以上，可以满足这些油田对表面活性剂驱油的要求。

段吉国[30]以大庆原油馏分油为原料，以气态 SO_3 为磺化剂，采用釜式磺化工艺合成适合大庆油田三元复合驱的石油磺酸盐表面活性剂。对于 200SN 和 400SN 两种馏分油，磺化油的目标酸值应分别控制在 20～35mg/g（以 KOH 计）和 40～55mg/g（以 KOH 计）。200SN 馏分油最佳的磺化工艺条件为：磺化温度为 55℃，SO_3 与原料油的质量比为 0.10∶1，SO_3 体积分数为 6%。在此条件下，所得磺酸中和值 32.66mg/g（以 NaOH 计），产品收率为 15.32%。400SN 馏分油最佳的磺化工艺条件为：磺化温度为 55℃，SO_3 与原料油的质量比为 0.11∶1，SO_3 体积分数为 10%。在该条件下，磺酸中和值为 39.21mg/g（以 NaOH 计），产品收率为 17.52%。所得石油磺酸盐具有较好的界面活性，当石油磺酸盐质量分数为 0.05%～0.4%、碳酸钠质量分数 0.6%～1.4%、驱油聚合物质量分数为 0.12% 时，三元复合体系与大庆采油四厂原油间的界面张力小于 5×10^{-4}mN/m，界面活性范围宽；且弱碱三元复合体系的界面张力稳定性较好，能保持在 3 个月以上。室内模拟驱油实验表明，通过弱碱三元和二元段塞交替注入方式进行室内模拟，能使原油采收率提高 15%（以原始石油地质储量 OOIP 计）以上。

李文宏等[31]以长庆油田减三线馏分油为主原料，以气态 SO_3 作为磺化剂，在磺化温度为 60～80℃，气态 SO_3 体积分数为 3%～6%，SO_3 和馏分油的物质的量比为（1～1.3）∶1 的条件下，采用气相连续膜式磺化工艺制得了石油磺酸盐中试产品 CPS-1。浓度为 2000mg/L 的 CPS-1 溶液可使长庆油田 MB3 区油水界面张力降低到 10^{-2}～10^{-3}mN/m 数量级，具有较高的界面活性，此外，CPS-1 溶液的 pH 值为 7.6～8.5，可满足无碱二元驱用表面活性剂的 pH 值要求。

陈东平等[32]以庆化炼油厂原油裂解后的产物原料油和气态 SO_3 为原料制备了一种石油磺酸盐。优化后的制备条件为：原料油与 SO_3 的质量比为 1∶1.1，SO_3 气体平均浓度为 4.0kg/m^3，反应最佳温度为 50～60℃，反应时间为 4h，混合气体流量为 0.12m^3/h。在此条件下制得的石油磺酸盐活性物含量较高，平均相对分子质量适中，分布较宽，可以作为表面活性剂使用。

林洪海[33]以大庆炼化公司的反序脱蜡油作为原料，使用一定浓度的气态 SO_3，采用釜式工艺生产的石油磺酸盐可以满足大庆油田三元复合驱的需要。反应条件范围：反应气体 SO_3 体积分数为 12%，反应温度为 60～70℃，反应时间为 50min。配制的三元体系在大庆采油一厂、二厂、三厂、四厂、六厂表现出很好的普适性，界面张力均小于 10^{-3}mN/m，最小可以达到 10^{-5}mN/m。不需加入稳定剂，在常温下，配制的三元体系稳定性均在 3 个月以上。

范维玉等[34]以高芳烃的中海绥中低凝环烷基减压馏分油为原料，以气态 SO_3 为磺化剂，采用降管膜式反应器合成出了收率高达 53.7%、质量分数高达 80% 的石油磺酸盐 NPS。NPS 合成的最佳反应条件为：SO_3 体积分数为 4.2%，SO_3 与原料油中芳烃的物质的量比为 1.2 : 1，反应温度为 30℃。NPS 具有较佳的表（界）面活性，临界胶束浓度较低（0.15%）时，表面张力达到 31.3mN/m。NPS 与盐或醇复配后，可达到 $10^{-4} \sim 10^{-3}$mN/m 的超低界面张力。

付海涛[35]以 SZ 减二线、减三线抽出油为原料，气态 SO_3 为磺化剂，采用降膜式磺化反应器开发合成转化率高且表面张力低的石油磺酸盐产品 NPS-2。确定以减二线抽出油为原料的优化工艺条件为：反应温度为 40℃，SO_3 体积分数为 4.2%，SO_3 和减二线抽出油的物质的量比为 1.4 : 1，反应停留时间为 5.17s，老化温度为 30℃，老化时间为 40min。以减三线抽出油为原料的优化工艺条件为：反应温度为 30℃，SO_3 体积分数为 4.2%，SO_3 和减三线抽出油的物质的量比为 1.5，反应停留时间为 4.68s，老化温度为 30℃、老化时间为 40min。通过结构表征发现，以减二线抽出油为原料合成的 NPS-2 分子中含有 3~4 个芳环，烷基侧链有 14~15 个碳原子，侧链中平均含有 2 条支链，且主要为单磺酸盐。在以减三线抽出油为原料合成的 NPS-2 分子中，平均含有 3~4 个芳环，烷基侧链有 19~21 个碳原子，侧链中平均含有 3~4 条支链；并且其中含有相对少量的双磺酸盐。

四、磺化反应装置[36]

国内外对石油磺酸盐合成工艺进行了较多研究，主要有罐组式、降膜式、喷射式等生产工艺。

1. 罐式磺化工艺

罐式磺化工艺分为间歇釜式磺化反应器和连续罐式磺化反应器。间歇釜式磺化反应器是最早开发并使用的磺化反应器，使用硫酸为磺化剂。原料预先置于罐体内，再将硫酸按比例加入罐内，并搅拌混合，通过罐体的夹层、罐内盘管通或排除一部分产品除去多余的热量。该类反应器结构简单，设备投资少，但不适用于石油磺酸盐的生产。此工艺效率低，产品质量较差，现已基本被淘汰。

连续罐式磺化反应器是意大利 Ballastra 公司首先研究成功的，它通常由多个反应罐串联而成，从而可以使反应半连续或连续化，反应罐大小和个数由生产能力而定，主要用于液相反应。物料依次连续定量进入串联的罐底部，SO_3 按比例连续从反应罐底部投加，一个罐体反应后溢流到下一个罐体中直至反应结束。在罐式磺化中反应罐越多物料返混越少，但操作维修也越困难。

连续罐式磺化工艺操作稳定，容易控制，SO_3 利用率通常大于 99%，尾气中 SO_3 浓度低，酸雾生成量较少。但该反应器随着反应的进行，物料黏度剧增，物料停留时间长，返混现象和二次反应严重，器内有死角，易局部过热和过磺化，严重影响成品色泽。而且对管线设备腐蚀严重，造成维修费用高，并存在环境污染严重等问题，故逐渐被淘汰。

2. 降膜式磺化工艺

降膜式磺化为近几十年发展并逐步完善起来的磺化工艺，以其优良的性能逐渐替换了罐式磺化工艺。降膜式磺化分为单膜、双膜和多管三种。单膜磺化结构简单，但产能有限，故应用较少。目前应用最广的是双膜式磺化工艺，其中以 Allied 公司和日本狮子油脂公司较为典型。多管也称列管式磺化，由 G.Mazznl 和 Ballestrra 公司开发，特点是调节范围大。

降膜式工艺以气态 SO_3 为磺化剂，其原理为：物料均匀分散于垂直的管壁四周，以 0.1mm 的物膜自上而下与顺流的 SO_3 气体相接触，在膜表面进行磺化反应，SO_3 至下端出口处反应基本完成。

因其工艺特点，降膜式磺化具有反应时间短、能耗低和产品质量高等优点。但是需要精准控制物料量的比例，以免副反应发生；同时需较大的换热表面积移去反应热，并且液体成膜和分布的特点要求设备要严格垂直，这就使得设备设计及制造工艺复杂，维修困难。目前，降膜式磺化工艺主要应用于烷基苯的磺化，但也有少量在石油磺酸盐方面的应用报道，如大庆石化已建立膜式磺化合成石油磺酸盐的工业化装置等[9]。

3. 喷射磺化工艺

喷射反应器是最近应用于磺化领域的一种新型反应器，国内对其应用研究较多的机构为天津大学。同时，克拉玛依石化在研究石油磺酸盐方面使用喷射磺化，并在工业上得到了大量应用。喷射磺化原理与喷射泵类似，将磺化剂、原料以高速喷成雾状，与稀释气体一同通过喷头，瞬间反应，反应产物在下落过程中被循环液体冷却。喷射工艺具有以下特点。

（1）喷嘴出口处磺化剂与原料接触，可以瞬间吸收反应热，故无局部过热现象。

（2）反应器内为雾状液滴与磺化剂接触，大大强化传热传质，使器内各处组成及温度趋近均一。

（3）设备结构简单，节约能耗，可连续化生产。但该反应器操作弹性小，在喉部放热引起的温升仍会造成过磺化，使产品质量下降。

五、石油磺酸盐的应用

国外从 20 世纪 70 年代开始研究开发和较大规模的应用驱油用表面活性剂。石油磺酸盐作为提高原油采收率用表面活性剂，越来越受到各国油田化学工作者的重视。

国外驱油用石油磺酸盐表面活性剂大都是烷基芳基磺酸盐的混合物，美国 WITC 公司生产的一系列石油磺酸盐商品均属于这种类型。石油磺酸盐表面活性剂用于三次采油的前景是肯定的。美国罗宾逊油田的富芳烃原油生产的石油磺酸盐曾用于胶束驱油和微乳液驱油的矿场试验。美国马拉松石油公司用原油制备的石油磺酸盐曾用于宾夕法尼亚州和伊利诺伊州的一些油田。美国 Terra Resouree 公司在 West Kiehl 油田开展的三元复合驱矿场试验，比水驱提高采收率16%。这些石油磺酸盐表面活性剂对提高采收率都起到了很好的效果。

目前国内生产石油磺酸盐的厂家较多，有杭州炼油厂、克拉玛依炼油厂、玉门炼油厂、大连石化总厂、天津红岩化工厂。其中克拉玛依炼油厂建设了提高采收率专用石油磺酸盐釜式磺化合成装置，年产石油磺酸盐 $2 \times 10^4 t$。该厂生产的产品已用于克拉玛依油田的化学复合驱矿场试验，取得了水驱末提高采收率25%的好效果。胜利油田的史俊等介绍了一种适用于高含水期、具有提高残余油采收率作用的廉价驱油用表面活性剂——重芳烃石油磺酸盐（HAPS）及其特殊的驱油方式。室内实验结果表明，HAPS与现场地层水配伍性良好，用0.2%~0.3%的HAPS水溶液在产出液高含水情况下，可使残余原油采收率累计增加值保持在7%~8%的范围内。胜利油田孤南N-2801井区现场试验表明，低质量分数的HAPS驱具有明显的提高原油采收率作用，采出原油的物性较一般的水驱有显著的变化，对于非均质性不太严重的油藏，HAPS驱具有良好的应用前景。

石油磺酸盐作为表面活性剂，其性能与合成原料、磺化工艺、反应条件、反应设备等密切相关。选用不同原料和磺化剂及不同的磺化条件所合成的磺化产物的结构和性能差异很大，这直接影响了石油磺酸盐的使用性能。

石油磺酸盐在应用时，其抗盐能力、吸附能力、复配效果及其稳定性都是评判性能优劣的条件，所以通过对石油磺酸盐的合成工艺的优化和性能研究合成出有较高抗盐能力、适当分子量分布及热稳定性高的产品是研究的重点和难点。

此外，如何利用油田自身廉价资源，如各种馏分油为原料，制备廉价、高效无碱二元驱用表面活性剂，对于当前油价下油田的持续稳产和高效开发具有重要意义。其中的关键技术是表面活性剂合成原料的选择、制备工艺路线的优选以及产品的后处理过程等[37]。

参 考 文 献

[1] 刘方，高正松，缪鑫才. 表面活性剂在石油开采中的应用 [J]. 精细化工，2000，17（12）：696-699.

[2] 刘杰. 弱碱三元复合驱提高原油采收率研究 [D]. 长春：吉林大学，2018.

[3] 姜丽. 三次采油用石油磺酸盐的合成研究 [D]. 东营：中国石油大学（华东），2009.

[4] 王景良. 三次复合驱用石油磺酸盐表面活性剂的研究进展 [J]. 国外油田工程，2000（12）：1-5.

[5] 郭方. LH-石油磺酸盐的合成、表征及性能研究 [D]. 武汉：华中科技大学，2016.

[6] 陈国浩，郭东红，周涛. 国内三次采油用石油磺酸盐合成研究进展 [J]. 精细与专用化学品，2019，27（1）：1-5.

[7] 张雨泽. 弱碱型石油磺酸盐合成工艺研究及应用性能评价 [D]. 兰州：西北师范大学，2017.

[8] 汪扣宝，郑学根，注道明，等. 三次采油用石油磺酸盐的研制 [J]. 安徽化工，2002（1）：8-10.

[9] Gale W W, Sandvik E I. Tertiary surfactant flooding-petroleum sulfonate composition efficacy studies [J]. Soc. Pet. Eng. J., 1973（13）：191-199.

[10] 张志军. 三次采油用改性石油磺酸钠的合成与性能研究 [D]. 大连：大连理工大学，2009.

[11] 宋相旦，刘有智，姜秀平，等. 磺化剂及磺化工艺技术研究进展 [J]. 当代化工，2010，39（1）：83-85.

[12] 肖传敏，张艳芳. 聚合物—表面活性剂复合驱用石油磺酸盐研制与评价 [J]. 长江大学学报（自科

版), 2016, 13 (11): 71-74.

[13] 齐慧丽, 盖轲, 马东平, 等. 驱油用石油磺酸盐的合成研究 [J]. 广州化工, 2015, 43 (19): 51-
52, 104.

[14] 宋瑞国, 都卫娜. 三次采油用石油磺酸盐的改性研究 [J]. 精细石油化工进展, 2014, 15 (4):
4-6.

[15] 刘应志. 以浓硫酸为磺化剂的石油磺酸盐的合成及驱油性能研究 [J]. 化工管理, 2014 (14):
127.

[16] 王凤清, 王玉斗, 吴应湘, 等. 驱油用石油磺酸盐的合成与性能评价 [J]. 中国石油大学学报: 自
然科学版, 2008, 32 (2): 138-141.

[17] 关晓明, 张鹏远, 陈建峰. 液相磺化法制备三次采油用石油磺酸盐 [J]. 高校化学工程学报,
2010, 24 (2): 296-300.

[18] 陈东平, 盖轲, 于小龙. 液相磺化法制备石油磺酸盐 [J]. 广东化工, 2015, 42 (22): 46-48.

[19] 程静, 雷齐玲. 石油磺酸盐的原料油筛选及合成条件优化 [J]. 石油钻采工艺, 2015, (6): 102-
104.

[20] 翁展. 超重力液相磺化法强化制备磺酸盐表面活性剂及其机制研究 [D]. 北京: 北京化工大学,
2015.

[21] 郭东红, 辛浩川, 崔晓东, 等. 以大庆减压渣油为原料的高效、廉价驱油表面活性剂 OCS 的制备
与性能研究 [J]. 石油学报 (石油加工), 2004, 20 (2): 47-52.

[22] 郭东红, 辛浩川, 崔晓东, 等. 聚合物驱后利用 OCS 表面活性剂 / 聚合物二元体系提高采收率的
研究 [J]. 精细石油化工进展, 2006, 7 (1): 1-3.

[23] 郭东红, 赵丕兰, 张景春, 等. OCS 表面活性剂用于大港油田枣 1219 断块表面活性剂驱的室内研
究 [J]. 石油与天然气化工, 2006, 35 (5): 398-400.

[24] 郭东红, 崔晓东, 辛浩川, 等. OCS 表面活性剂在弱碱、无碱条件下的界面张力性能研究 [J].
化学通报, 2003, 66 (9): 627-631.

[25] 郭东红, 辛浩川, 崔晓东, 等. OCS 表面活性剂驱油体系与大庆原油间的动态界面张力研究 [J].
精细石油化工进展, 2007, 8 (4): 1-3.

[26] 郭东红, 辛浩川, 崔晓东, 等. OCS 表面活性剂工业品的界面活性及驱油效率 [J]. 石油炼制与
化工, 2005, 36 (12): 41-44.

[27] 郭东红, 辛浩川, 崔晓东, 等. OCS 驱油剂用作不同断块油田表面活性剂驱的可行性研究 [J].
精细石油化工进展, 2005, 6 (5): 1-3.

[28] 郭东红, 辛浩川, 崔晓东, 等. OCS 表面活性剂中试产品应用于大庆原油的界面张力性能研究 [J].
精细石油化工进展, 2003, 4 (6): 1-3.

[29] 郭东红, 辛浩川, 崔晓东, 等. OCS 驱油表面活性剂用于高温油藏的性能研究 [C] // 第十一届
胶体与界面化学会议论文集: 中国化学会, 2007, 200-201.

[30] 段吉国. 驱油用石油磺酸盐表面活性剂合成工艺研究 [D]. 大庆: 东北石油大学, 2011.

[31] 李文宏, 范伟, 孙华岭, 等. 长庆自主石油磺酸盐表面活性剂的研发 [J]. 油田化学, 2015, 32 (4):
549-553.

［32］陈东平，盖轲，赵建涛. 以庆化裂解油为原料气相法制备石油磺酸盐［J］. 山东化工，2015，44
（22）：19-22.

［33］林洪海. 釜式生产石油磺酸盐的研究［D］. 大庆：大庆石油学院，2008.

［34］范维玉，张数义，李水平，等. 降膜式磺化工艺合成驱油用石油磺酸盐的研究［J］. 中国石油大学
学报（自然科学版），2007，31（2）：126-129.

［35］付海涛. SZ抽出油膜式磺化合成石油磺酸盐工艺研究［D］. 东营：中国石油大学（华东），2009.

［36］范跃超，刘宏博，方新湘，等. 几种石油磺酸盐生产工艺探讨［J］. 化工管理，2018，12：89-90.

［37］海热古丽，朱海霞. 石油磺酸盐在三次采油中的应用［J］. 新疆石油科技，2014，1（24）：31-34.

第二章 环烷基石油磺酸盐的研发与生产

新疆油田在 1994 年就建成了一套提高采收率专用环烷基石油磺酸盐釜式磺化合成装置，年产环烷基石油磺酸盐 2000t。产品应用于克拉玛依二中区三元复合驱先导性试验，取得了中心井提高采收率 25% 的好效果。2007 年克拉玛依油田七中区复合驱工业化试验项目的立项启动，对环烷基石油磺酸盐产品提出了新的需求。但原环烷基石油磺酸盐生产工艺为间歇性釜式鼓泡磺化工艺，采用两个磺化罐间歇式磺化，工艺已相对落后，且原料处理量低，产品性能波动大，酸渣产生量大，产品收率低，该生产工艺已无法保证环烷基石油磺酸盐的正常生产。因此，新疆油田开展了三次采油用石油磺酸盐的专项研究，对原料油进行了筛选，对原有生产工艺进行改造，通过工艺改造，使磺酸盐收率由 7.7% 提高到 13.3%，酸渣量和物料大幅度降低，实现了清洁化生产；生产过程采用 DCS 控制系统，提高了生产过程的自动化控制水平；在质量和数量上满足复合驱技术对环烷基石油磺酸盐产品的需求。

第一节 环烷基石油磺酸盐 KPS 研发与合成工艺条件筛选

"八五"国家重大专项"克拉玛依二中区三元复合驱先导性试验"攻关期间，新疆油田公司实验检测研究院研究人员分别以 20% 发烟硫酸、三氧化硫为磺化剂，以克拉玛依炼油厂（简称克炼）八种馏分油为原料，在室内小型罐式磺化装置中合成磺酸盐，经过对磺化合成的产品进行质量检测和配方的初步筛选，选出了性能较好的克炼稠油减二线馏分油磺酸盐 KPS-KCJ$_2$，同时在室内对合成环烷基石油磺酸盐的磺化工艺条件和萃取分离条件进行了研究考察，筛选出了室内最佳磺化工艺条件和萃取分离条件，找出了各条件对磺酸盐质量和收率的影响规律，在此基础上形成了适合于合成三元复合驱油用环烷基石油磺酸盐的工业生产工艺条件。

一、实验仪器、材料

20% 发烟硫酸；SO$_3$；氢氧化钠（分析纯，工业级）；乙醇（分析纯；工业级）；石油醚（分析纯，60~90℃）；氯仿（分析纯）；表面张力仪（CBVP-A3，日本协和）；界面张力仪（SITE-04，美国）；磺化装置（自建）；原料油。八种馏分油见表 2-1，其中克炼稠油减二线馏分油的性质见表 2-2。

表 2-1　馏分油样品代号及名称

馏分油代号	磺酸盐名称
K0C$_2$	克炼 0$^\#$ 油常二线馏分油
K2C$_2$	克炼 2$^\#$ 油常二线馏分油
K0C$_3$	克炼 0$^\#$ 油常三线馏分油
K0J$_2$	克炼 0$^\#$ 油减二线馏分油
K0J$_3$	克炼 0$^\#$ 油减三线馏分油
KCJ$_3$	克炼稠油减三线馏分油
KCJ$_2$	克炼稠油减二线馏分油
KCC$_3$	克炼稠油常三线馏分油

表 2-2　KCJ$_2$ 馏分油的性质

烷烃	芳烃	非烃	密度（25℃）（g/cm^3）	黏度（50℃）（mPa·s）	分子量（g/mol）
70.67%	16.99%	3.04%	0.9206	39.73	401

二、实验原理、方法

1. 实验原理

（1）以三氧化硫为磺化剂时。反应的方程式如下：

主反应　$RArH + SO_3 \longrightarrow RArSO_3H$

副反应　$RArSO_3H + SO_3 \longrightarrow RArSO_2OSO_3H$

　　　　$RArSO_2OSO_3H + RArSO_3H \longrightarrow (RArSO_2)_2O + H_2SO_4$

老化阶段　$RArSO_2OSO_3H + RArH \longrightarrow 2RArSO_3H$

水解中和　$RArSO_2OSO_3H + H_2O \longrightarrow RArSO_3H + H_2SO_4$

　　　　$(RArSO_2)O + H_2O \longrightarrow 2RArSO_3H$

　　　　$RArSO_3H + NaOH \longrightarrow RArSO_3Na + H_2O$

　　　　$H_2SO_4 + 2NaOH \longrightarrow Na_2SO_4 + H_2O$

（2）以硫酸为磺化剂时。反应的方程式如下：

主反应　$RArH + H_2SO_4 \longrightarrow RArSO_3H + H_2O$

水解中和　$RArSO_3H + NaOH \longrightarrow RArSO_3Na + H_2O$

上式中 R 和 Ar 分别代表烷基和芳基。

2. 实验方法

1）室内小型罐式磺化装置以三氧化硫为磺化剂合成石油磺酸盐

磺化装置流程示意图如图 2-1 所示。用干燥空气作 SO$_3$ 稀释剂。SO$_3$ 浓度测定采用排

水集气法收集 SO_3，用水吸收 SO_3 后用 NaOH 标准溶液滴定。将混合气体控制在一定的浓度下，设定好磺化温度，通气磺化一定的时间后，沉降除酸渣，用 20%NaOH 中和酸性油，使 pH 值控制在 7～8 范围内，然后在一定的温度下萃取分离。萃取液蒸干后得石油磺酸盐，抽余油回收利用。

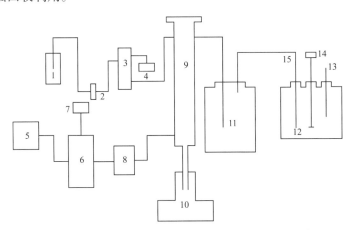

1—煤油储罐；2—计量泵；3—发烟硫酸储罐；4—排空装置；5—空气压缩机；
6—空气干燥器；7—压力表；8—转子流量器；9—SO_3 分离器；10—废酸接收器；
11—酸雾分离器；12—磺化器；13—温度计；14—搅拌器；15—SO_3 导管

图 2-1 室内以 SO_3 磺化剂磺化流程示意图

2）磺酸盐的组分测定

称取一定量的磺酸盐样品用氯仿溶解，在层析柱中经硅胶吸附后，先用石油醚分离出未反应油，再用无水乙醇分离出磺酸钠，后用蒸馏水洗脱出无机盐。分别蒸干后秤取其重量，以重量分别求得其百分含量。活性物含量按式（2-1）计算：

$$P = \frac{G - G'}{W} \times 100\% \qquad (2-1)$$

式中　W——粗样品质量，g；

　　　G——磺酸盐质量，g；

　　　G'——无水乙醇空白残余物质量，g；

　　　P——磺酸盐百分含量，%。

3）磺酸盐分子量的测定

准确称取一定量提纯的磺酸盐，用水溶解转移到 250mL 容量瓶中，并稀释到刻度。溶液的刻度控制在 2×10^{-4}～5×10^{-3}mol/L 为好。采用次甲基蓝—白里酚蓝为指示剂的两相滴定法测定。

4）耐盐性的测定

取精制的石油磺酸盐样品配成 0.4% 浓度的水溶液，在 20℃下配成一系列不同盐浓度的溶液，在 24h 内有磺酸盐析出的最小盐浓度点定为初始盐析点。

5）表面张力及 cmc 值的测定

取精制的石油磺酸盐样品配成一系列不同的水溶液，在 CBVP-A3 型表面张力仪上测定其表面张力。由 γ–c 曲线求得 cmc 值。

6）界面张力的测定

取精制的石油磺酸盐样品配成系列不同表面活性剂浓度、不同盐浓度、不同碱浓度的溶液。在旋滴界面张力仪上测定其与试验区原油的界面张力。

三、实验结果

1. 原料油的选择

在室内小型罐式磺化装置上以三氧化硫为磺化剂对克炼 0# 油减三线馏分油等八种原料油磺化合成石油磺酸盐，其质量指标见表 2–3。根据配方的初步筛选，KPS–KCJ₂室内小样性能最好，界面张力达到 3.51×10^{-3} mN/m，后面将以 KCJ₂克炼稠油减二线馏分油为原料，筛选室内最佳磺化工艺条件和萃取分离条件。

表 2–3 SO₃ 磺化合成石油磺酸盐质量指标

磺酸盐名称	活性物含量（%）	平均分子量（g/mol）	无机盐含量（%）	矿物油含量（%）
KPS–K0C₂	68.2	352.7	13.9	11.1
KPS–K2C₂	50.3	379.2	8.7	11.1
KPS–K0C₃	70.56	386.1	7.17	4.41
KPS–K0J₂	73.75	392.9	8.87	2.18
KPS–K0J₃	63.95	468.3	10.45	14.38
KPS–KCJ₃	56.76	1072	3.21	36.17
KPS–KCJ₇	46.43	752	4.51	11.31
KPS–KCC₃	73.52	636	2.84	0.85

2. 磺化条件的筛选

石油磺酸盐的磺化是受多因素影响的反应，选择 SO₃/ArH 重量比、磺化时间、SO₃浓度、磺化温度作为此合成条件的研究因素。如果分别对每一个因素进行研究考察，不仅工作量大，而且各影响因素之间的作用是错综复杂的，分别考察出的最佳条件不一定是综合因素的最佳条件。为找出产品的最佳合成条件，可按正交试验法设计试验条件进行试验。

（1）将各影响因素所选水平列入 L₁₆（4⁵）正交表，见表 2–4。

（2）选择磺化后的酸性油的酸值作为评价收率的依据，其结果见表 2–5。

（3）酸性油酸值的数据按直观分析法处理见表 2–6。

（4）影响因素与酸性油酸值的趋势图如图 2–2 所示。

（5）从表 2–5、表 2–6 的数据和图 2–2 的趋势可得到稠油减二线石油磺酸盐的合适磺化条件（表 2–7）。

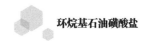

表2-4　磺化合成影响因素正交表

试验号 \ 因素列	SO₃/ArH 重量比	磺化温度（℃）	SO₃ 气浓度（g/100L）	磺化时间（min）
	A	B	C	D
1	0.7	85	8.5	90
2	0.6	85	7.0	60
3	0.5	85	4.0	150
4	0.4	85	5.5	120
5	0.7	75	7.0	120
6	0.6	75	8.5	150
7	0.5	75	5.5	60
8	0.4	75	4.0	90
9	0.7	65	4.0	60
10	0.6	65	5.5	90
11	0.5	65	8.5	120
12	0.4	65	7.0	150
13	0.7	55	5.5	150
14	0.6	55	4.0	120
15	0.5	55	7.0	90
16	0.4	55	8.5	60

表2-5　磺化后酸性油的酸值

试验号	酸性油酸值（mg/g）（以 KOH 计）	酸渣（g）	试验号	酸性油酸值（mg/g）（以 KOH 计）	酸渣（g）
1	11.77	7.5	9	12.80	9.3
2	14.27	9.7	10	14.99	10.9
3	11.47	12.9	11	13.23	17.3
4	11.61	9.3	12	13.10	10.4
5	13.52	14.8	13	15.08	12.4
6	14.00	10.0	14	13.62	11.8
7	12.24	13.7	15	12.78	8.7
8	12.21	11.0	16	12.45	10.5

表 2-6　酸性油酸值的数据按直观分析法处理

因素 水平	A	B	C	D
K₁	49.37	49.42	50.1	51.76
K₂	49.72	51.97	53.92	51.75
K₃	56.88	54.12	53.67	51.98
K₄	53.17	53.93	51.45	53.65
ΣK	209.14	209.14	209.14	209.14
极差 R	7.51	4.7	3.82	1.9

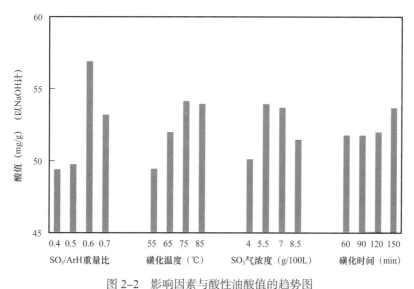

图 2-2　影响因素与酸性油酸值的趋势图

表 2-7　稠油减二线石油磺酸盐的合适磺化条件

SO₃/ArH 重量比	磺化温度（℃）	SO₃ 气浓度（g/100L）	磺化时间（min）
0.6±0.05	65±5	5.5±0.5	＞50

3. 萃取分离条件筛选

石油磺酸盐的萃取分离条件主要影响分离的完全程度即收率、油含量和无机盐含量等。实验发现，当酒精水比大于或等于 1.3 时，有乳化现象。当酒精水比小于 1.0 时，分离的完全程度随酒精水比的增大而增大。因此，选用 1：1 的酒精水溶液作为萃取剂。当萃取温度为 40℃时，加入 30% 的 1：1 酒精水溶液，分离沉降时间大于 70min 时，能得到较为完全的分离。

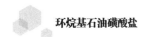

4. 稠油减二线馏分油细切割磺化实验

为了更深入了解原料油的组成对石油磺酸盐的影响，对稠油减二线馏分油进行细切割，对细切割馏分油进行了磺化合成，其结果见表2-8。

表2-8　稠油减二线细切割馏分油磺化合成

馏程（℃）	油收率（%）	磺酸盐收率（%）	初始盐析点（mg/L）	表面张力（mN/m）
350～370	19.5	4.6	12000	28.6
370～390	27.63	6.1	11800	28.6
390～410	16.92	7.8	11800	29.9
410～430	20.76	5.6	11600	30.8

馏分油的细切割可使合成石油磺酸盐的分子量变窄，从而满足配方对不同分子量石油磺酸盐的要求，但就实验结果看，细切割的各馏分油磺化后的磺酸盐收率随切割温度的增加而增加，但在410～430℃馏分的石油磺酸盐的收率又有下降。而各细切割的馏分油的磺化产物的耐盐性和表面张力差不多。所以，进行石油磺酸盐的实际生产时没有必要对馏分油进行细切割。

四、工业生产的质量性能指标

通过室内实验筛选的条件及其找出的影响因素对磺酸盐质量的影响规律形成了适合生产三元复合驱油用环烷基石油磺酸盐的工业生产工艺条件（表2-9、表2-10）。工业品KPS-KCJ$_2$的质量性能指标见表2-11。

表2-9　工业生产磺化条件

磺化温度（℃）	SO$_3$/原料油［%（质量分数）］	SO$_3$气浓度（g/100L）	气流量（m³/h）
60～65	8.5	36.6	500～515

表2-10　萃取分离条件

乙醇和水体积比	萃取温度（℃）	萃取液加量（%，体积/质量）
1∶1	80	27

表2-11　工业品KPS-CJ$_2$的质量性能指标

平均分子量（g/mol）	耐盐性（g/L）	活性物含量（%）	HLB	无机盐含量（%）	界面张力（mN/m）
545	18	34.82	12.5	4.84	2.25×10^{-3}

注：界面张力的水相组成为：KPS-KCJ$_2$0.2%，Na$_2$CO$_3$1.4%；油相：克二中区中心井原油。

五、小结

利用克拉玛依稠油环烷基原料油，研发出性能较好的环烷基石油磺酸盐 KPS—KCJ$_2$，得到了室内最佳磺化工艺条件和萃取分离条件，找出了各条件对磺酸盐质量和收率的影响规律，在此基础上形成了适合于三元复合驱用环烷基石油磺酸盐的工业生产工艺条件。

第二节　环烷基石油磺酸盐原料油与磺化工艺优化

2007 年克拉玛依油田七中区复合驱工业化试验项目立项启动，由于采用无碱二元驱，在无碱的条件下，KPS–KCJ$_2$ 已经不能达到超低界面张力，同时原磺酸盐生产工艺为间歇性釜式鼓泡磺化工艺，采用两个磺化罐间歇式磺化，工艺已相对落后，且原料处理量低，产品性能波动大，酸渣产生量大，产品收率低，该生产工艺已无法保证环烷基石油磺酸盐的正常生产。因此，新疆油田开展了三次采油用石油磺酸盐的专项研究，对原料油进行优化，对原有生产工艺进行改造。

一、原料油优化

克拉玛依石化有限责任公司拥有主体炼油装置 34 套，主要加工环烷基原油与石蜡基原油，有各类侧线产品近 30 种。表面活性剂的亲水亲油平衡值与各侧线产品分子量分布及结构组成密切相关，分子量适宜的直馏原料能与原油形成低界面张力，当原料中含有较多的胶质沥青质时，磺化过程的酸渣会很多，磺化效率较低。

1. 磺化原料糠醛—加氢联合预处理技术

采用加氢精制工艺除去原料中的含氧类物质，进而用糠醛精制除去大部分多环芳烃、胶质沥青质等非理想组分，降低磺化过程酸渣量，进一步采用加氢适度精制，使原料芳烃结构分布更加合理，磺化效率得到提高，芳烃利用率由 36.6% 提高到 79.1%，磺酸盐收率增加 44.2%，酸渣量减低 59.9%（表 2–12、表 2–13）。

表 2–12　原料预处理前后油品组成变化

分析项目		原始馏分		糠醛—加氢适度精制	
		磺化前	磺化后	磺化前	磺化后
油品组成（%）	饱和烃	67.45	81.07	75.78	93.84
	芳烃	25.31	16.05	23.93	5
	胶质沥青质	7.24	2.88	1.16	0.29
芳烃利用率（%）		36.6		79.1	

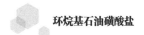
表 2-13　原料预处理前后磺酸盐组成变化

分析项目		原料预处理前	原料预处理后	变化率（%）
磺酸盐组成	抽余油	68.9	78.4	+13.8
	磺酸盐	5.2	7.5	+44.2
	酸渣	39.2	15.7	-59.9

2. 原料油分子量优化

精细调整磺化原料馏程分布，调整原料的分子量分布与七中区原油的结构组成匹配，使其达到最佳界面活性。图 2-3、图 2-4 表明，对应克拉玛依油田七中区原油，平均分子量在 340～360g/mol 之间的石油组分磺化得到的磺酸盐具有较低的界面张力。

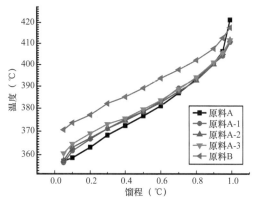

图 2-3　不同拔头深度的馏分油沸程

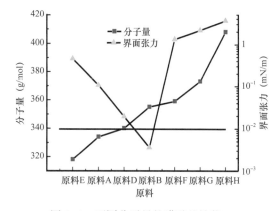

图 2-4　不同分子量的磺酸盐性能

石油组成十分复杂，随着磺化深度的增加，不同结构的芳烃被三氧化硫逐次磺化，表现出石油磺酸盐在有碱和无碱条件下的界面活性差异（图 2-5、图 2-6），反映出不同磺化深度的磺酸盐（即磺化后酸性油酸值大小不同）对界面张力的影响各不相同，最低界面张力的浓度范围也有所不同，从另一个侧面表明二元磺酸盐的生产过程需要适度磺化，而三元磺酸盐需要深度磺化。三元体系能在较大的浓度范围内形成超低界面张力，二元体系形成超低界面张力的浓度范围比较小。

3. 不同原料油生产磺酸盐乳化性能差异

环烷基石油磺酸盐表面活性剂的突出优势表现在能与原油形成较好的乳化，从而形成"油墙"，给地层原油采出提供强大的驱动力。除与抽提方式、磺化深度有关外，不同类型的原油所形成的磺酸盐乳化性能差异较大（图 2-7），在相同处理条件下，环烷基石油磺酸盐的乳化性要好于石蜡基磺酸盐。

研究发现，原油在表面活性剂溶液中的铺展性能与表面活性剂的乳化性能对应相关，从图 2-8 看出不同的表面活性剂溶液扩散性能差异较大，研制的二元复合驱用表面活性剂的扩散性能丝毫不逊于三元复合驱用表面活性剂。对照某石油磺酸盐 SP，尽管其界面张力低，但原油在其中基本没有扩展性能，乳化性能很差。

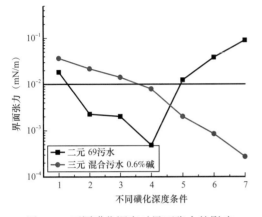

图 2-5　不同磺化深度对界面张力的影响

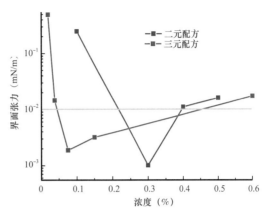

图 2-6　超低界面张力的浓度范围

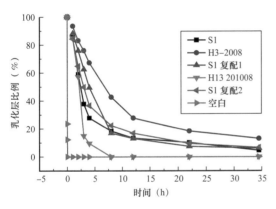

图 2-7　不同原料二元磺酸盐乳化性能实验结果

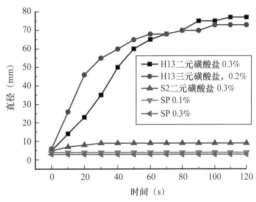

图 2-8　原油在不同磺酸盐样品中的铺展性能结果

4. 环烷基石油磺酸盐性能评价

通过对磺化原料优选以及磺化、中和、萃取等工艺条件的优化，采用糠醛—加氢组合工艺对磺化原料进行预处理，评选出适合二元驱油用的环烷基石油磺酸盐表面活性剂原料，二元磺酸盐产品性能得到进一步的优化（图 2-9），磺酸盐中双磺比例不断降低（图 2-10）。环烷基石油磺酸盐表面活性剂表现出良好的乳化性、抗稀释性、抗吸附性、改善润湿性及提高驱油效率的性能。

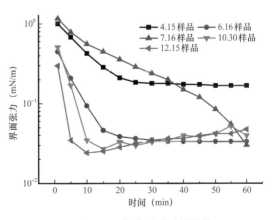

图 2-9　优化后磺酸盐性能

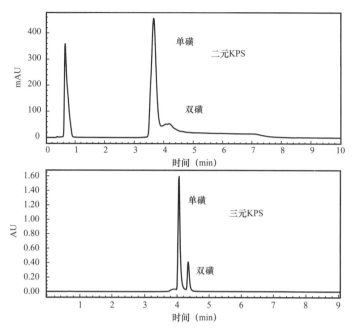

图 2-10 不同体系磺酸盐单磺双磺比例

优选出的克拉玛依环烷基石油磺酸盐 KPS 表现出良好的抗盐、耐钙性（图 2-11、图 2-12），对二元体系进入地层、接触到高矿化度水后降低界面张力有利。

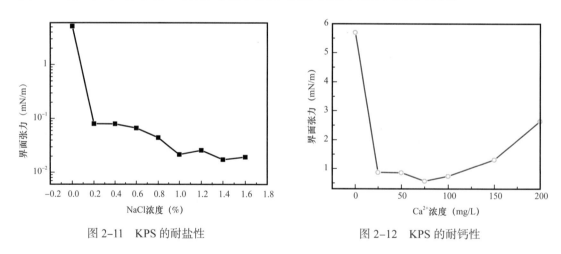

图 2-11 KPS 的耐盐性　　　　　　　　图 2-12 KPS 的耐钙性

表面活性剂进入地层后，会不断被地层吸附从而发生色谱分离的现象，导致化学剂的性能下降，图 2-13 至图 2-15 表明，KPS 磺酸盐体系具有良好的抗地层水稀释能力和较好的耐吸附能力，吸附 4 次后界面张力和原液相比性能变化不大，而参考表面活性剂耐吸附能力很差。

提高采收率的两个作用机理中，波及体积对化学驱提高采收率的贡献大于洗油效率。KPS 的加入增加了体系黏度（表 2-14），提高了波及体积。

环烷基石油磺酸盐表现出优异的乳化性能（图 2-16）与改善地层润湿能力（表 2-15），有利于形成驱油动力，增加油膜的剥落，最终表现为提高体系驱油效率（表 2-16）。

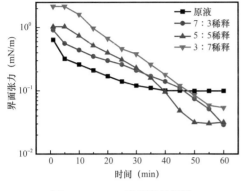

图 2-13　KPS 耐稀释性评价　　　　图 2-14　KPS 二元体系吸附前后界面张力变化

表 2-14　环烷基石油磺酸盐 KPS 对聚合物黏度的影响

聚合物浓度（mg/L）	不同 KPS 含量对体系黏度的影响（mPa·s）				
	0.0%KPS	0.1%KPS	0.2%KPS	0.3%KPS	0.4%KPS
800	15.8	16.83	16.93	19.42	18.01
1000	22.9	23.64	23.38	26.55	25.20
1200	30.7	33.12	33.94	35.75	34.60
1500	44.5	45.73	44.52	50.57	47.35
2000	73.7	76.19	76.04	82.25	81.61

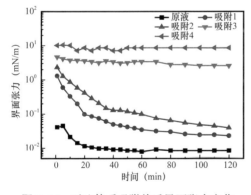

图 2-15　对比体系吸附前后界面张力变化　　图 2-16　质量分数为 0.3% KPS 体系稀释后乳化效果

二、磺化工艺优化

传统石油磺酸盐的生产采用罐组式磺化方式，气液接触面积小，磺化效率低，长时间接触易过磺化产生酸渣，堵塞装置，使反应无法连续进行。膜式磺化反应器虽然缩短了磺化接触时间，但细长的降膜管很容易因酸渣堵塞终止反应。喷射反应器是近十多年迅速发展起来的多相反应器，利用高速流动相去卷吸其他相，使各相密切接触，继而在反应器内分散或悬浮，并完成反应。

表2-15　固体表面油滴脱离实验

测试方法	躺滴法	
体系	接触角测定值及其变化情况	小油滴脱离时间（s）
0.1%KY 一元溶液	初始接触角：44.9°	—
	300s 接触角：21.2°	
0.3%S11/0.12%KY	接触角随接触时间增加而迅速增大，从油相主体分离出小油滴迅速上浮	390
0.3%KPS–0.12%KY	在短的时间内有小液滴脱离油滴主体，直至油样全部从矿片表面剥离	20

表2-16　石油磺酸盐 KPS 二元体系驱油效率（环氧树脂胶结岩心）

组号	体系	孔隙度（%）	水测渗透率（μm^2）	水驱采收率（%）	提高采收率（%）
第一组	KPS	22.22	0.3373	42.01	25.61
	SP	22.29	0.3502	39.79	22.71
第二组	KPS	20.84	0.2971	49.35	23.70
	SP	21.78	0.2961	48.56	16.26

1. 磺化方式选择

喷射反应器是近十多年迅速发展起来的多相反应器，多用于气液两相反应，也可用于含催化剂等悬浮颗粒的气液固三相反应。其原理是利用高速流动相去卷吸其他相，使各相密切接触，继而在反应器内分散或悬浮，并完成反应。喷射反应器是一大类反应器的总称，其主体部分一般由一个反应釜和一个射流喷嘴所组成。根据射流喷嘴在反应器内的不同位置，有上喷式、下喷式及水平式喷射反应器之分。喷射反应器作为一类新型反应器，有许多独特、优异的性能。

利用一套 8kg/h（以十二烷基苯计）膜式磺化中试装置（图2-17、图2-18），经过改造使其通过切换可进行釜式、膜式和喷雾式三种磺化工艺的条件试验。试验中，膜式磺化反应器很容易因酸渣堵塞造成反应无法进行，因此仅对釜式和喷雾式磺化工艺进行对比，通过比较釜式法和喷雾磺化工艺，就能够辨识出现有工业装置工艺的缺陷，较好地指导工业装置改造。

2. 喷雾磺化工艺

空气雾化喷嘴处理后的油品雾化颗粒直径较小，其特殊的内部结构设计能使液体和气体均匀混合，通过增加气体压力或降低液体压力可得到更加微细（30μm 左右）的液滴喷雾。也可通过调节液体流量，在不改变空气压力和液体压力的环境下，同样可以产生符合要求的喷雾效果，具有较强的适应性（图 2-19）。

图 2-17　8kg/h 磺化反应设备

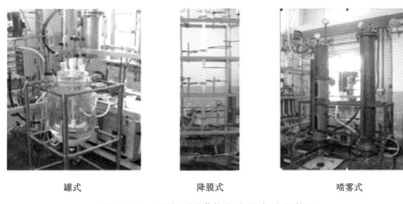

罐式　　　　　　降膜式　　　　　　喷雾式

图 2-18　三种不同磺化方式的实验室装置

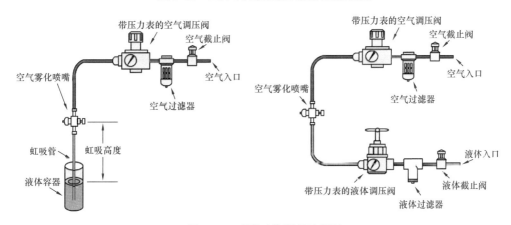

图 2-19　喷嘴工作原理示意图

　　喷雾磺化装置经改造后，增加雾沫捕捉器、计量系统、加热保温等设备，实现一级磺化，二级吸收，三氧化硫利用率高，尾气中三氧化硫浓度低的磺化效果。

环烷基与石蜡基馏分的釜式与喷雾磺化对比实验结果表明（表2-17），喷雾反应过程因SO$_3$与原料的反应接触时间短，不容易过磺化，可以大幅度降低酸渣量，提高酸性油的收率；酸渣比釜式磺化产生的酸渣软，易流动；此外，由于油的雾化效果理想，SO$_3$与油反应充分，尾气中SO$_3$的含量很少（表2-18），对于提高SO$_3$的利用率，减少废气排放，效果显著。

表2-17　环烷基与石蜡基馏分的釜式与喷雾磺化对比实验结果

工艺条件及原料名称		酸性油		酸渣		磺酸盐		界面张力（mN/m）
		收率（%）	增加率（%）	产率（%）	降低率（%）	收率（%）	提高率（%）	
H13 二次磺化油	釜式	90.0	10.0	15	66.0	8.8	32.7	0.00689
	喷雾	99.0		5.1		11.68		0.00486
H17 三元	釜式	70.0	14.6	35	65.7	7.98	20.9	0.09368
	喷雾	80.2		12		9.65		—
H17 二元	釜式	70.0	35.71	35	71.4	5.95	3.2	0.1812
	喷雾	95.0		10		6.14		0.10803
H13 二元	釜式	88.6	10.9	10.4	35.6	6.95	6.3	0.3686
	喷雾	98.3		6.7		7.39		0.3287
H13 三元	釜式	76.1	15.8	28.9	41.5	11.42	4.3	0.003
	喷雾	88.1		16.9		11.91		0.00214
S1	釜式	80.0	17.6	25	56.8	2.84	16.5	0.46395
	喷雾	94.2		10.8		3.31		0.48526
S2	釜式	70.0		35	—	6.09		0.00397
	喷雾	94.3	34.7	10.7	69.4	8.48	39.2	0.00397
	喷雾	92	31.4	13	62.9	8.13	33.5	0.00328

表2-18　尾气中三氧化硫的浓度分析

条件	喷雾磺化 SO$_3$（g/m^3）	喷雾磺化 SO$_3$（mg/m^3）	2009年装置开工数据 SO$_3$（mg/m^3）
磺化前	5.16	5.00	4.19
一级吸收后	0.13	0.02	—
二级吸收后	0.07	0.02	1.20～2.80
反应效率（%）	98.6	99.6	71.4

通过釜式、膜式、喷雾等磺化方式的对比试验，确定磺化设备的优化方案，并进一步确定了气液接触方式以及喷嘴选型。通过试验证明喷雾磺化工艺能大幅度提高三氧化

硫的利用率，且磺酸盐收率、酸性油的收率有明显增加，酸渣有明显降低，同时实现连续化生产，改善作业环境，尾气排放符合国家标准。

3. 喷雾磺化工业试验

磺酸盐装置所需原料主要为克石化公司生产的减二线润滑油，年产量 50×10^4t 以上，可就近采购，通过管道输送至装置内储存（表 2-19）。

表 2-19　原材料及主要辅助材料供应

项目	年总计	小时总计
减二线原料油（t）	125000	17.86
磺酸盐（t）	10000	1.43
磺化油（t）	111250	15.89
酸渣（t）	6250	0.89
污水排放（t）	17250	2.46
消耗硫磺（t）	2125	0.30
消耗酒精（t）	1750	0.25
液碱（t）	7250	1.04
工业风（m³/h）	17000000	2428
新水（t）	28750	4.11
循环水（t）	7500000	1071.43
电（kW/h）	3606250	515.18
蒸汽（t）	250000	35.71

（1）原料油：克石化公司（蒸馏减二线→加氢脱酸→糠醛精制）；

（2）运动黏度：$40 \sim 62$mm²/s（50℃），闪点（开）：≥ 185℃；比色（SY）≤ 12；含醛：无；酸值：馏出口≤ 0.25，不允许含糠醛携带油。

（3）主要辅助材料。

① 固体片状硫磺：克石化公司生产的片状硫磺，年产量 10×10^4t 以上。

② 纯酒精（95%）：塔城地区和伊力地区等均有生产，可满足生产要求。

③ 液碱（33%）：新疆天业、中泰化学等均有生产，可满足生产要求。

（4）工业化装置参数。

喷雾磺化装置分燃硫磺化系统和萃取吸收系统两部分。燃烧硫磺产生二氧化硫，二氧化硫再转化为三氧化硫，三氧化硫与减二线原料油发生磺化反应生成石油磺酸，磺酸与液碱（20%）中和生成磺酸钠，通过 50% 酒精溶液将磺酸钠萃取出来，再通过抽真空将酒精回收利用。未参加磺化反应产生的三氧化硫通过液碱吸收。技术参数见表 2-20，生产工艺如图 2-20 至图 2-24 所示。

环烷基石油磺酸盐

表 2-20　技术参数

技术参数	原料油黏度 32～44mm²/s	原料油黏度 44～75mm²/s
熔硫温度（℃）	140±5	140±5
燃硫炉出口温度（℃）	550～650	550～700
转化塔进口温度（℃）	400～450	400～450
转化塔一段进料温度（℃）	390～450	390～450
转化塔一段出口温度（℃）	<610	<610
转化塔二段进口温度（℃）	390～420	390～450
转化塔四段总温升（℃）	>250	>250
转化塔系统压力（MPa）	<0.1	<0.1
三氧化硫出口温度（℃）	50～60	50～60
磺化温度（℃）	55±5	55±5
酸性油酸值（mg/g）（以 KOH 计）	7～15	7～15
浓碱罐浓度（%）	20±2	20±2
浓碱罐温度（℃）	80±2	80±2
浓碱用量（占油体积）（%）	8～15	8～15
酒精罐浓度（%）	50±2	50±2
酒精用量（占油体积）（%）	15～25	15～25
中和温度（℃）	80±2	80±2
混合后 pH 值	7～9	7～9
萃取温度（℃）	80±2	80±2

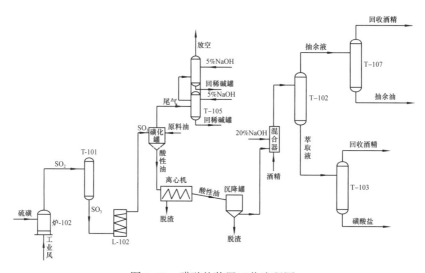

图 2-20　磺酸盐装置工艺流程图

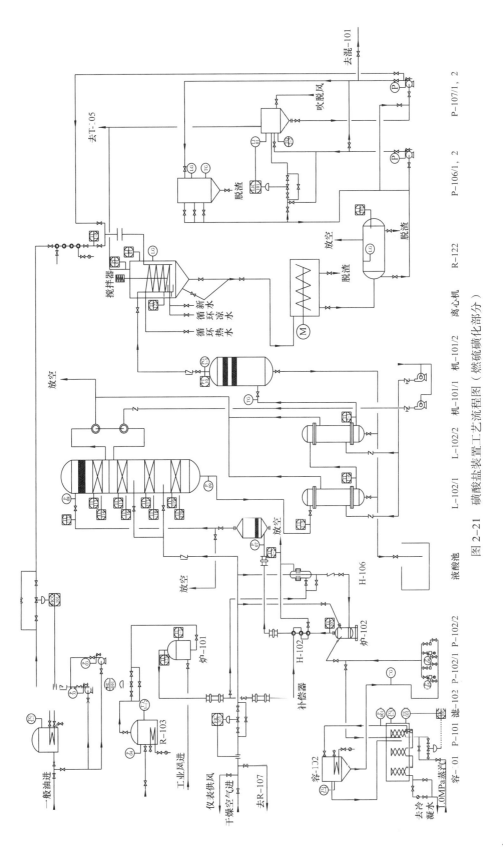

图 2-21 磺酸盐装置工艺流程图（燃硫磺化部分）

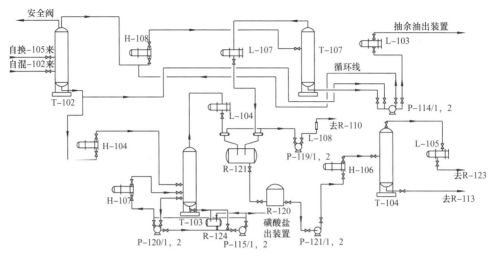

图 2-22 磺酸盐装置工艺流程图（萃取回收部分）

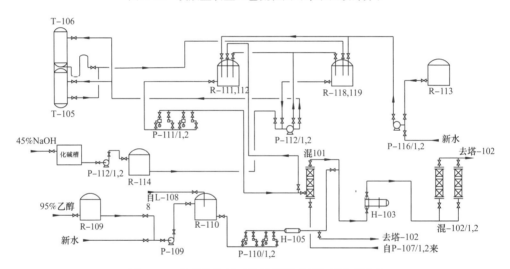

图 2-23 磺酸盐装置工艺流程图（尾气吸收部分）

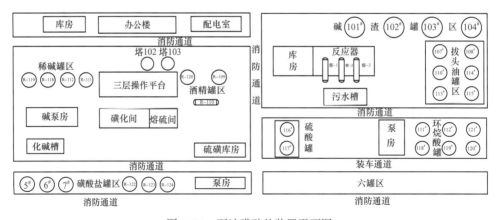

图 2-24 石油磺酸盐装置平面图

三、产品质量控制

围绕磺酸盐生产中的质量监控，用先进的仪器分析手段，结合磺酸盐组分的构效关系，监控原料油、磺化油和未磺化油的指纹图谱特征峰，监控磺化油的磺化深度，实现磺酸盐质量监控（图 2-25）。

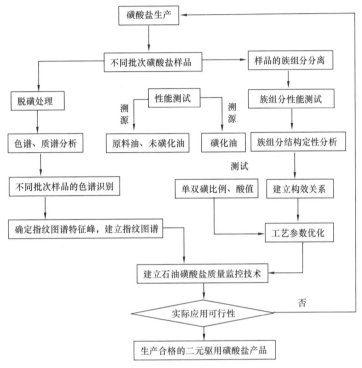

图 2-25　磺酸盐生产流程

该表面活性剂使用标准适用于（Q/SY 1583—2013）中国石油天然气集团公司企业标准，其产品检测标准适用于：《表面活性剂　洗涤剂　阳离子活性物含量的测定》（GB/T 5174—2018），《水质阴离子表面活性剂的测定亚甲蓝分光光度法》（GB/T 7494—1987），《驱油用石油磺酸盐性能测定方法》（SY/T 5908—1994），表面活性剂活性物含量的测定：石油磺酸盐、烷基苯磺酸盐活性物含量按照 SY/T 5908—1994 方法测定，其他阴离子表面活性剂的活性物含量按 GB/T 7494—1987 测定。

（1）实施方案以评价环烷基石油磺酸盐的性能，对其原料油、未磺化油和脱磺油进行组分分析，结构鉴定，建立原料油、脱磺油和未磺化油的指纹图谱，用指纹图谱技术识别不同产品的性能差异与图谱中标准峰的关系。

（2）按不同极性将环烷基石油磺酸盐分离得到几个族组分并进行结构定性鉴定，分别测试总组分和各族组分的物化性能，并用液相色谱法测定磺化油的单双磺含量，溯源不同批次磺酸盐产品的合成工艺条件，将工艺条件同其结构和性能关联，找到造成不同批次磺酸盐性能差异的工艺条件。

（3）将两个方面的信息综合，结合磺酸盐生产监控的传统方法，建立一套监控环烷

基石油磺酸盐质量的新方法，通过原料油和磺化油的指纹图谱信息以及单双磺含量，指明不合格产品存在的问题根源，指导磺酸盐工业生产，从而提高磺酸盐产品的合格率，解决困扰企业产品质量的瓶颈问题，降低不合格产品的数量，为企业创造经济效益。

四、喷雾连续磺化工业生产

根据试验室的研究结果，磺酸盐装置于 2010 年完成喷雾磺化方式改造工作（图 2-26）。全部生产过程采用 DCS 控制系统，大幅度提高了生产过程的自动化控制水平，实现了高效连续清洁化工业生产，自 2011 年底至今，装置一直连续平稳运行。

图 2-26   克拉玛依金塔公司 3×10^4t/a 磺化装置

采用喷雾磺化装置工艺对 H3 加氢后原料进行磺化试验，生产运行正常，工业磺酸盐产品满足产品质量指标（表 2-21）；经过两次抽提后，抽余油可以作为深度精制润滑油基础油使用（表 2-22）。

表 2-21   磺酸盐性质分析

名称	质量指标	2009 年 KPS（1）	2009 年 KPS（2）	2010 年 KPS（1）	2010 年 KPS（2）	2011 年 KPS	2012 年 KPS
未磺化油质量分数（%）	≤20	1.42	1.26	6.32	3.03	5.2	8.94
活性物含量（%）	≥20	36.05	31.12	46.62	37.91	36.23	30.02
无机盐质量分数（%）	≤5	3.16	1.33	4.31	4.77	4.92	4.64
分子量（g/mol）	400~550	435	442	526.1	480.9	421	452

工业磺化装置改造为喷雾磺化工艺后，磺化效果显著，成本大幅度减低，磺化原料处理能力增加 133.3%，磺酸盐收率提高 107.8%，抽余油收率提高 19.4%，酸渣降低 35.6%，原料油收率增加，使原料成本降低 60.5%，反应物吸收充分，使操作成本降低 85.2%，人工及其他成本降低 85.8%，总成本下降 69.1%。（表 2-23 至表 2-25）。喷雾磺

化工艺具有产品性能稳定，工艺控制方便，可连续化操作，降低三废污染，安全环保等优点。

表 2-22 喷雾磺化抽余油性质

指标	H3			H13		
	原料	一次磺化抽余油	二次磺化抽余油	原料	一次磺化抽余油	二次磺化抽余油
40℃时黏度（mm²/s）	42.47	39.12	37.28	53.18	47.81	43.85
100℃时黏度（mm²/s）	5.168	5.105	5.050	5.742	5.638	5.846
组成质量分数（%） 饱和烃	80.98	87.67	94.40	67.82	82.98	94.59
芳烃	17.76	11.58	5.20	31.62	15.96	5.16
胶质沥青质	1.26	0.75	0.40	0.56	1.06	0.25

表 2-23 改造前后原料油加工量对比结果

	釜式磺化	喷射磺化
一次磺化	2m³/h	3.0m³/h
二次磺化	1m³/h	4.0m³/h
三次磺化	—	4.0m³/h

表 2-24 工业磺化数据对比

原料名称	H13			
磺化方式	鼓泡	鼓泡	喷雾	喷雾
磺化次数	一次	二次	一次	二次
处理量（t/h）	1.5	2	3	3.5
与一次鼓泡相比处理量增加（%）	—	33.3	100	133.3
抽余油收率（%）	69.6	61.2	87.37	73.1
与一次鼓泡相比抽余油提高率（%）	—	-12.1	25.5	19.4
磺酸盐收率（%）	5.29	7.8	7.39	10.99
与一次鼓泡相比磺酸盐收率提高（%）	—	47.4	39.7	107.8
酸渣产率（%）	35.1	40.29	15	22.6
与一次鼓泡相比酸渣降低率（%）	—	-14.8	57.3	35.6

表 2-25 装置改造前后磺化成本对比［元/t（折百磺酸盐）］

项目		釜式磺化	喷雾磺化 2012	成本降低率（%）
原料油	原料油	102169.1	64982.46	60.5
	磺化抽余油	−67639.7	−51325.9	
	合计	34529.41	13656.56	
操作成本	硫磺	2536.76	196.96	85.2
	电	492.65	154.77	
	蒸汽	1500.43	703.1	
	新水	1.2	3.55	
	液碱	2757.35	302.26	
	乙醇	1011.03	9.03	
	循环水	236.03	158.63	
	工业风	3809.26	295.76	
	合计	12344.71	1824.16	
人工及其他		5790.44	821.17	85.8
合计		52664.56	16301.89	69.1

为保证磺酸盐产品的质量，已建立环烷基石油磺酸盐的企业标准《提高采收率用表面活性剂　环烷基石油磺酸盐 KPS》（Q/KJT20—2017）。自 2010 年成功实现工业化运行以来，所生产的环烷基磺酸盐工业产品经过评价，表面活性剂含量和平均分子量的检测结果都符合产品质量指标，满足新疆克拉玛依砾岩油藏的复合驱注入性能要求。

五、小结

针对传统罐组式气相磺化工艺传质效率差、产品收率低、易堵塞等难以实现连续磺化生产的问题，设计开发喷雾磺化设备及成套生产技术，气液接触时间由 5～6h 缩短到 30s 以内，通过逐级多次磺化技术，使原料油芳烃磺化率高达 83.7%。建成我国第一套石油磺酸盐喷雾磺化工业生产装置，处理能力提高 133.3%，磺酸盐收率提高 107.8%，原料成本降低 60.5%，操作成本降低 85.2%，实现了高效连续清洁化生产和原料油优势资源效益最大化。

第三节　环烷基石油磺酸盐副产品过磺化物再利用

　　1996 年新疆油田以克拉玛依石化公司的环烷基稠油减二线馏分为原料油合成了适合于化学复合驱的环烷基石油磺酸盐（KPS）产品，并将 KPS 应用于克拉玛依油田二中区砾岩油藏的复合驱先导性试验中[1]。研究发现，复合驱中 KPS 的乳化与降低界面张力性能俱佳。但是，在生产 KPS 的过程中也遭遇了严重的副产品酸渣问题，KPS 生产过程中酸渣与 KPS 的产量比接近 1∶2，生成酸渣的量比较大[2-5]。酸渣常温下为黏性很强的凝胶状固体，呈酸性，具有腐蚀性和不可降解性，主要由亲水性很强的双磺酸和多磺酸等活性物组成，影响 KPS 产品的界面性能，其次酸渣中同时包裹有部分未反应的废酸，经氢氧化钠或氨水等直接中和后会使产物中无机盐严重超标，导致 KPS 产品无法使用。另外，由于酸渣黏度高，刺激性气味大，在后续的生产过程中容易堵塞物料管线，出现换热器换热效率降低等问题。所以，开发酸渣高效环保处理方法的意义和应用价值比较大。

　　目前，酸渣主要通过焚烧、掩埋和氢氧化钠中和等常用的方式进行处理，常用方式面临的环保压力巨大。1983 年 4 月上海市科委将上海高桥石化公司石油磺酸盐的酸渣与棉浆黑液制备成 CWM 添加剂，然后利用 CWM 添加剂与煤浆混合制成燃料使用，解决酸渣问题。20 世纪 80 年代，马鞍山矿山研究院开始选用石油磺酸盐的酸渣为原料制备磷精矿的捕集剂，经过多种实验比较，利用酸渣制备的捕集剂回收率能达到 88.87%，实验效果良好。2015 年，中国海洋大学武光庆课题组利用石油磺酸盐的酸渣用作混凝土的引气减水剂的相关研究[6]。也有报道将酸渣与氨水反应制备硫酸铵，但由于生产成本高而没有经济效益。也有利用酸渣生产道路沥青的文献报道。还有将酸渣与磷矿粉进行反应生产含有磷酸二氢钙、磷酸钙等磷肥的方法，但在制造磷肥过程中仍存在大气污染的问题。

　　虽然上述对酸渣的再利用和废物处理提出了一些可行的思路，但是很多酸渣的处理方法仅仅停留在实验室阶段，尚未实现大规模的使用，而且上述的酸渣处理方式大多是跨行业再利用，其产品的性能以及市场推广存在巨大的压力。本节酸渣的处理思路遵循"从哪里来到哪里去"的准则，尽可能地利用到三次采油的行业中去，简单高效经济地将酸渣作为驱油剂进行再利用，变废为宝。

一、酸渣的成因及组分分析

　　环烷基石油磺酸盐 KPS 是一种极其复杂的混合物，为了更好地了解其驱油的协同效应和构效关系，必须获得相对精确的化学结构[7-8]。同样，为了能够更好地解决酸渣的再利用问题，即必须了解酸渣产生的原因，酸渣的具体组分和化学结构，进而才能根据酸渣的组成和结构特点进行再利用研究。因此酸渣的组分及结构分析是非常重要的。

1. 酸渣中硫酸的含量测定

实验过程如图 2-27 所示：称取酸渣约 14g，加入 50mL 蒸馏水加热使其溶解。将提前配置好的 Ba(OH)₂ 溶液缓缓加入并测其 pH 使其约为 8～9。自然静止发现有大量棕色固体沉淀。然后用沙星漏斗抽滤，分别用蒸馏水、乙酸乙酯、甲苯洗 3～5 次（每次约30mL），最后将所得固体转移至表面皿，烘干，称量。通过上述的实验结果可以看出，酸渣中硫酸的含量基本在 30% 左右（表 2-26）。

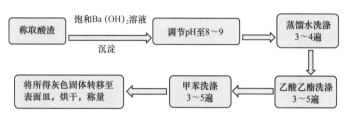

图 2-27　酸渣中硫酸含量测量方法

表 2-26　酸渣中硫酸含量多次实验结果

实验编号	1	2	3	4	5	6	7	8	9	10
酸渣质量（g）	14.00	14.50	14.30	14.26	15.00	16.02	14.62	14.30	14.29	15.20
沉淀质量（g）	9.70	10.34	10.80	12.20	12.84	11.42	10.77	11.55	10.53	11.92
硫酸质量分数（%）	29	30	32	33	36	30	31	34	31	33

2. 酸渣中未磺化油的分离及其测定

实验步骤及示例如图 2-28 所示：称取酸渣约 19.9g，加入 100mL 蒸馏水加热使其溶解。将提前配置的浓度为 30% 的 NaOH 溶液缓缓加入并检测 pH，使其 pH 值约为 8～9。然后用甲苯萃取 3～5 次（每次约 30mL），最后将所得有机相合并，减压蒸馏，抽干并称量得到油状物。通过上述的实验结果可以看出，酸渣中未磺化油的含量基本在 25%～30%（表 2-27）。

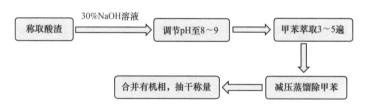

图 2-28　酸渣中未磺化油含量测定方法

3. 酸渣中磺酸的提取

实验步骤及示例如图 2-29 所示：称取酸渣约 19.9g，加入 100mL 蒸馏水加热使其溶解。将提前配置的浓度为 30% 的 NaOH 溶液缓缓加入并检测 pH，使其 pH 值约为 8～9。然后分别用乙酸乙酯、甲苯萃取 3～5 次（每次约 30mL），最后将所得水相合并，浓缩母液结晶，烘干并称量得到灰色固体。根据上述实验结果可以看出，酸渣中磺酸的含量基本在42%～45%（表2-28）。

表2-27 酸渣中未磺化油含量多次实验结果

实验编号	1	2	3	4	5	6	7	8	9	10
酸渣质量（g）	19.90	21.56	17.65	18.44	20.78	26.76	16.99	15.42	22.65	26.88
未磺化油质量（g）	5.33	6.47	4.41	4.97	5.82	6.95	5.10	4.32	5.89	7.80
未磺化油质量分数（%）	27	30	25	27	28	26	30	28	26	29

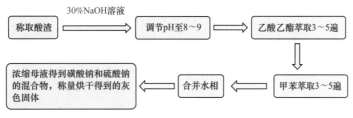

图2-29 酸渣中磺酸的提取方法

表2-28 酸渣中磺酸提取多次实验结果

实验次数	1	2	3	4	5	6	7	8	9	10
酸渣质量（g）	19.90	21.56	17.65	18.44	20.78	26.76	16.99	15.42	22.65	26.88
浓缩后固体质量（g）	16.9	18.76	15.01	15.49	17.46	22.75	14.45	13.26	19.03	22.59
磺酸质量分数（%）	43	45	43	42	42	43	43	44	42	42

4.酸渣中环烷基磺酸的化学结构

为了进一步确定酸渣中磺酸的结构以及可利用性，还通过红外光谱对其进行了检测对比，通过与KPS进行比较（图2-30），可以看到，酸渣中也含有磺酸基团特征峰，这为酸渣的再利用奠定了理论基础。

其次，为了解决酸渣的成因问题，同时针对环烷基石油磺酸盐磺化的原料油进行了核磁氢谱的分析，发现可磺化的芳烃含量很少，而且芳烃化学位移较一般芳烃向高场偏移，所以根据核磁共振分析结果可以判定磺化的原料油芳烃活性偏高，容易发生二磺化以及多磺化。为了验证这一猜想，对未磺化油以及酸渣提取的磺酸进行了液质联用仪器（LRMS）检测（图2-31、图2-32），通过谱图可以发现，未磺化油的MS谱图和磺酸MS谱图分子量的差值在160g/mol左右，因此根据分析，酸渣中所含的磺酸分子应该是二磺酸。根据图2-32可以看出酸渣中磺酸分子量集中在473～670g/mol，以分子量为536g/mol进行计算。

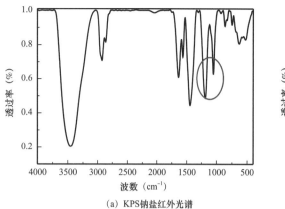

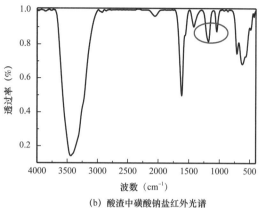

（a）KPS钠盐红外光谱 　　　　　　（b）酸渣中磺酸钠盐红外光谱

图 2-30　KPS 和酸渣的红外光谱图对比

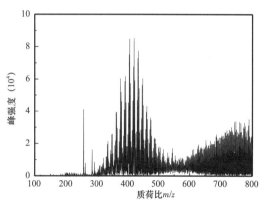

图 2-31　未磺化油的 MS 谱图

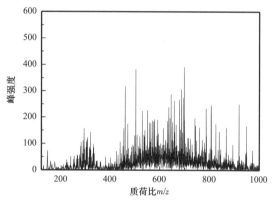

图 2-32　酸渣中分离所得磺酸的 MS 谱图

（1）如果是单磺酸，分子式可能为 $C_{33}H_{60}O_3S$，碳链长度可能为 27，碳链长度太长，说明单磺酸的结构不太可能。

（2）如果是双磺酸，分子式可能为 $C_{26}H_{44}S_2O_6H_2$，可能是如下的结构式：

碳链的长度为 20：

碳链的长度为 16：

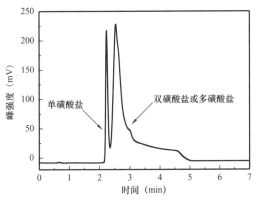

同时为了验证酸渣中磺酸是单取代还是多取代磺酸，对其所得的磺酸钠进行高效液相色谱（HPLC）分析，所得谱图如图 2-33、图 2-34 所示。

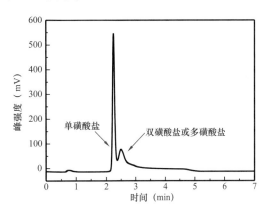

图 2-33 酸渣中的磺酸钠色谱图　　　　　图 2-34 单磺酸盐标准色谱图

通过所得磺酸钠溶液谱图与单磺酸盐标准谱图对比分析，发现在保留时间为 2.5min 的时候磺酸钠溶液出峰很明显，而单磺酸出峰仅在 2~2.5min 时有一个单峰，在 2.5min 附近没有明显的峰，故酸渣中二磺酸或多磺酸化合物含量居多。通过对以上实验结果分析可知，酸渣中的磺酸盐既有单磺酸盐又有双磺酸或多磺酸盐，而且以二磺酸或多磺酸化合物居多。

通过对酸渣的组分、原料油的分析可知，由于环烷基石油磺酸盐原料的活性太高，在磺化过程中容易发生二磺化或多磺化，形成的二磺酸或者多磺酸极性大，再加上反应过程有大量的硫酸形成，根据"相似相溶"的原理，大量的二磺酸或者多磺酸溶解到硫酸中，形成密度比较大、黏稠、类似固体的酸渣。

二、酸渣的再利用研究

为了解决酸渣的再利用问题，根据对酸渣组成的分析，计划将酸渣中大量的浓硫酸与有机的长链烯烃或者芳烃进行加成反应，制备了相应的长链烷基硫酸氢酯，中和后即可获得相应的长链烷基硫酸盐。长链烷基硫酸盐是一类优良的阴离子表面活性剂，性质与环烷基石油磺酸盐基本类似，都具有良好的表面活性，两种表面活性剂相互作用相互促进形成新的驱油体系。该研究思路的特点是既消耗掉了酸渣中的硫酸，同时又产生了优异的阴离子表面活性剂，更重要的是不需要分离，直接使用，达到了简单绿色环保高效地再利用的目的。

此部分的研究内容主要利用辛烯、癸烯、十二烯、十四烯、十六烯、十八烯、十二烷基苯、油酸、重烷基苯以及腰果酚等缚酸剂与酸渣进行反应：

反应机理

$$R—CH=CH—R' \quad \text{或} \quad \xrightarrow[-H^+]{+H_2SO_4} \quad R—HC—CH_2—R' \quad \text{烷基硫酸氢酯}$$

$$\underset{OSO_2OH}{|} \quad \text{或}$$

$$R—\bigcirc—SO_3H \quad \text{烷基苯磺酸}$$

R = 烷基或芳基
R' = H，烷基或芳基

筛选合适的缚酸剂制备新的阴离子表面活性剂。筛选的结果见表2-29。

表2-29　不同缚酸剂与酸渣反应结果

实验编号	1	2	3	4	5	6	7	8	9	10
缚酸剂	十二烷基苯	重烷基苯	腰果酚	十六烯	十八烯	辛烯	癸烯	十二烯	十四烯	油酸
加入量（g）	60	80	60	65	70	35	40	50	60	90
硫酸含量（%）	0.9	0.6	1.66	5.8	3.4	10.2	8.8	6.6	6.0	12

通过对缚酸剂的初步筛选，效果比较好的缚酸剂为重烷基苯和十八烯。随后对重烷基苯和十八烯的添加量进行了优化。

1. 重烷基苯添加量对硫酸含量的影响

为了更好地研究酸渣与重烷基苯的反应，需要确定重烷基苯的加入量，通过加入不同量的缚酸剂来进行实验评价。由实验数据可知（表2-30），酸渣中硫酸含量在34.5%左右，加入重烷基苯后，其硫酸含量急剧降低，由此可见重烷基苯能够很好地和酸渣中的硫酸反应进而解决酸渣问题。

2. 十八烯添加量对硫酸含量的影响

与重烷基苯一样，对十八烯的加入量进行了研究。取酸渣于500mL烧杯中，再加入十八烯，在温度为80℃的油浴下，机械搅拌超过6h。由实验数据可知（表2-31），1号样品除硫酸效果较为理想，硫酸含量能降至2.67%，但减少十八烯用量，硫酸含量不能达到较低水平，所以采用1号样品所用十八烯的用量是比较可行和经济的。

表 2-30　重烷基苯加量对硫酸含量的影响

实验编号	硫酸含量（%）			
	平行实验 1	平行实验 2	平行实验 3	平均值
酸渣	35.5	33.7	34.2	34.5
1 号	1.61	1.45	1.58	1.55
2 号	1.72	1.76	1.77	1.75
3 号	1.73	1.74	1.82	1.76
4 号	3.61	4.22	3.87	3.90

注：1 号——100g 酸渣 +60g 重烷基苯；

　　2 号——100g 酸渣 +40g 重烷基苯；

　　3 号——100g 酸渣 +30g 重烷基苯；

　　4 号——100g 酸渣 +20g 重烷基苯。

表 2-31　十八烯添加量对硫酸含量的影响

实验编号	硫酸含量（%）			
	平行实验 1	平行实验 2	平行实验 3	平均值
1 号	2.61	2.72	2.68	2.67
2 号	5.31	5.64	5.22	5.39
3 号	10.9	10.2	10.5	10.5

注：1 号——100g 酸渣 +60g 十八烯；

　　2 号——100g 酸渣 +40g 十八烯；

　　3 号——100g 酸渣 +20g 十八烯。

3. 酸渣处理后所得表面活性剂性能评价

重烷基苯和十八烯的加入量确定后，为了确定处理后酸渣的界面张力性能，对其界面张力进行了表征。通过测定结果可以看出（图 2-35），利用十八烯处理的酸渣得到的界面张力结果非常良好，远远低于未处理酸渣和重烷基苯处理后酸渣的界面张力。

随后又进行了处理后酸渣与 KPS 复配的研究。通过结果来看（图 2-36、图 2-37）：处理后的酸渣与 KPS 复配后的性能较好，界面张力都能在短时间内降

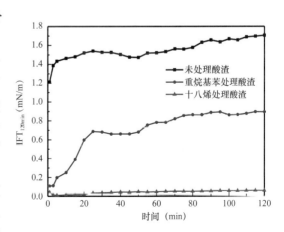

图 2-35　十八烯、重烷基苯、未处理酸渣界面张力对比图

到超低值。其中，十八烯处理酸渣与 KPS 复配体系降低油水界面张力性能较重烷基苯与 KPS 复配体系更为出色。

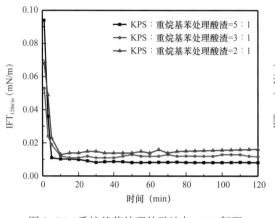 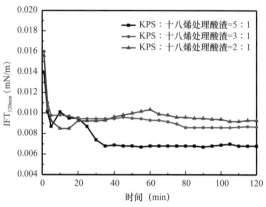

图 2-36　重烷基苯处理的酸渣与 KPS 复配　　　图 2-37　十八烯处理的酸渣与 KPS 复配
界面张力测定图　　　　　　　　　　　界面张力测定图

通过对酸渣的化学处理，实现了环烷基磺酸盐生产过程中酸渣的无害化处理，整个处理过程无须进行分离萃取等烦琐的操作，同时形成了性能良好的阴离子表面活性剂。整个处理过程简单高效且非常环保，处理过程无任何废水废气以及废物产生。解决了环烷基磺酸盐大量工业生产所面临的紧迫问题，为环烷基磺酸盐大规模的应用奠定了坚实的基础。

三、小结

（1）通过生产工艺分析、原料分析研究找出产生酸渣的原因，利用十八烯处理酸渣，将酸渣占环烷基磺酸盐的质量分数降到 5% 以下。

（2）通过对磺化过程的分析，确定十八烯处理酸渣的工艺，使环烷基磺酸盐的成本大幅降低。

参考文献

［1］李发忠，樊西惊，徐家业，等.三次采油用石油磺酸盐的合成［J］.西安石油学院学报,1993,8（4）：71-76.

［2］韩亚明.磺化技术及产品开发趋势［J］.日用化学工业，2007，37（6）：393-396.

［3］王小泉.喷雾法合成石油磺酸盐［D］.成都：西南石油学院，2005.

［4］牛金平，袁少明，韩向丽，等.气液喷射式磺化反应器的应用研究［J］.应用化工，2004，33（1）：16-23.

［5］张广良，杨效益，郭朝华，等.磺化反应器进展［J］.日用化学工业，2011，41（3）：211-215.

［6］武光庆，胡仰栋，伍联营.酸渣用作引气减水剂的研究［J］.现代化工，2015，35（1）：102-106.

［7］高树棠. 大庆馏分石油磺酸盐的合成与分析［J］. 油田化学, 1989, 6（1）: 65-71.

［8］程斌, 张志军, 梁成浩. 三次采油用石油磺酸盐的组成和结构分析［J］. 精细石油化工进展, 2004, 5（11）: 14-16.

第三章 环烷基石油磺酸盐的组成分析与结构表征

制备高灵敏度的液相色谱柱，建立环烷基石油磺酸盐 KPS 分离纯化的前处理方法，定量表征 KPS 含量，形成复杂采出液中 KPS 微量分析检测方法。通过解析 KPS 单、双磺组分分子结构，形成 KPS 指纹图谱用于指导 KPS 原料油筛选，实现产品质量控制的目的。

第一节 环烷基石油磺酸盐分离纯化技术

一、环烷基石油磺酸盐组分分析

石油磺酸盐是由石油馏分经磺化获得的体系十分复杂的混合物，由于磺化工艺的不同，其磺化深度也不同，磺酸盐产品中水、无机盐、未磺化油、单磺酸盐和双磺酸盐的量也会呈现出较大差异。前处理技术主要是为了减小其他成分对分离分析的干扰，使样品满足仪器分析的需要，对石油磺酸盐样品进行除水、除杂质、除无机盐和未磺化油部分，以及为了进行气相色谱分析所进行的脱磺反应等处理，使样品可以达到仪器分析的要求[1-3]。石油磺酸盐样品前处理技术如图 3-1 所示；磺酸盐样品脱磺反应示意图如图 3-2 所示。

1. 实验部分

（1）准确称取环烷基石油磺酸盐样品 10g 于 250mL 烧杯中，在 110℃烘箱内烘至恒重，失去的量即为轻组分及水。

（2）恒重部分用 50mL 热的无水乙醇（60℃）充分溶解后，以 6500r/min 的速率离心 10min，收集上清液；沉淀部分再用热的无水乙醇溶解、离心，重复 3 次，每次均为 50mL；合并上清液部分。不溶部分在 110℃烘箱内烘至恒重，即为无机盐及杂质。

（3）将步骤（2）中的上清液无水乙醇部分，除去溶剂，加 50mL 异丙醇/水（1:1）充分溶解，用正己烷萃取 2 次，每次 50mL，收集异丙醇/水相。

（4）将步骤（3）中的正己烷相合并，除去溶剂至 50mL 左右，用异丙醇/水（1:1）萃取 2 次，每次 50mL，分别收集异丙醇/水相和正己烷相。

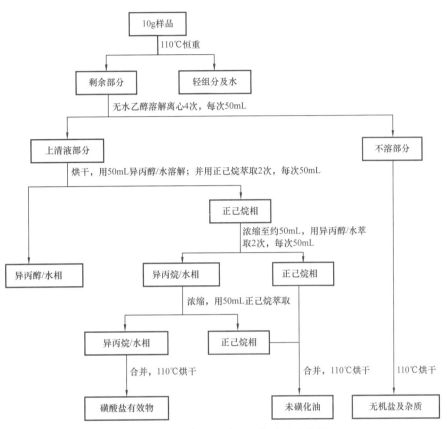

图 3-1　石油磺酸盐样品纯化过程示意图

（5）将步骤（4）中的异丙醇/水相，除去溶剂至 50mL 左右，用 50mL 正己烷进行萃取，分别收集异丙醇/水相和正己烷相。

（6）将步骤（3）和步骤（5）中的异丙醇/水相合并，置于 110℃ 烘箱内烘至恒重，即为环烷基石油磺酸盐有效物。

（7）将步骤（4）和步骤（5）中的正己烷相合并，置于 110℃ 烘箱内烘至恒重，即为未磺化油。

在分离纯化过程中，为了确保纯化后的石油磺酸盐样品中不含有未磺化原油部分，对其萃取过程用气相色谱进行跟踪监控。磺酸盐样品脱磺反应过程如下：取纯化后的磺酸盐样品 0.8g、锡粉 4.0g、磷酸 100.0g（60mL）于 100mL 圆底烧瓶中，置于加热套中，在 220℃ 下反应 6h，收集反应产物。

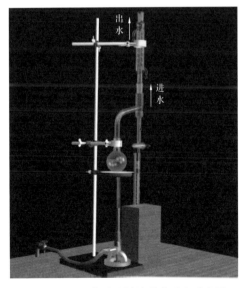

图 3-2　磺酸盐样品脱磺反应示意图

2. 结果与讨论

1）萃取液中未磺化原油检测

如果磺酸盐部分含有残余的未磺化原油，则对后续的样品脱磺产物 GC 色谱分析带来干扰与误差，鉴于此，结合 GC 色谱分析监控的方法，确定最终的萃取条件。用 50mL 正己烷分别萃取 1～4 次的 GC 色谱图如图 3-3 至图 3-6 所示。

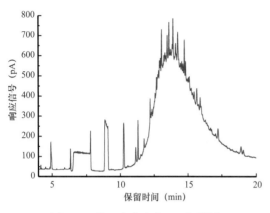

图 3-3　第 1 次萃取液 GC 色谱图

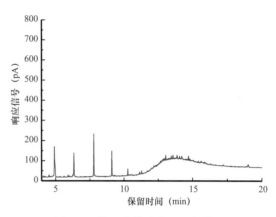

图 3-4　第 2 次萃取液 GC 色谱图

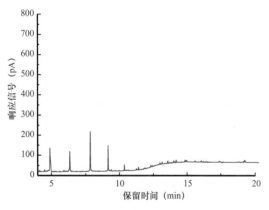

图 3-5　第 3 次萃取液 GC 色谱图

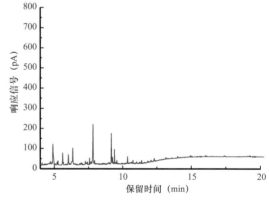

图 3-6　第 4 次萃取液 GC 色谱图

气相色谱条件如下：

色谱柱：hp-5 石英毛细管柱（50m×0.25mm×0.32μm）；

柱温：50℃保持 5min，以 5℃/min 升温至 250℃，然后以 4℃/min 升温至 290℃，保持 14min；

进样口温度：300℃；

检测器温度：300℃；

FID 检测器：载气为 N_2，流速为 1mL/min，H_2 流速为 30mL/min，空气流速为 400mL/min，尾吹 25mL/min；

进样：采用分流进样，进样量 1μL，分流比 3∶1。

从以上色谱图可以看出，用 50mL 正己烷萃取 2 次，已能将未磺化原油萃取完全，而第三次和第四次萃取结果与第二次萃取结果类似，进一步增加萃取次数已没有必要，因此确定最终萃取条件为用正己烷萃取 2 次，每次 50mL。

2）石油磺酸盐组成及含量

按照磺酸盐纯化处理方法对石油磺酸盐原样进行处理，结合三次实验结果，得到石油磺酸盐样品所含轻组分及水、无机盐、未磺化油、磺酸盐百分含量（表 3-1 至表 3-6）。

表 3-1　2002 年 4 月 1# 石油磺酸盐样品（KPS-45.0%）

含量	平均值	标准偏差	95% 置信区间	
			低	高
轻组分及水（%）	39.8	1.40	36.3	43.3
无机盐（%）	8.32	0.34	7.5	9.17
未磺化油（%）	11.4	0.64	9.76	12.9
磺酸盐（%）	37.1	0.52	35.8	38.3

表 3-2　2002 年 4 月 2# 石油磺酸盐样品（KPS-45.0%）

含量	平均值	标准偏差	95% 置信区间	
			低	高
轻组分及水（%）	35.9	0.69	34.2	37.6
无机盐（%）	11.8	1.14	8.96	14.6
未磺化油（%）	10.2	0.26	9.52	10.8
磺酸盐（%）	38.0	1.71	33.8	42.3

表 3-3　2008 年 4 月 3# 石油磺酸盐样品（KPS-45.0%）

含量	平均值	标准偏差	95% 置信区间	
			低	高
轻组分及水（%）	42.56	0.34	42.02	43.10
无机盐（%）	6.01	0.45	5.97	6.05
未磺化油（%）	6.05	0 51	5.23	6.87
磺酸盐（%）	42.96	0.89	42.24	43.68

通过分析对比几批样品实验结果，可以看出：从原石油磺酸盐样品中分离纯化获得的磺酸盐样品含量不足总含量的 50%，分布在 37.1%～42.96% 之间，批次与批次之间最大百分含量差小于 6%（5.86%）；对于未磺化原油，其百分含量约为 6.05%～11.4%，批

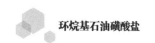

次之间含量差小于 5%（5.35%）。这两项指标显示该样品批次之间差异较小。而对于轻组分及水和无机盐部分，2002 年产样品与 2008 年产样品之间差异较大，分别可以达到 6.33% 和 5.71%，说明样品批次之间差异主要体现在轻组分及水和无机盐部分。鉴于石油磺酸盐样品的主要性质体现在磺酸盐部分，因此，根据实验结果可以得出：该样品批次之间的相似度较高。

表 3-4 2008 年 6 月 4# 石油磺酸盐样品（KPS-35.0%）

含量	平均值	标准偏差	95% 置信区间	
			低	高
轻组分及水（%）	42.3	0.11	42.0	42.5
无机盐（%）	4.67	0.10	4.43	4.91
未磺化原油（%）	9.75	0.38	8.81	10.68
磺酸盐（%）	40.5	1.01	37.9	43.0

表 3-5 2008 年 7 月 5# 石油磺酸盐样品（KPS-36.2%）

含量	平均值	标准偏差	95% 置信区间	
			低	高
轻组分及水（%）	46.21	0.15	45.82	46.60
无机盐（%）	3.21	0.87	3.15	3.27
未磺化原油（%）	8.95	0.30	8.22	9.68
磺酸盐（%）	38.78	1.23	37.14	39.42

表 3-6 2008 年 7 月 6# 石油磺酸盐样品（KPS-42.76%）

含量	平均值	标准偏差	95% 置信区间	
			低	高
轻组分及水（%）	45.67	0.21	45.25	46.09
无机盐（%）	3.51	0.56	3.46	3.56
未磺化原油（%）	9.61	0.42	8.94	10.26
磺酸盐（%）	39.16	1.05	38.06	40.26

3）磺酸盐脱磺反应

固定锡粉、磷酸的用量，改变磺酸盐样品的量，确定最佳配比。取 4.0g 锡粉、100.0g

磷酸，分别与 0.5g、0.8g、1.0g、1.5g、2.0g 磺酸盐样品反应，收集反应产物。反应产物的量与磺酸盐用量的关系如图 3-7 所示。

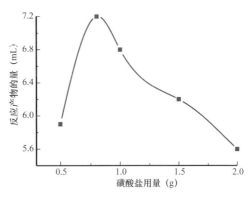

由此可以确定脱磺反应的最佳配比为：磺酸盐样品 0.8g、锡粉 4.0g、磷酸 100.0g。通过实验发现，在 220℃下反应 10h 已反应完全，再增加反应时间未见反应产物的量增加，因此确定反应时间为 10h。所得脱磺产物按重量计算，脱磺率约为 57%。

图 3-7　反应产物与磺酸盐用量关系图

二、环烷基石油磺酸盐标样制备

该部分主要针对石油磺酸盐中的单、双磺酸盐进行分离、纯化。根据单、双磺酸盐在不同溶剂中溶解度的差异，采取两相多次萃取法进行标样制备。其萃取过程如图 3-8 所示。

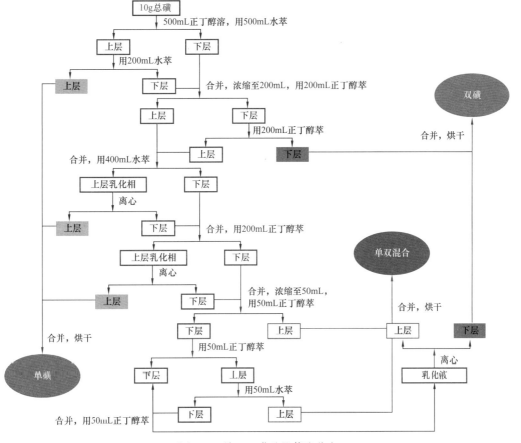

图 3-8　单、双磺酸盐萃取分离

1. 实验部分

1）仪器与试剂

仪器：Agilent 1100 系列高效液相色谱仪，包括二元泵、可变波长检测器、手动进样器；强阴离子 SAX-PS 色谱柱（5μm，50mm×4.6mm）；旋转真空蒸发仪（巩义仪器有限公司）；1000mL 分液漏斗；烘箱，电子天平（Sartorius BP221S，Max=220g，d=0.1mg）。

试剂：无水甲醇、正丁醇（分析纯），二次蒸馏水，NaH_2PO_4（分析纯）。

2）实验方法

分离纯化单、双磺酸盐样品按照图 3-8 流程进行，具体操作步骤如下。

（1）准确称取环烷基石油磺酸盐活性物组分 10g 于 500mL 蒸馏水中，搅拌均匀。

（2）将上述溶液移入 1000mL 分液漏斗中，加入 500mL 正丁醇萃取，溶液分为上层溶液和下层溶液。

（3）将步骤（2）中的上层溶液，用 200mL 蒸馏水萃取，溶液分为上层溶液和下层溶液；将该上层溶液单独收集，标记为上层溶液①，将该下层溶液与步骤（2）的下层溶液合并，并浓缩至约 200mL。

（4）将步骤（3）中的下层溶液，用 200mL 正丁醇萃取，溶液分为上层溶液和下层溶液；

（5）将步骤（4）中的下层溶液，用 200mL 正丁醇萃取，溶液分为上层溶液和下层溶液；将该下层溶液单独收集，标记为下层溶液①，将该上层溶液与步骤（4）的上层溶液合并。

（6）将步骤（5）中的上层溶液，用 400mL 蒸馏水萃取，溶液分为上层乳化层溶液和下层溶液。

（7）步骤（6）中的乳化层溶液高速离心后，可分为上层溶液和下层溶液，将该上层溶液与之前单独收集的上层溶液①合并；将该下层溶液与步骤（6）中下层溶液合并。

（8）将步骤（7）中的下层溶液，用 200mL 正丁醇萃取，溶液分为上层乳化层溶液和下层溶液。

（9）将步骤（8）中的乳化层溶液高速离心后，可分为上层溶液和下层溶液，将该上层溶液与之前单独收集的上层溶液①合并；将该下层溶液与步骤（8）中下层溶液合并，并浓缩至约 50mL。

（10）将步骤（9）中的下层溶液，用 50mL 正丁醇萃取，溶液分为上层溶液和下层溶液；将该上层溶液单独收集，标记为上层溶液②。

（11）将步骤（10）中的下层溶液，用 50mL 正丁醇萃取，溶液分为上层溶液和下层溶液。

（12）将步骤（11）中的上层溶液，用 50mL 蒸馏水萃取，溶液分为上层溶液和下层溶液，将该上层溶液与之前单独收集的上层溶液②合并；将该下层溶液与步骤（11）中下层合并。

（13）将步骤（12）中的下层溶液，用 50mL 正丁醇萃取，溶液变为乳化液，将该乳化液高速离心后，可分为上层溶液和下层溶液；将该上层溶液与之前单独收集的上层溶液②合并，将该下层溶液与之前单独收集的下层溶液①合并。

（14）分别将标记为上层溶液①、下层溶液①和上层溶液②的溶液置于110℃烘箱内烘至恒重，即可获得单磺、多磺和单双磺混合样品。分别称重单、双、混合磺酸盐的含量，计算各自所占百分含量；并用HPLC法检测单、双磺酸盐纯度。

2. 结果与讨论

按照上述最佳萃取条件对纯化后的石油磺酸盐样品进行单、双磺酸盐的分离、纯化。为了确保实验结果的可靠性，平行进行3次实验，根据3次实验结果，获得单、双磺酸盐的百分含量结果（表3-7）。

表3-7 单、双磺酸盐含量表

含量	平均值	标准偏差	95% 置信区间	
			低	高
单磺酸盐（%）	88.8	1.01	88.1	89.8
双磺酸盐（%）	7.87	3.20	7.6	8.1
单、双混合磺酸盐（%）	1.70	10.1	1.5	1.8

从表中可以得出，该样品中单磺酸盐含量远高于双磺酸盐含量，两者含量差达到10倍（约11倍）以上。计算其纯度分别为98%和90%（面积归一化法）。

三、小结

（1）通过同步分析检测技术，优化建立了环烷基磺酸盐活性物的分离纯化流程，该流程可以获得纯度较高的活性物。

（2）对磺酸盐活性物继续进行分离纯化，建立了环烷基磺酸盐中单磺和多磺组分的分离纯化流程；其中单磺组分的纯度大于95%，双磺组分的纯度大于90%。

（3）样品不同，所含磺酸盐活性物的含量及组成也不同。环烷基磺酸盐中多磺组分含量约占总磺组分的8%。

第二节 环烷基石油磺酸盐定量表征技术

一、复杂水相样品中环烷基石油磺酸盐测定

该部分主要测定含水样品中单、双磺酸盐的含量；并以分离纯化的单、双磺酸盐标样为对照物质，得出其各自的线性范围及检测限。

1. 实验部分

1）仪器与试剂

仪器：Agilent 1100系列高效液相色谱仪，包括二元泵、可变波长检测器、手动进样

器；强阴离子 SAX–PS 色谱柱（5μm，50mm×4.6mm）；电子天平（Sartorius BP221S，Max=220g，d=0.1mg）。

试剂：无水甲醇（分析纯），二次蒸馏水，NaH_2PO_4（分析纯），2- 萘磺酸钠（2–NS）、1，5- 二萘磺酸钠（1，5–NDS）（分析纯），分离纯化的单磺酸盐（PMS）、双磺酸盐（PDS）。

2）实验过程

分别以单一的 2–NS、1，5–NDS 和分离纯化得到的 PMS、PDS 为标准对照物质，进行未知样品中单、双磺酸盐含量的测定。配制以上四种物质的一系列标准溶液，其浓度分别为：0.0025mg/mL、0.005mg/mL、0.01mg/mL、0.025mg/mL、0.05mg/mL、0.1mg/mL、0.25mg/mL、0.5mg/mL、1.0mg/mL；0.0005mg/mL、0.001mg/mL、0.0025mg/mL、0.005mg/mL、0.01mg/mL、0.02mg/mL、0.04mg/mL、0.1mg/mL；0.025mg/mL、0.1mg/mL、0.4mg/mL、1.6mg/mL、6.4mg/mL；0.15mg/mL、0.3mg/mL、0.6mg/mL、1.5mg/mL、3.0mg/mL。色谱条件如下：

色谱柱：强阴离子 SAX–PS（5μm，50mm×4.6mm）；

流动相：A 为甲醇 / 水 =60/40（体积比），B 为甲醇 /0.25mol/L NaH_2PO_4=60/40（体积比），梯度洗脱，梯度条件为 0～1min，100%A，1～6min，100%A～50%A；

检测波长：280nm；

流速：1.0mL/min；

进样量：20μL。

2. 结果与讨论

1）色谱条件的优化

为了准确定量分析单、双磺酸盐的含量，色谱条件需要优化。经过反复实验与调试，确定了流动相为两相 [A 为甲醇 / 水 =60/40（V/V），B 为甲醇 /0.25M NaH_2PO_4=60/40（V/V）] 的梯度洗脱条件。经过对单、双磺酸盐样品溶液进行紫外扫描，发现单磺酸盐在 254nm 吸收较大，双磺酸盐在 280nm 吸收较大。鉴于双磺酸盐含量较低，为了能最大限度地检测出双磺酸盐的含量，选定 280nm 为检测波长。

2）单、双磺酸盐的色谱检测

在上述色谱条件下，分别以 2–NS、1，5–NDS 和 PMS、PDS 为标准对照物质，绘制校正曲线，其分析测试结果见表 3–8。

表 3–8 单、双磺酸盐回归曲线及线性范围

	回归曲线及线性范围	
	单磺酸盐（mg/mL）	双磺酸盐（mg/mL）
单一的 2–NS 和 1，5–NDS	$Y=1.42 \times 10^4 X+1.49 \times 10^2$ [0.0025～1.0]	$Y=2.00 \times 10^4 X-9.20$ [0.0005～0.1]
分离纯化的 PMS 和 PDS	$Y=4.31 \times 10^3 X-26.3$ [0.025～6.4]	$Y=6.90 \times 10^2 X-13.4$ [0.15～3.0]

从表 3–8 中可以发现：分别以 2–NS、1，5–NDS 和 PMS、PDS 为标准对照物质时，其响应因子分别相差 3.3 和 29 倍，尤其对于双磺酸盐而言，用不同标准的对照物质，测试结果的偏差达到了近 30 倍。由于磺酸盐物质是一类结构尚不太明确的混合物，以结构

确定的单一物质作为标准对照物质，必然给定量测定结果带来较大误差。而如果以从原料中分离纯化获得的单、双磺酸盐为标准对照物质，就会大大提高分析测试结果的可靠性及准确度。

3）样品中单、双磺酸盐含量测定

在优化的色谱条件下，分别对2002.4#1样（KPS：45%）、2008.6样（KPS：35%）和2008.7样（KPS：42.76%）进行分析，其色谱图如图3-9所示，根据校正曲线，分别计算其百分含量，结果见表3-9。

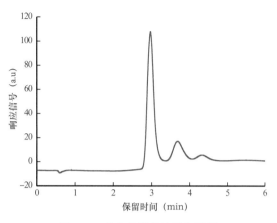

图3-9　磺酸盐样品溶液色谱图

表3-9　单、双磺酸盐计算结果

样品	标准对照物质	计算结果		
		单磺酸盐百分含量	双磺酸盐百分含量	单、双总含量
1	2-NS 和 1，5-NDS	8.67%	0.06%	8.73%
	PMS 和 PDS	32.6%	2.96%	35.6%
2	2-NS 和 1，5-NDS	12.9%	0.09%	13.8%
	PMS 和 PDS	40.4%	3.30%	43.7%
3	2-NS 和 1，5-NDS	13.1%	0.11%	13.2%
	PMS 和 PDS	35.6%	2.42%	38.0%

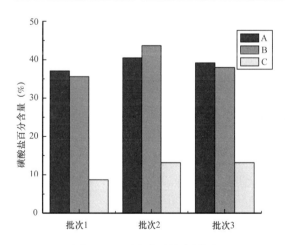

图3-10　石油磺酸盐含量图

（A—萃取法分离纯化结果；B—以PMS和PDS为对照物质计算结果；C—以2-NS和1，5-NDS为对照物质计算结果）

在样品前处理部分，已经用分离、萃取的方法获得了该三批样品中磺酸盐的总含量分别为37.1%、40.5%、39.2%，如果依此为比较标准，可以发现：当以分离纯化获得的PMS和PDS为标准对照物质时，其测定结果（分别为35.6%、43.7%、38.0%）与其更为接近；而如果以2-NS和1，5-NDS为标准对照物质，其测定结果（分别为8.73%、13.8%、13.2%）要与预定的偏差得多。为了能更直观地体现出两者的差异，对用不同回归方程获得的磺酸盐含量作柱状图如图3-10所示。

二、KPS改性填料色谱柱制备技术

液相色谱是驱油化学剂分析检测的重要手段，其核心是色谱柱。现代液相色谱柱填料可分为有机基质和无机基质两大类。有机基质通常是高分子有机聚合物。无机基质有硅胶、羟基磷灰石、石墨化碳、氧化铝、氧化钛、以及氧化锆等金属氧化物[4-13]。根据理论分析和应用实践，Carr等[14]认为具有高柱效和高选择性的理想液相色谱柱填料应满足以下条件：（1）填料基质为球形结构，粒度分布均匀；（2）具有合适的物理参数，有较高的表面积，孔径在中孔范围，且孔径分布范围窄，孔结构理想，孔体积适宜；（3）填料基质有很好的机械强度，高压下不变形；（4）化学稳定性好，在酸、碱性流动相、盐等作用下不溶解，不溶胀，不收缩，不溶于各种流动相溶剂；（5）表面能量分布均匀，与溶质不发生非特异性吸附，传质速率快；（6）表面能通过键合、吸附、涂敷等方法进行表面修饰，引入各种官能团以满足各种选择性的需要。根据这些条件筛选，硅胶几乎是一种理想的材料。这是由于硅胶除了具有良好的机械强度、容易控制的孔结构和较大的比表面积、较好的化学稳定性和热稳定性以及专一的表面化学反应等优点外[15]，还有一个突出的优点就是其表面含有丰富的硅羟基，这是硅胶可以进行表面化学键合或改性的基础[16]。

由于油田采出液的复杂性，对驱油剂分析检测所用液相色谱柱的要求更为苛刻，色谱柱需要耐受高盐、高聚体系，耐受一定浓度碱液，需要更长的使用寿命。针对采出液等复杂体系，开发出了千克级硅胶基质的生产工艺，建立了适用于高聚、高盐产出液检测的液相色谱填料制备方法，建立相应色谱柱制备工艺，可制作各类型系列的耐受高聚高盐产出液的液相色谱柱。

液相色谱柱硅胶基质通常采用喷雾干燥法和堆砌硅珠法生产。多年来，科研人员一直在研究堆砌硅珠法制备全多孔硅胶基质，对该方法进行了重大改进创新，获得了自有技术，并将该技术成功进行产业化，生产出系列产品，适用于各类型色谱柱。采用堆砌法和高温处理技术，设计合成不同规格的高纯多孔球形硅胶基质。采用微球表面纳米自组装技术，对多孔球形硅胶基质进行无机改性，创制耐酸碱高性能的壳/核型色谱材料。采用表面化学键合方法，对多孔球形硅胶基质和壳/核型球形基质进行有机改性，研制高选择性的油田分析专用的键合色谱柱填料（正相，反相，离子交换，弱作用等类型）。以上述新型的色谱填料为基础，创建了一套满足二元复合驱化学剂检测需求的分析技术。

1. 硅基液相色谱柱的制备

液相色谱柱从填料到装柱有成球、成孔、修饰、成柱等4项关键技术。

（1）成球：拥有自主知识产权的多孔硅球堆砌法，有机聚合物与硅微球一起凝聚成树脂与硅微球的复合球。收集这种复合球除去有机物得到全多孔球形硅胶。

（2）成孔：控制硅溶胶粒度和有机聚合单体比例来控制多孔硅胶孔径的堆砌技术。

（3）修饰：带有离交、正相、反相、亲和、手性、多相互作用等表面不同基团修饰技术。

（4）成柱：适于不同柱型的高压无脉冲柱装填技术，对现有设备进行改造，实现平稳和无脉冲的高压装填过程，建立规模化色谱柱装填技术平台。

2. 硅基液相色谱填料基质的制备

天然二氧化硅以晶体和非晶体结构两种形式存在，合成的色谱用硅胶则完全是无定形的二氧化硅，由于无定形二氧化硅的结构信息主要是基于晶形硅胶的数据得到的，故其结构信息或多或少是不确定的，因合成和后处理方法的不同，其结构的差异也是不可避免的。各种类型的硅胶都含有 Si–O 键，Si–O 键是所有 Si–X 键中最稳定的键，其键长为 0.162nm，远低于氧分子的共价半径之和（0.192nm）。短键长可以在很大程度上解释 Si–O 键部分离子化的特征以及硅氧烷相对高的稳定性。每个硅原子周围各有 4 个氧原子，形成（SiO_4）$_4$ 的正四面体结构单元。（SiO_4）$_4$ 是形成二氧化硅三维空间结构的基本单元。

作为分离材料基质的硅胶需要有规则的几何形状，即球形；适宜的粒子大小及尽可能窄的粒度分布；适宜的孔祗及孔径分布；适宜的孔度及比表面积。球形硅胶更有利于传质且使色谱柱的操作压力较低，其中均匀度和孔径控制是非常棘手的问题。此外，无论是晶形二氧化硅还是非晶形硅胶，通常不可避免地含有杂质，特别是碱金属及碱土金属离子。杂质金属种类及其含量都可能对硅胶的结构和化学特性产生显著影响。直接制备出粒度单分散的硅胶微球是驱油剂液相色谱分析的物质基础。

1）均匀球形 SiO_2 的制备

硅胶的制备通常是按照：反应→凝胶→老化→洗涤→浸泡→干燥→焙烧的流程进行的。以堆砌硅珠法生产的硅胶的典型代表是 Agilent 公司生产并销售的 Zorbax 硅胶。其原理是：在含有一定粒径（如几至十几纳米）硅微球的硅溶胶中，加入尿素与甲醛，令其发生缩合反应，生成尿醛树脂，并与硅球一起凝聚，成为树脂与硅微球的复合球。收集这种复合球，加热煅烧令有机树脂分解并逸去，而硅球则存留下来，即得到多孔硅胶。其生产流程如图 3–11、图 3–12 所示。

```
有机聚合物单体  +  硅溶胶  ──→  包裹硅胶的聚合物微球  ──高温处理──→  全多孔硅球  ──化学处理──→  色谱填料
```

图 3–11 堆砌硅珠法流程图

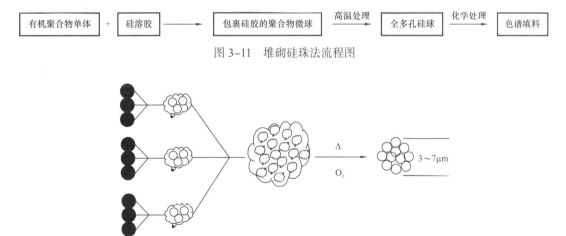

图 3–12 硅胶合成原理示意图

浓度为 4mol/L 的硅溶胶水溶液加入由正庚烷和 Tween80，Span80 乳化剂及正庚醇制成的微米乳状液中，快速搅拌条件下加入相应量的六次甲基四胺、甲醛和尿素，加热条件下继续搅拌 48h。沉降过滤，反应产物依次用石油醚、丙酮、乙醇、水洗涤，氨水浸泡过夜，再用水洗至中性。烘干后在 750℃灼烧。微球经浮选备用，所得硅球如图 3-13 所示。

2）制备条件的选择

堆砌硅珠法是在含有有机聚合单体的水相中（搅拌条件下）加入含有适当硅溶胶浓度的水溶液，聚合单体以细小的颗粒分散在溶剂中，形成乳状悬浊液。硅溶胶在碱性条件下水解生成 Si（OH）4 水溶胶，逐步与有机单体自聚堆砌，随之转化成大颗粒凝胶。产物经烘干、高温灼烧，形成晶体 SiO2 球体。堆砌凝胶法中，硅溶胶的大小、分布和稳定性决定了最终硅球的大小、颗粒分布和机械强度。对影响硅球大小、均匀性和机械强度的制备因素进行了考察。

（1）影响颗粒大小、均匀性的因素。

在乳状液的制备中，有机相可以是不溶于水的各类有机液体，如有机溶剂、矿物油、植物油、动物油，甚至是它们的混合溶液。考虑到有机相对乳化剂的溶解度和润湿性，试验了正己烷、正庚烷、环己烷、石油醚等有机溶剂，这几种溶剂均可用于 SiO2 颗粒的制备。在实验中，由于加热的缘故，正庚烷作有机相得到的结果最好。

① 相体积比。

根据胶体化学，在有机溶剂相中形成液滴的大小首先跟有机相与水相的体积比有关。在搅拌速度不变情况下，水相与有机相的体积比小会有利于小颗粒的形成，乳状液也比较稳定；比值大则易形成较大颗粒，但大的相比会使乳状液不稳定，形成的颗粒机械强度差。

在乳状液中，水相的体积分数可以在很宽的范围内变化。在水相／有机相之比为 0.1～0.3 范围内进行试验，结果证明：相比在 0.15～0.25 之间制备出的颗粒均匀，机械性能好。

颗粒是在相比为 0.3（Span80、Tween80 作乳化剂，亲水亲油值为 5.5，乳化剂／有机相比 = 0.1（质量／体积），搅拌速度约为 2000r/min）条件下得到的（图 3-14）。从扫描电镜图可以看出，SiO2 颗粒分布不均匀，大的约有 30μm，小的 5μm 左右；颗粒的机械强度差，部分颗粒上有裂痕，甚至有破碎颗粒存在。

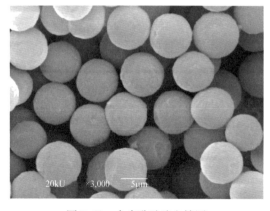

图 3-13　全多孔硅胶电镜图

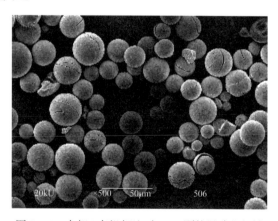

图 3-14　水相／有机相比对 SiO2 颗粒尺寸和机械强度的影响

② 亲水亲油值。

乳状液形成的液滴大小还与乳化剂的亲水亲油值（HLB）有关，HLB 值小，亲油性强，对形成稳定的油包水乳状液有利，有利于均匀颗粒的形成；HLB 值大则不利于油包水乳状液的稳定。实验选用非离子型表面活性剂 Span 80 和 Tween 80 作乳化剂来调节亲水亲油值。优化试验表明：HBL 值在 3.5～5.5 之间乳状液是稳定的。其他条件不变时，颗粒直径与 HBL 值成正比。

③ 搅拌速度。

搅拌速度是控制 SiO_2 颗粒大小的最主要因素之一。用 8000r/min 制备出 1.5～1.8μm 颗粒，用 1800r/min 的速度制备出 2～10μm 的 SiO_2 微球。其他条件保持不变，快的搅拌速度易形成分散均匀的小颗粒，慢搅拌形成的颗粒较大，并且不易均匀。在转速分别为 1500～2000r/min，2500～3000r/min 和大于 4500r/min 三种条件下实验，考察了不同搅拌速度下颗粒的大小与粒径分布。1500～2000r/min 速度下得到 10～35μm 颗粒，2500～3000r/min 为 2～20μm，4500r/min 以上为 2～5μm 范围。但是，搅拌速度不是决定颗粒大小的唯一因素，改变其他条件，例如相比，亲水亲油值，也会适度调节颗粒直径。选用约 2500r/min 的速度也能制备出粒径范围在 2～7μm 之间的较为均匀的颗粒。制备的 SiO_2 颗粒不仅要能够控制其大小，更重要的是制备的颗粒要均匀。均匀的颗粒对装填出高效的色谱柱有利。同控制颗粒的尺寸一样，SiO_2 颗粒的均匀性与许多因素有关，取决于这些因素的综合效应。

④ 乳化剂的浓度。

颗粒均匀性与乳化剂浓度有关。乳状液中的液滴频繁地相互碰撞，如果在碰撞过程中界面膜破裂，两个液珠将并结成一个大液珠，这是一个自由能降低的自发过程。当乳化剂浓度较低时，界面上吸附的乳化剂分子较少，界面膜的强度较差，形成的乳状液不稳定，较易形成形状不规则、分布不均匀的颗粒；乳化剂浓度增高到一定程度后，界面膜由比较紧密排列的、定向吸附的乳化剂分子组成，这样形成的界面膜强度高，可以提高乳状液的稳定性，因此有利于均匀颗粒的形成。实验结果：乳化剂与有机相体积比大于 2% 即能形成稳定的乳状液；体积比大于 10% 则对其后的破乳、洗涤等步骤造成困难，所以选择乳化剂的浓度为 2～10% 之间为宜。

⑤ 助表面活性剂。

助表面活性剂（又称助乳化剂）的存在是制备均匀 SiO_2 微米球的重要因素。实验中发现：有机相中加入少量中等碳链长度的醇类极性有机物，生成的乳状液的稳定性可大大提高，因而有利于均匀 SiO_2 微球的生成。经优化试验，选择正庚醇为助乳化剂，浓度为正庚醇 / 有机相体积比 =0.05。图 3-15a 是未加正庚醇得到的 SiO_2 颗粒，从图中可以看出，乳状液的稳定性不好，颗粒之间有粘连，分散性差。加入正庚醇（图 3-15b）后颗粒的形状有明显改善。

SiO_2 颗粒均匀性与其大小有关，制备小颗粒 SiO_2 容易得到均匀颗粒，制备大颗粒 SiO_2，颗粒往往不很均匀。因此，影响颗粒大小的因素，如搅拌速度、水相 / 有机相相比及亲水亲油值等都会对颗粒的均匀性有不同程度的影响。

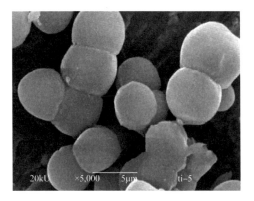

(a) 未加正庚醇得到的SiO₂颗粒 (b) 加入正庚醇后得到的SiO₂颗粒

图3-15　助表面活性剂对颗粒稳定性的影响

（2）影响颗粒机械强度的因素。

SiO₂微球的机械强度主要与反应试剂的投料比、反应温度和反应时间、洗涤方式、热处理过程等因素有关。

① 反应试剂投料比。

SiO₂颗粒的机械强度与乳状液中形成的氧化硅团聚体有关。在乳状液微小液滴中，硅离子在碱性条件下水解生成氢氧化硅水溶胶，溶胶在碱性条件下转变成凝胶。凝胶中硅离子的浓度对凝胶中团聚体的密度有很大影响：硅离子浓度小于2mol/L，生成的团聚体结构松散，在干燥、灼烧过程中容易塌陷、裂缝，颗粒形状不规则，机械强度较差。形成致密的氧化硅团聚球的硅粒子浓度需要约4mol/L。图3-16是采用硅盐浓度为2mol/L制备的SiO₂微球（图3-16）。

图3-16　硅离子浓度对填料机械强度的影响

② 反应时间和反应温度。

反应时间对颗粒的机械强度有直接影响，从投料之后一般需要反应48h，适度加热可以缩短到24h。但是温度不能超过50℃，过高的温度会破坏乳状液的稳定性。

③ 热处理过程。

洗涤后的干燥、灼烧处理非常关键。这一过程不仅对填料的机械强度有很大影响，而且对比表面积、孔结构、孔体积也有很大影响。在干燥过程中，氧化硅凝胶脱水成无定形氧化硅，灼烧过程中，无定形氧化硅再转变成晶体氧化硅。过快的升温速率和干燥时间不够会影响晶体转变过程，对SiO₂的机械强度不利。实验中将洗涤后的反应产物缓慢升温到80℃，保持4h，然后升温到120～140℃保持8～12h。将干燥后的产物移入马弗炉中，升温到350℃保持2h使有机物充分燃烧，然后将温度调至460～480℃保持1h，最后将灼烧温度提高到750℃保持0.5h。影响乳状液稳定性的因素会影响填料的机械强度，如水相／有机相比、乳化剂的亲水亲油值、乳化剂的浓度等。

（3）二氧化硅微球制备条件。

综合考察了各种因素对填料的颗粒大小、颗粒均匀和机械强度的影响，色谱用 SiO_2 微球的制备条件总结如下。

正庚烷作有机试剂，Span 80 和 Tween 80 作为乳化剂，调节亲水亲油值到 3.5～5.5 之间，乳化剂／有机溶剂 = 0.02～0.1（质量体积比）；助乳化剂正庚醇／有机相 = 0.05（体积比）；4mol/L $SiOCl_2 \cdot 8H_2O$，弱碱尿素、六次甲基四胺过量；水相／有机相 = 0.15～0.25（体积比）。

搅拌速度可调。

反应时间：48h；反应温度：50℃。

干燥：80℃，4h → 120～140℃，8～12h。

灼烧：350℃，2h → 460～480℃，1h → 750℃，0.5h。

3）硅胶基质的色谱改性

根据固定相和流动相之间的相对极性，可以将液相色谱分为正相色谱和反相色谱。当固定相极性大于流动相时为正相色谱；反之，称为反相色谱。

（1）正相色谱填料的改性。

正相色谱所采用的固定相为极性较高的填料，其分离机理主要基于被分离化合物的极性基团与固定相极性基团之间相互作用的差别。因此正相色谱比较适宜分离由反向色谱法很难分离的异构体，易于水解的样品，在极性有机溶液中溶解度较小的样品，以及对样品按极性差别进行族分离等。优良的正相色谱固定相其表面应具有极性活性基团即吸附位点，形状最好为粒径均匀的微米级微球，多孔并有高的比表面积，在使用条件下有较好的化学稳定性以及高的机械强度和便宜的价格。极性键合固定相以硅胶为基质，表面键合 –NH$_2$，–CN，–CH（OH）CH$_2$OH 等极性基团，分别称为氨基、氰基、二醇基键合相填料。其合成方法为用烷氧基硅烷试剂，运用一步合成法或两步合成法对硅胶进行表面修饰，亦可进行整体修饰。正相色谱主要适用于非极性至中等极性的中小分子化合物的分离，在石油化工、精细化工、医药、农药、环境分析等方面均有广泛的应用。

① 试剂与仪器。

硅胶：粒径为 5μm 的不同孔径硅胶（中科院兰州化学物理研究所）。γ – 氨基丙基三甲氧基硅烷、γ – 氰基丙基三甲氧基硅烷、甲苯、甲醇均为分析纯（国药集团化学有限公司），水为去离子水。

部分水解聚丙烯酰胺（HPAM）、现场采出液（中国石油股份有限公司新疆油田分公司实验检测研究院）。

高效液相色谱仪：安捷伦公司 1100 系列，包括二元泵、脱气机、柱温箱、进样器、紫外检测器等部件，键合的 4 种不同孔径色谱柱（250mm × 4.6mm，5μm，常用孔径分别为 30nm、25nm、22nm、17nm、10nm，中科院兰州化学物理研究所）。

② 色谱填料的合成。

改性键合硅胶合成，称取 5.0g 活化硅胶于反应器中，加入 60mL 干燥甲苯作反应溶剂，机械搅拌，加入 2.5mL 的 γ–氨基丙基三甲氧基硅烷或 γ–氰基丙基三甲氧基硅烷，然后再加入 0.5mL 三乙胺作催化剂，回流 48h 后冷却，产物分别用甲苯、甲醇、水和甲醇洗涤；结构示意图如图 3-17 所示。

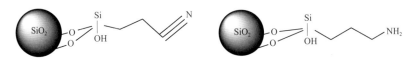

图 3-17　正相色谱填料结构示意图

（2）反向色谱填料的改性。

反相柱色谱法在分析型液相色谱中占绝大多数比例，传统硅胶键合相，特别是 C8 和 C18 硅胶键合相是研究最多和使用最广泛的反相色谱固定相，通过优化流动相组成可实现对大多数有机化合物的分离分析。但是在反相色谱填料制备的过程中，由于位阻原因，硅胶表面的硅羟基不可能全部与硅烷试剂反应，参与的硅羟基成为影响色谱分离效果的重要因素之一，特别在分离一些易离解化合物和碱性化合物时色谱峰将严重拖尾，柱效降低。因此针对高盐、高聚的采出液体系，需对表面残余活性位点进行修饰，以优化分离能力，提高色谱柱的适应性。

①试剂与仪器。

硅胶：粒径为 5μm 的不同孔径硅胶（中科院兰州化学物理研究所）。十八烷基三甲氧基硅烷、辛基三甲氧基硅烷、γ–苯基丙基三甲氧基硅烷、甲苯、甲醇均为分析纯（国药集团化学有限公司），水为去离子水。

部分水解聚丙烯酰胺（HPAM）、现场采出液（中国石油股份有限公司新疆油田分公司实验检测研究院）。

高效液相色谱仪：安捷伦公司 1100 系列，包括二元泵、脱气机、柱温箱、进样器、紫外检测器等部件，键合的不同孔径色谱柱（250mm×4.6mm，5μm，常用孔径分别为 30nm、25nm、22nm、17nm、10nm，中科院兰州化学物理研究所）。

②色谱填料的合成。

改性键合硅胶合成，称取 5.0g 活化硅胶于反应器中，加入 60mL 干燥甲苯作反应溶剂，机械搅拌，加入 2.5mL 的十八烷基三甲氧基硅烷或辛基三甲氧基硅烷或 γ–苯基丙基三甲氧基硅烷，然后再加入 0.5mL 三乙胺作催化剂，回流 48h 后冷却，产物分别用甲苯、甲醇、水和甲醇洗涤；结构示意图如图 3-18 所示。

4）离子交换色谱填料的改性

离子交换色谱是将离子交换基因（CM、SP、Q、DEAE 等）键合于一定的惰性载体（纤维素、交联葡聚糖，交联琼脂糖等，主要为硅胶基质）之上，并以此作为固定相，依据样品所带电荷的不同，从而与固定相上的离子交换基团相互作用的程度不同而进行分离的一种色谱方法。驱油剂分析中最常见的石油磺酸盐液相色谱分析方法即采用阴离子交换色谱填料。

（1）试剂与仪器。

硅胶：粒径为 5μm 的不同孔径硅胶（中科院兰州化学物理研究所）。γ–氨基丙基三甲氧基硅烷、甲苯、甲醇均为分析纯（国药集团化学有限公司），水为去离子水。部分水解聚丙烯酰胺（HPAM）、现场采出液（中国石油股份有限公司新疆油田分公司实验检测研究院）。

高效液相色谱仪：安捷伦公司 1100 系列，包括二元泵、脱气机、柱温箱、进样器、紫外检测器等部件，键合的不同孔径色谱柱（250mm×4.6mm，5μm，常用孔径分别为 30nm、25nm、22nm、17nm、10nm，中科院兰州化学物理研究所）。

（2）色谱填料的合成。

改性键合硅胶合成，称取 5.0g 活化硅胶于反应器中，加入 60mL 干燥甲苯作反应溶剂，机械搅拌，加入 2.5mL 的 γ–氨基丙基三甲氧基硅烷或 γ–苯基丙基三甲氧基硅烷，然后再加入 0.5mL 三乙胺作催化剂，回流 48h 后冷却，产物分别用甲苯、甲醇、水和甲醇洗涤；结构示意图如图 3-19 所示。

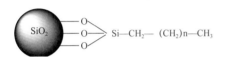

图 3-18 反向色谱填料结构示意图

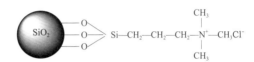

图 3-19 阴离子交换色谱填料结构示意图

5）亲水性色谱填料的改性

亲水色谱采用的是极性大的亲水的色谱填料，而流动相选用的是传统的反相流动相，这种色谱模式适合分离极性大的化合物。最为典型的亲水色谱填料为 5μm 硅基双羟基色谱填料。

（1）试剂与仪器。

硅胶：粒径为 5μm 的不同孔径硅胶（中科院兰州化学物理研究所）。γ–（2，3–环氧丙烷）丙基三甲氧基硅烷、丁基三甲氧基硅烷、甲苯、甲醇均为分析纯（国药集团化学有限公司），水为去离子水。部分水解聚丙烯酰胺（HPAM）、现场采出液（中国石油股份有限公司新疆油田分公司实验检测研究院）。

高效液相色谱仪：安捷伦公司 1100 系列，包括二元泵、脱气机、柱温箱、进样器、紫外检测器等部件，键合的不同孔径色谱柱（250mm×4.6mm，5μm，常用孔径分别为 30nm、25nm、22nm、17nm、10nm，中科院兰州化学物理研究所）。

（2）色谱填料的合成。

改性键合硅胶合成，第一步，称取 5.0g 活化硅胶于反应器中，加入 60mL 干燥甲苯作反应溶剂，机械搅拌，加入 2.5mL 的 γ–（2，3–环氧丙氧基）丙基三甲氧基硅烷和 2.5mL 丁基三甲氧基硅烷，然后再加入 0.5mL 三乙胺作催化剂，回流 48h 后冷却，产物分别用甲苯、甲醇、水和甲醇洗涤；第二步，洗涤后硅胶加入 100mL 稀硝酸（pH=1）溶液中搅拌水解 2h，产物经水抽滤洗涤至中性后真空干燥就制得了改性硅胶，结构示意图如图 3-20 所示。分别用不同孔径硅胶制作 4 种改性硅胶

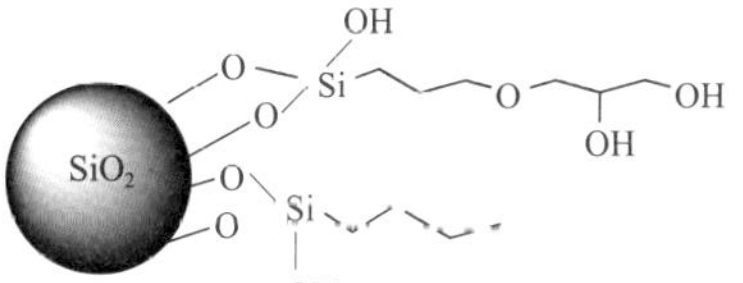

图 3-20 亲水色谱填料的结构示意图

填料。将所制备的 4 种改性硅胶固定相以匀浆法装入色谱柱（250mm×4.6mm），四氯化碳为匀浆液，正己烷为顶替液。

6）色谱柱的装填与制作

液相色谱柱，特别是高效液相色谱柱的填装，需要有较高的技巧和熟练的技能。因此，有人甚至将"装柱"看作是"艺术加技术"。在有关色谱基本理论的讨论中可以得知，发生在色谱柱中总的谱带展宽效应与流动相的线速度、粒径以及溶质在流动相中的扩散系数、溶质在固定相中的扩散系数等密切相关。对于给定粒径的填料来说，能否填充成均匀而紧密的柱床是得到高性能柱子的关键，而采用粒径细且分布均匀的优质填料，则是得到高性能柱子的最基本保证。

HPLC 色谱柱的装填主要有 3 种方法，针对不同类型的色谱填料，可相应采用不同方法进行装填。第一种方法，即"等密度法"来填装高效柱。多孔硅胶的骨架密度较高。一般表观密度约为 2.3～2.5g/cm³。不同键合修饰的硅胶因制法不同（例如，含有超细孔和封闭孔者表观密度小）而有差异，但多在 2.2g/cm³ 以上。因此，需以高密度溶剂配制密度与硅胶骨架密度相近的混合液。常使用的高密度溶剂为碘代和溴代烷类，再与适当比例的其他溶剂相配，配制出具有密度适宜的液体，使填料能呈"失重"状态悬浮于匀浆液中，用高压泵将其压入空色谱柱中，制出填装均匀的高效色谱柱。在配制上述等密度悬浮液时，除密度外，还要考虑填料的表面状况与化学性质。如填装反相柱，应选用极性较弱的溶剂，而填充正相柱，如以硅胶为填料时，则应选择极性较强的溶剂，以防止颗粒板结并保证有良好的润湿性，以使填料颗粒均匀地分散在匀浆液中。当填料粒径较大，且又难以干法填装时，等密度法将能发挥出特殊的作用。第二种方法是高黏度法，即使用黏度较高的匀浆液体系以阻止颗粒的沉降。可以采用乙二醇、聚乙二醇、甘油以及石蜡油等高黏度液体调配匀浆液。综合以上方法得到的方法是高压匀浆法。将填料悬浮在适宜的匀浆液中制成匀浆，在其尚未沉降之前，很快地以高压泵将其以很高的流速压进柱中，便可制备出填充均匀的柱子。装柱机的核心是气动放大泵，通常多设计放大率为 100，即低、高压柱塞直径比为 10∶1，面积比为 100∶1 的气动放大系统。若低压端输入 1MPa 压强的压缩空气（通常可用压缩空气钢瓶供给），则相同的压力会传递至高压端柱塞上，而高压柱塞面积仅为低压端的 1/100，因而其输出压强亦提高至 100MPa。由于气动放大泵很容易获得高压、高流速的输液，故很适于柱子的填充之需。

三、小结

针对不同的化学剂和采出液干扰体系，选择适宜的硅烷化试剂，通过与硅胶表面的硅羟基键合，改变硅胶表面的物理化学性质，使其满足复杂体系中被测化学剂的分离和检测。为获得孔径、孔容、比表面积及粒径可控的高纯球形硅胶颗粒，严格控制原材料的物料比、温度、酸碱度、搅拌速度等反应条件，制备出了填充改性硅胶颗粒色谱柱填充工艺。在此基础上，采用色谱技术制备纯物质，分离苯磺酸钠、对甲基苯磺酸钠、十二烷基苯磺酸钠、2- 萘磺酸钠、萘 -2，6 二磺酸钠六种物质，根据不同类型色谱材料的分离效果，选择 2- 萘磺酸钠作为制备色谱柱用色谱填料。在大量干扰物质的存在下，一次进样就可以准确、快速地分离并定量检测出百万分之一级的被测物质含量，可以满足现场采出液的分析检测需求，同时在方法学上具有创新性。

第三节　环烷基石油磺酸盐指纹图谱识别技术

一、环烷基石油磺酸盐色谱指纹图谱

中药有十分复杂的成分体系，为了对其进行质量监控，采用色谱或光谱法对中药材及其制剂进行宏观、综合和整体分析，测定得到有效部位组分群体的特征指纹图谱或图像，来全面反映中药所含化学成分的种类与数量，进而有效表征中药的质量[17]。各种资料也表明[18-23]，发达国家对指纹图谱的适用性也是认可的。石油磺酸盐同中药类似，也有复杂的成分体系，因此可参考上述技术手段，建立石油磺酸盐的指纹图谱识别技术。气相色谱具有较高的选择性及优异的分离性能，为分析复杂样品提供了一种可行的、有效的分析手段，因此，建立石油磺酸盐的指纹图谱识别技术，可以采用气相色谱方法[24-25]。

1. 样品制备

石油磺酸盐样品不易挥发，无法直接进行气相色谱分析，需要对其进行必要的前处理。除去共存的干扰物质如未磺化油、无机盐等；同时，对分离纯化后的磺酸盐样品进行脱磺处理。由于脱磺产物含有大量的水，如果直接进行气相色谱分析，不但对气相色谱柱产生巨大损害，同时在检测器部分会产生大量冷凝水，扑灭检测器火焰，终止分析。因此，脱磺产物必须进行除水处理。一般采用的除水方法有：干燥法、破乳法、共沸除水法、有机溶剂萃取法。

2. 气相色谱分析

气相色谱分析在 Agilent7890A GC 色谱仪上进行，色谱柱为 hp-5 石英毛细管柱（50m×0.25mm×0.32μm）。鉴于样品的复杂性，采用色谱柱程序升温的方法进行分析，可以获得较高的分离效能，程序升温条件为：柱温 50℃保持 5min，以 5℃/min 升温至 250℃，然后以 40℃/min 升温至 290℃，保持 14min；进样口温度为 300℃；检测器温度为 300℃；FID 检测器，载气为 N_2，流速为 1mL/min，H_2 流速为 30mL/min，空气流速为 400mL/min，尾吹为 25mL/min；采用分流进样，进样量 1μL，分流比 3∶1。

3. 结果与讨论

1）供试品溶液的制备

对于脱磺后的反应产物，首先尝试用干燥法和破乳法除水，因为这两种方法操作起来相对简单。对于干燥法，用无水硫酸钠、五氧化二磷、氯化钙除水，将反应产物通过装有上述无机盐的漏斗中，收集流出液。实验结果发现：如果无机盐用量不足，除水后

的产物依然会含有部分水分，进入气相色谱柱进行分析时，会扑灭检测器的火焰，终止分析；而如果无机盐用量较多，最终又收集不到流出液，两者之间难以找出一个最佳点，因而不宜采用该法除水。

对于破乳法，可以采用物理法和化学法两种方式。物理法采取的方法包括高速离心破乳（转速 4000r/min）、加热破乳（80℃）、冷冻破乳（4℃）；化学法主要采取向乳液中加入无机盐的方式（氯化钠）来进行破乳。通过实验研究，发现不管是物理法破乳或是化学法破乳，乳化液均不能分为界面清晰的油水两相，故该法不适合该样品的除水。随后，采用了共沸除水法以及有机溶剂萃取法进行除水操作。共沸除水法就是向水溶液中加入一种或几种其他溶剂，使其成为共沸体系，该体系具有比其中任何一种单一成分更低的沸点，从而更易于将水除去。通过资料查询，获悉水—乙醇—苯体系具有较低的共沸点，为 64.85℃，而此时它们的体积比例为 7.4：18.5：74.1。按照此比例，向脱磺产物液中加入一定量的无水乙醇和苯，60℃下减压蒸馏至无水分流出，然后用正己烷定容于 1.5mL 样品管中。在确定的气相色谱条件下进样分析，其气相色谱图如图 3–21 所示。

有机溶剂萃取法就是采用一种有机溶剂，要求该溶剂既要易于溶解烷烃类物质，又与水不互溶，从而将脱磺产物从水分中萃取出来，避免水分对检测分析的影响。正己烷和正戊烷均是比较理想的萃取溶剂，考虑到正戊烷毒性较大、价格较高，因此采用正己烷进行萃取。萃取过程如下：向脱磺产物乳化液中加入正己烷充分振荡萃取三次，每次 15mL，合并正己烷相，在 75℃水浴中旋转蒸发定容于 3mL 样品管中，即为待测溶液。其气相色谱图如图 3–22 所示。

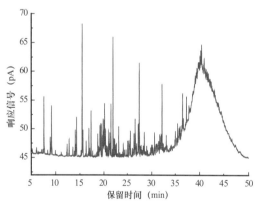 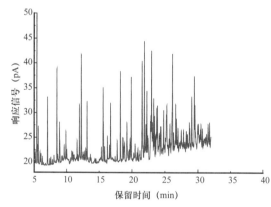

图 3–21　KPS 石油磺酸盐脱磺产物　　　　图 3–22　KPS 石油磺酸盐脱磺产物（溶剂萃取法）
　　　　　（共沸除水法）气相色谱图　　　　　　　　　气相色谱图

从色谱图 3–21 和图 3–22 可以看出，两种除水方法均可得到分离效果比较好的色谱图；对比结果，溶剂萃取法获得的色谱图整体上比共沸除水法的要响应大，峰容量更多，考虑是由于在共沸除水法的过程中，部分烷基类产物随溶剂的蒸馏而损失。另外，在共沸除水法中，使用了毒性较大的一种有机溶剂——苯，苯是一种剧毒有机溶剂，大量使用不仅污染环境又对操作人员的健康不利。鉴于两者的利弊，最终采取有机溶剂萃取法来对脱磺产物进行除水处理。

确定供试品溶液的制备方法如下：取 0.8g 石油磺酸盐（已纯化）、4.0g 锡粉、100.0g 磷酸于 100mL 圆底烧瓶中，置于加热套 220℃下加热 10h，用分水器分出反应产物；将反应产物移出于 60mL 分液漏斗中，用正己烷充分振荡萃取三次，每次 15mL，收集上层正己烷相。在 75℃下旋转蒸发至 3mL，不足 3mL 时补足至 3mL，即为供试品溶液。

2）色谱条件的建立

石油磺酸盐组成十分复杂，其脱磺产物亦十分复杂，虽然气相色谱分离效能较高，但是对于成分复杂的体系，仍然需要进行色谱分析条件的优化。气相色谱条件优化，主要考察的是色谱柱的选择以及柱温的设定。对于烷基类物质，hp-5 是一种常见的通用型色谱柱，因此考虑采用该种色谱柱。而柱温的设定，需要一系列的实验优化，选出峰容量最大、分离效率最高的一种柱温设定程序。通过对石油磺酸盐脱磺产物进行的一系列气相色谱分析比较，最终确定色谱分析条件。

3）方法学考察

（1）主要考察仪器的精密度。

按上述统一规范化的条件，制备供试品溶液并进行气相色谱分析。连续进样 5 次，考察色谱峰相对保留时间和相对峰面积，峰面积的比值的相对标准偏差（RSD）均小于 10%，对应的保留时间比值的 RSD 小于 0.05%，表明精密度良好。连续进样色谱图如图 3-23 所示，计算结果见表 3-10。

（2）主要考察供试品溶液的稳定性。

按统一规范化的条件，制备供试品溶液并进行气相色谱分析。分别在 2h、4h、6h、8h 和 10h 进样，色谱图如图 3-24 所示。实验结果见表 3-11。从表中可以看出：每个色谱峰的相对保留时间重合性较好，RSD 小于 0.05%；而对于色谱峰的相对峰面积比值，RSD 均小于 10%，这些结果表明样品溶液在 10h 内稳定性良好。

（3）主要考察实验方法的重现性。

取同一批号的石油磺酸盐样品，准确称量 5 份，在确定的样品制备及色谱分离条件下，制备待测样品溶液并进行气相色谱分析。气相色谱图如图 3-25 所示，结果见表 3-12。各色谱峰的相对峰面积比值和相对保留时间比值的 RSD 均小于 10%，说明该方法重现性好。

4）KPS 石油磺酸盐指纹图谱及技术参数

根据 5 批次石油磺酸盐样品供试溶液的气相色谱检测结果所给出的相关参数，制定了色谱指纹图谱。为了减小每次操作之间可能存在的系统误差，指纹图谱必须选择一个或者多个参照峰，参照峰必须与供试品化学成分中的一个或者几个相似或相同。相对保留值是指待测物与参照峰保留值间的比值。在利用相对保留值定性时，都必须选择一个合适的参照物。参照峰既可以采用外插参照峰的方法，即外加一个已知结构的化合物作为参照峰，也可以采用内参照峰的方法，即在色谱图中选择一个合适的色谱峰作为参照峰。

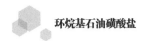

表 3-10　石油磺酸盐脱磺产物气相色谱精密度试验结果

峰号	相对保留时间 （min）					RSD （%）	峰面积 （pA）					RSD （%）
1	0.4134	0.4131	0.4130	0.4132	0.4130	0.02	4.1121	4.1888	4.1687	4.0821	4.0795	5.01
2	0.4302	0.4299	0.4298	0.4300	0.4298	0.02	0.455	0.4726	0.4694	0.4696	0.4677	0.69
3	0.5386	0.5384	0.5384	0.5384	0.5383	0.01	1.0604	1.0945	1.0940	1.081	1.0813	1.39
4	0.6479	0.6478	0.6478	0.6478	0.6478	0	1.4124	1.4463	1.4440	1.4202	1.4293	1.47
5	0.6779	0.6778	0.6777	0.6778	0.6777	0	0.9486	0.9698	0.9749	0.9696	0.9314	1.04
6	0.7526	0.7525	0.7525	0.7526	0.7525	0	0.4295	0.4362	0.4403	0.4413	0.4382	0.47
7	0.9107	0.9107	0.9107	0.9108	0.9107	0	0.8930	0.9100	0.9178	0.906	0.9065	0.90
8	0.9325	0.9325	0.9325	0.9325	0.9324	0	1.9712	1.9834	1.9898	1.9818	1.9836	0.68
9	1	1	1	1	1	0	1	1	1	1	1	0
10	1.1872	1.1872	1.1872	1.1873	1.1872	0	1.7504	1.7341	1.7344	1.7361	1.7276	0.84
11	1.2373	1.2373	1.2374	1.2374	1.2375	0	0.4094	0.3876	0.4352	0.4206	0.4274	1.85
12	1.2729	1.2730	1.2731	1.2730	1.2732	0.01	0.9919	0.9839	0.9821	0.9763	0.9583	1.26
13	1.3499	1.3500	1.3501	1.3500	1.3501	0.01	0.3619	0.3614	0.3518	0.3530	0.3485	0.60
14	1.3862	1.3863	1.3864	1.3863	1.3865	0	1.4834	1.4739	1.4392	1.4508	1.4269	2.36
15	1.4617	1.4621	1.4624	1.4621	1.4623	0.03	0.9608	0.8919	0.8173	0.8617	0.8192	5.94
16	1.5121	1.5120	1.5122	1.5120	1.5122	0	1.2942	1.2830	1.2389	1.2752	1.2255	2.96
17	1.6378	1.6378	1.6380	1.6378	1.6381	0.01	2.0166	1.9491	1.8330	1.9062	1.8146	8.33
18	1.6640	1.6640	1.6642	1.6640	1.6643	0.01	1.9508	1.925	1.8183	1.9115	1.8036	6.64
19	1.6945	1.6935	1.6937	1.6933	1.6937	0.01	0.9945	0.9799	0.9089	0.9704	0.9005	4.31
20	1.7468	1.7469	1.7469	1.7467	1.7470	0.01	1.4171	1.3867	1.2564	1.3644	1.2464	7.79
21	1.9861	1.9860	1.9863	1.9858	1.9863	0.02	2.1888	2.0854	1.7951	2.1202	1.8482	7.47
22	2.2073	2.2076	2.2080	2.2072	2.2078	0.02	1.0391	0.9499	1.0667	1.0287	0.8373	9.29
23	2.2371	2.2372	2.2373	2.2368	2.2374	0.02	0.8773	0.7704	0.6631	0.8378	0.6897	9.21

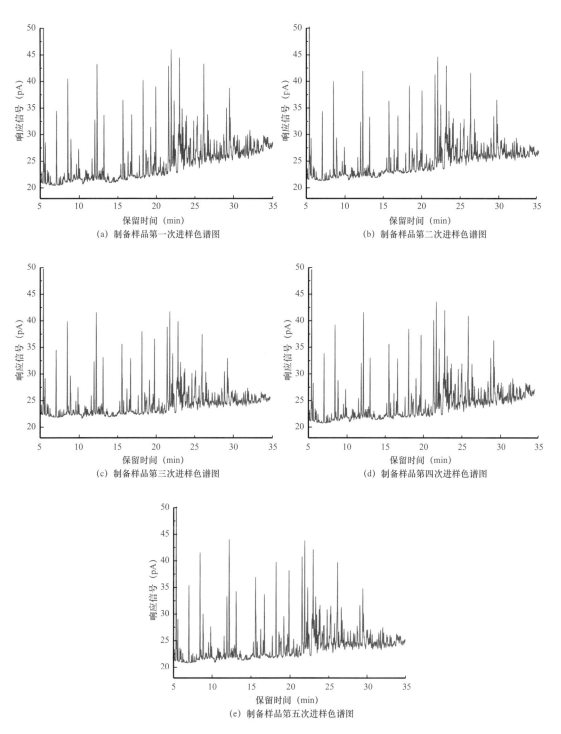

(a) 制备样品第一次进样色谱图　　　　　　(b) 制备样品第二次进样色谱图

(c) 制备样品第三次进样色谱图　　　　　　(d) 制备样品第四次进样色谱图

(e) 制备样品第五次进样色谱图

图 3-23　供试品溶液连续进样 5 次气相色谱图

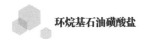 环烷基石油磺酸盐

表 3-11 石油磺酸盐脱磺产物气相色谱稳定性试验结果

峰号	相对保留时间 （min）					RSD （%）	峰面积 （pA）					RSD （%）
1	0.4134	0.4131	0.4130	0.4132	0.4130	0.02	4.1121	4.1687	4.0795	3.9554	3.9434	9.08
2	0.4302	0.4299	0.4298	0.4300	0.4298	0.02	0.455	0.4694	0.4677	0.4755	0.4466	1.10
3	0.5386	0.5384	0.5384	0.5384	0.5383	0.01	1.0604	1.094	1.0813	1.0925	1.0642	2.17
4	0.6479	0.6478	0.6478	0.6478	0.6478	0	1.4124	1.4440	1.4293	1.4454	1.3830	3.29
5	0.6779	0.6778	0.6777	0.6778	0.6777	0	0.9486	0.9749	0.9714	0.966	0.970	1.02
6	0.7526	0.7525	0.7525	0.7526	0.7525	0	0.4295	0.4403	0.4382	0.4395	0.445	0.53
7	0.9107	0.9107	0.9107	0.9108	0.9107	0	0.8930	0.9178	0.9065	0.9058	0.9004	0.85
8	0.9325	0.9325	0.9325	0.9325	0.9324	0	1.9712	1.9898	1.9836	1.9843	1.9687	0.82
9	1	1	1	1	1	0	1	1	1	1	1	0
10	1.1872	1.1872	1.1872	1.1873	1.1872	0	1.7504	1.7344	1.7276	1.7303	1.7585	1.65
11	1.2373	1.2373	1.2374	1.2374	1.2375	0	0.4094	0.4352	0.4274	0.4073	0.4317	1.19
12	1.2729	1.2730	1.2731	1.2730	1.2732	0.01	0.9919	0.9821	0.9583	0.9704	0.9324	2.86
13	1.3499	1.3500	1.3501	1.3500	1.3501	0.01	0.3619	0.3518	0.3485	0.3505	0.3648	0.72
14	1.3862	1.3863	1.3864	1.3863	1.3865	0	1.4834	1.4392	1.4269	1.4398	1.5036	3.04
15	1.4617	1.4621	1.4624	1.4621	1.4623	0.03	0.9608	0.8173	0.8192	0.8896	0.7649	6.88
16	1.5121	1.5120	1.5122	1.5120	1.5122	0	1.2942	1.2389	1.2255	1.2341	1.3477	4.92
17	1.6378	1.6378	1.6380	1.6378	1.6381	0.01	2.0166	1.833	1.8146	1.88	1.9324	7.36
18	1.6640	1.6640	1.6642	1.6640	1.6643	0.01	1.9508	1.8183	1.8036	1.8258	2.0315	9.53
19	1.6945	1.6935	1.6937	1.6933	1.6937	0.01	0.9945	0.9089	0.9005	0.9192	1.012	4.91
20	1.7468	1.7469	1.7469	1.7467	1.7470	0.01	1.4171	1.2564	1.2464	1.290	1.4061	7.73
21	1.9861	1.9860	1.9863	1.9858	1.9863	0.02	2.1888	2.0703	2.0884	1.9205	2.1876	9.85
22	2.2073	2.2076	2.2080	2.2072	2.2078	0.02	1.0391	1.0667	0.8373	0.8785	1.0233	9.33
23	2.2371	2.2372	2.2373	2.2368	2.2374	0.02	0.8773	0.6631	0.6897	0.7136	0.8059	8.59

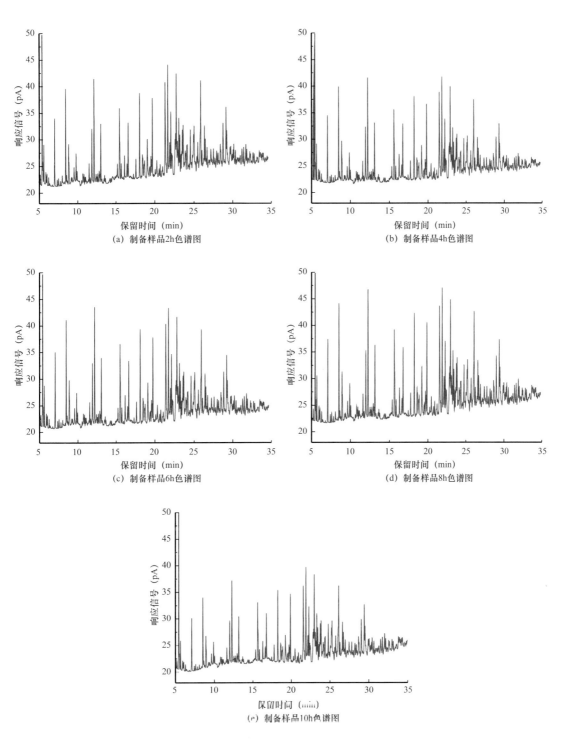

图 3-24　供试品溶液分别在 2h、4h、6h、8h、10h 进样时的气相色谱图

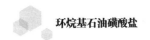环烷基石油磺酸盐

表 3-12 石油磺酸盐脱磺产物气相色谱重现性试验结果

峰号	相对保留时间 (min)					RSD (%)	峰面积 (pA)					RSD (%)
1	0.4133	0.4132	0.4130	0.4132	0.4130	0.02	4.0821	4.1687	4.2163	4.1732	4.0084	8.35
2	0.4301	0.4300	0.4298	0.4300	0.4298	0.02	0.4696	0.4694	0.5031	0.4766	0.4607	1.62
3	0.5385	0.5386	0.5384	0.5384	0.5383	0.01	1.081	1.0940	1.1205	1.0916	1.0684	1.93
4	0.6479	0.6478	0.6478	0.6478	0.6478	0	1.4202	1.444	1.4593	1.4435	1.4003	2.32
5	0.6779	0.6778	0.6777	0.6778	0.6777	0	0.9696	0.9748	1.0119	0.9714	0.963	1.94
6	0.7526	0.7525	0.7525	0.7526	0.7525	0	0.4413	0.4403	0.4489	0.438	0.4356	0.50
7	0.9107	0.9107	0.9107	0.9108	0.9107	0	0.906	0.9178	0.9337	0.9036	0.9062	1.26
8	0.9324	0.9325	0.9325	0.9325	0.9324	0	1.9818	1.9898	2.0258	1.9753	1.9725	2.16
9	1	1	1	1	1	0	1	1	1	1	1	0
10	1.1871	1.1872	1.1872	1.1873	1.1872	0	1.7361	1.7344	1.7072	1.733	1.7536	1.66
11	1.2373	1.2373	1.2374	1.2374	1.2375	0	0.4206	0.4352	0.4188	0.4132	0.4223	0.81
12	1.2729	1.2730	1.2731	1.2730	1.2732	0.01	0.9763	0.9821	0.8884	0.9812	0.9872	4.19
13	1.3499	1.3500	1.3501	1.3500	1.3501	0.01	0.353	0.3518	0.3448	0.3579	0.3632	0.69
14	1.3862	1.3863	1.3864	1.3863	1.3865	0	1.4508	1.4392	1.4071	1.4586	1.4811	2.72
15	1.4617	1.4621	1.4624	1.4621	1.4623	0.03	0.8617	0.8173	0.7274	0.9286	0.8579	7.39
16	1.5121	1.5120	1.5122	1.5120	1.5122	0	1.2752	1.2389	1.2255	1.2865	1.3073	3.39
17	1.6378	1.6378	1.6380	1.6378	1.6381	0.01	1.9062	1.833	1.7399	1.8564	1.9904	9.24
18	1.6640	1.6640	1.6642	1.6640	1.6643	0.01	1.9115	1.8183	1.8217	1.9984	1.9843	8.59
19	1.6945	1.6935	1.6937	1.6933	1.6937	0.01	0.9704	0.9089	0.906	1.0247	1.0088	5.51
20	1.7468	1.7469	1.7469	1.7467	1.7470	0.01	1.3644	1.2564	1.274	1.4729	1.4233	9.34
21	1.9861	1.9860	1.9863	1.9858	1.9863	0.02	2.1202	2.0703	2.0853	2.2018	2.2847	8.98
22	2.2075	2.2076	2.2080	2.2072	2.2077	0.02	1.0287	0.9566	1.0283	1.1486	1.1127	7.61
23	2.2370	2.2372	2.2373	2.2368	2.2374	0.02	0.8378	0.9383	0.8251	1.0539	0.9508	9.35

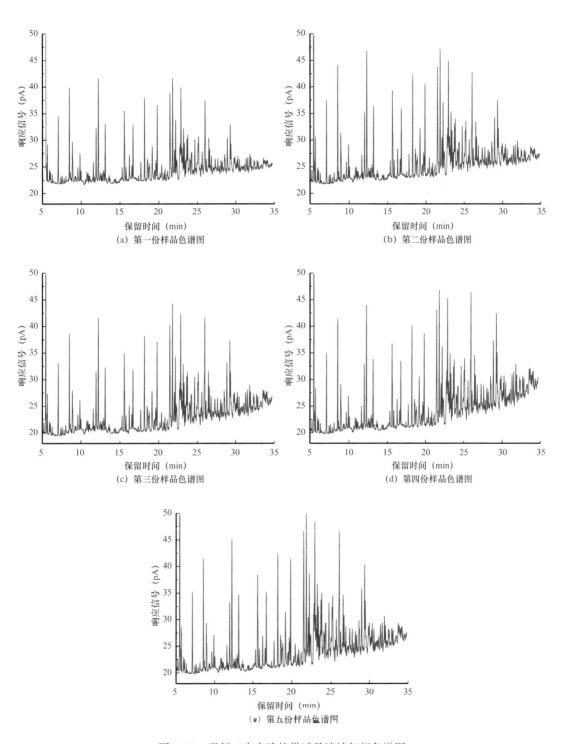

(a) 第一份样品色谱图　　(b) 第二份样品色谱图

(c) 第三份样品色谱图　　(d) 第四份样品色谱图

(e) 第五份样品色谱图

图 3-25　平行 5 次实验的供试品溶液气相色谱图

在石油磺酸盐样品指纹分析时，如果选择一个化合物加入供试品溶液中，此时的分离要求则将更高，即它应该与其他色谱峰有较好的分离，且出峰的位置不能靠前，也不能偏后，而应居中。因为在色谱分析的整个过程中，尽管所有的实验条件都是受控的，但难免会有波动，如果参照峰太靠前或较偏后，则会降低实验的精度，即影响相对保留值的精度。鉴于外插参照峰法的种种困难，采用内参照峰的方法。由于13.17min处的色谱峰存在于所有供试样品中，且其保留适中，因此选择该峰为内参照峰。

在规范化的供试品制备和色谱分析条件下，根据5批次或更多供试品的检测结果，采用相对保留时间标定指纹图谱共有峰。共有峰的峰面积应该尽可能大，另外尽可能地保证各指纹图谱中共有峰能够一一对应。

在石油磺酸盐样品指纹图谱研究过程中，其气相色谱指纹图谱共分离出约200多个峰，根据5批次供试品的检测结果，找出供试品中共同含有、比较稳定且峰面积较大的色谱峰23个，如表3-13和图3-26所示。

表3-13 共有峰的峰号及相对保留时间　　　　　　　　单位：min

峰号	1#	2#	3#	4#	5#
1	0.4133	0.4132	0.4130	0.4132	0.4130
2	0.4301	0.4300	0.4298	0.4300	0.4298
3	0.5385	0.5386	0.5384	0.5384	0.5383
4	0.6479	0.6478	0.6478	0.6478	0.6478
5	0.6779	0.6778	0.6777	0.6778	0.6777
6	0.7526	0.7525	0.7525	0.7526	0.7525
7	0.9107	0.9107	0.9107	0.9108	0.9107
8	0.9324	0.9325	0.9325	0.9325	0.9324
9	1	1	1	1	1
10	1.1871	1.1872	1.1872	1.1873	1.1872
11	1.2373	1.2373	1.2374	1.2374	1.2375
12	1.2729	1.2730	1.2731	1.2730	1.2732
13	1.3499	1.3500	1.3501	1.3500	1.3501
14	1.3862	1.3863	1.3864	1.3863	1.3865
15	1.4617	1.4621	1.4624	1.4621	1.4623
16	1.5121	1.5120	1.5122	1.5120	1.5122
17	1.6378	1.6378	1.6380	1.6378	1.6381
18	1.6640	1.6640	1.6642	1.6640	1.6643
19	1.6945	1.6935	1.6937	1.6933	1.6937

续表

峰号	1#	2#	3#	4#	5#
20	1.7468	1.7469	1.7469	1.7467	1.7470
21	1.9861	1.9860	1.9863	1.9858	1.9863
22	2.2075	2.2076	2.2080	2.2072	2.2077
23	2.2370	2.2372	2.2373	2.2368	2.2374

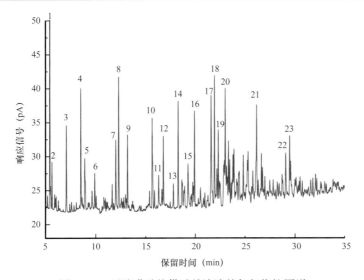

图 3-26　石油磺酸盐供试品溶液的气相指纹图谱

色谱指纹图谱相似度的计算一般采用两种算法，一种是相关系数法，另一种是夹角余弦法，其计算公式如下。

相关系数法计算公式：

$$r = \frac{\sum_{i=1}^{n}(X_i - \bar{X})(Y_i - \bar{Y})}{\sqrt{\sum_{i=1}^{n}(X_i - \bar{X})^2} \times \sqrt{\sum_{i=1}^{n}(Y_i - \bar{Y})^2}} \tag{3-1}$$

夹角余弦法计算公式：

$$\cos\theta = \frac{X \cdot Y}{|X| \times |Y|} \frac{\sum_{i=1}^{n} X_i Y_i}{\sqrt{\sum_{i=1}^{n} X_i^2} \times \sqrt{\sum_{i=1}^{n} Y_i^2}} \tag{3-2}$$

式（3-1）和式（3-2）中，X_i、Y_i 分别为样品指纹图谱和对照指纹图谱中第 i 个峰的峰面积，X、Y 为 n 个色谱峰峰面积的算术平均值，n 为色谱峰峰的数目。

虽然两种算法不同，但表达的意思一致，即表征比较对象的相似程度。数值越接近 1，说明两者越相似，反之，数值越接近 0，两者越相异。以 5 批次石油磺酸盐样品指纹图谱的平均值作为对照指纹图谱，并以此为比较标准，考察 5 批次样品与对照指纹图谱之间的相似度，采用相关系数法进行计算。相似度计算结果见表 3-14。5 批次石油磺酸盐样品与对照指纹图谱的相似度计算结果均大于 0.85，而 5 批次石油磺酸盐样品之间的相似度计算结果均大于 0.60，表明各批石油磺酸盐样品之间具有一定的一致性，同时，该 5 批次样品之间也具有一定的差异性。本法可以综合评价该石油磺酸盐样品的整体质量。5 批次样品的气相色谱图如图 3-27 所示。

表 3-14 指纹图谱相似度计算结果

序号	1#	2#	3#	4#	5#	参照指纹图谱
1#	1					0.86
2#	0.67	1				0.92
3#	0.75	0.75	1			0.90
4#	0.68	0.84	0.67	1		0.88
5#	0.67	0.72	0.98	0.60	1	0.85

注：1#—5# 分别为 2008.7（KPS-42.76%）、2008.7（KPS-36.2%）、2008.6（KPS-35.0%）、2008.4（KPS-45.0）、2002.3（KPS-45.0）号样品。

5）KPS 指纹图谱统计学分析

对获得的指纹图谱进行科学有效的评价，是指纹图谱技术研究中的重要组成部分，是使用指纹图谱技术建立石油磺酸盐样品质量控制体系中的重要环节，也是指纹图谱得到广泛应用的前提。

分析化学近来发生了较为深刻的变化，由过去需要很长分析步骤和大量时间才能获得实验数据的时代转变为如今只需较短时间即可获得海量数据的现状。如果依然采用过去的数据处理方法来对这些大量的数据进行分析，势必花费大量的精力，有时还得不到想要的结果。将数学、统计学与计算机科学结合起来的化学计量学（Chemometrics），使复杂的数学方法及数据处理可在计算机上实现，解决了上述难题。化学计量学是一门新兴的化学分支学科，它通过优化化学量测过程、解析化学量测数据以最大限度地获取化学及相关信息，阐明物质的成分、结构与其性能之间的复杂关系。主成分分析和聚类分析是目前应用较为广泛的两种统计分析方法。

主成分分析是考察多个数值变量相关性的一种多元统计学方法。在研究一个具体问题时，经常会遇到多个因素的影响，而这些因素又往往又存在一定的相关性，直接分析问题不仅复杂，变量间也可能由于多元共线性问题而无法得出正确结论。主成分分析就是经过线性变换，通过少数几个主成分来解释多变量的方差—协方差结构。原来的多个指标组合成相互独立的少数几个能充分反映总体信息的指标，把若干个变量组合成主成分，达到了降维的目的。

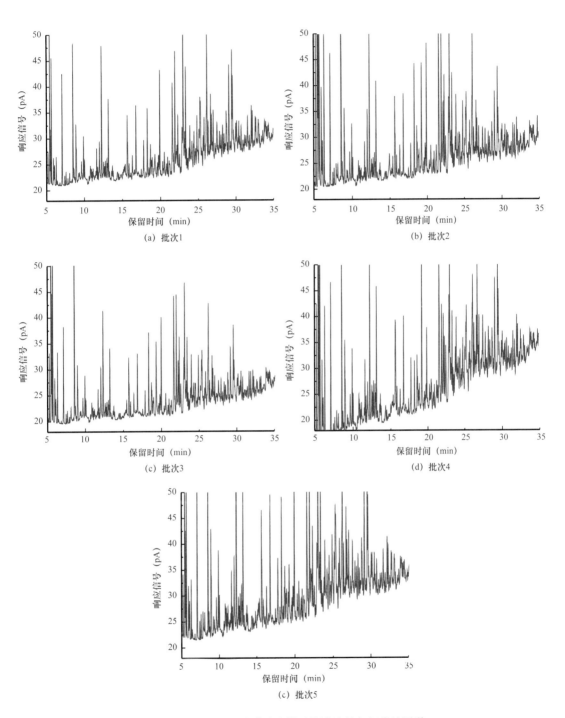

图 3-27 五批次石油磺酸盐供试品溶液的气相指纹图谱

聚类分析就是根据一定的规律和要求，对所研究的对象进行分类，提取反映其性状、显微、色谱、光谱等差异的数量化特征，能够有效地消除噪声和干扰。该方法原理是先将所有的 n 个检测样本看成不同的 n 类，然后将性质最接近的两类合并为一类；再从余下的 $n-1$ 类中找出最接近的两类加以合并，依次下去，直到所有的样本归为一类。根据具体问题再将所得的聚类结果分为几类。常用的聚类分析方法有距离聚类、相似性聚类、多指标绘图聚类等。所谓距离聚类分析，就是把反映不同样品间的差异，数量化为矩阵形式的一个多维空间。距离越近，表明样本间的差异就越小；距离越远，表明样本间的差异越大。聚类分析应用到指纹图谱分析上，就是通过色谱分析将复杂的样品所含化学成分及含量上差异反映出来，并将这种差异转化为计算机能够接受的数量化特征，用聚类分析的数学方法进行分类决策，达到鉴别样品品质的目的。

首先，对 5 个批次的石油磺酸盐样品（5 个批次分别以字母 a1～a5 表示）进行主成分分析。结果表明，第一主成分可以解释 78.7% 的变量差异；为了使样品在二维平面图中清晰地显现出来，引进了第二个主成分。两个主成分可以解释 89.802% 的样品差异。两个主成分的成分分析图如图 3-28 所示。

在保证 KPS 样品一致的情况下，对 KPS 样品及其他产地如胜利等样品进行主成分分析。同样，采用了两个主成分，这两个主成分可以解释 71.689% 的变量差异。主成分分析图如图 3-29 所示。大庆、胜利、玉门石油磺酸盐样品在主成分分析图中分别以 dq1、dq2、sl1、sl2、ym1、ym2 表示。

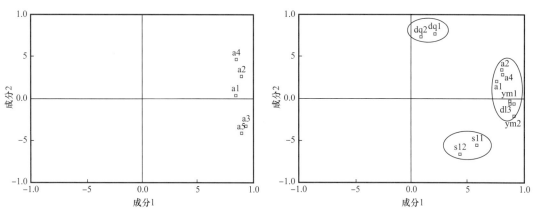

图 3-28　五批次 KPS 石油磺酸盐样品主成分分析图　　图 3-29　不同产地石油磺酸盐样品主成分分析图

从图 3-29 中可以清晰地看出：KPS 样本与大庆、胜利产地的石油磺酸盐样品可以有效地分离开来，这种差异性的体现为以后石油磺酸盐的归属提供了评价依据。而玉门样品与新疆样品分布在同一区域，说明这两地石油磺酸盐样品较为类似。为了说明这种相似性，以五批次新疆样品的气相色谱图的平均值作为比较标准，计算这不同产地样品与KPS 样品的相似度大小，计算方法同前。结果见表 3-15。

从表 3-15 中同样可以发现，玉门样品与 KPS 样品相似程度较高，相关系数将近 0.8，而其他两地如大庆、胜利样品与 KPS 样品相差较远，与主成分分析结果吻合。

KPS 样本及其他几个产地样品的聚类分析如图 3-30 所示。从图中可以看出：对所有进行聚类分析的样品进行分类处理时，5 个批次的 KPS 样品可以归为一类，同时玉门样品亦可归入其中，而大庆、胜利样品与其相距较远。

表 3-15　不同产地样品与 KPS 样品相似度计算结果

Dq1	Dq2	Sl1	Sl2	Ym1	Ym2
0.21	0.08	0.31	0.15	0.75	0.76

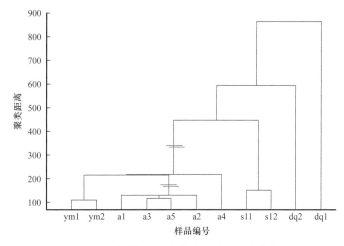

图 3-30　不同产地石油磺酸盐样品聚类分析图

指纹图谱的应用离不开大量数据的快速处理。通过以上实验，建立了 KPS 环烷基石油磺酸盐样品的气相色谱指纹图谱，并通过对其进行相似度计算、主成分分析、聚类分析等处理，建立了区分鉴别该样品的处理技术：当相关系数大于 0.85 时，可以认为待测样品与 KPS 样品质量类似；同样，当对其进行主成分及聚类分析时，如果与新疆 KPS 样品聚集在一起，可以认为它们质量类似。建立的该方法可以达到准确鉴别不同来源石油磺酸盐样品的目的。同时通过气相色谱指纹图谱的定量识别，为新疆环烷基石油磺酸盐KPS 产品质量的精确控制提供了一种有效的手段。

二、环烷基石油磺酸盐质谱法指纹图谱

1. 实验部分

Agilent LC/MS 联用仪，TX-500 界面张力仪，电子天平（Sartorius BP221S，Max=220g，d=0.1mg）。无水甲醇（天津化学试剂厂），所用水为去离子水，煤油。

质谱分析条件：雾化气 10psi，干燥气 7L/min，温度 325℃，负离子模式检测，扫描范围 100～2200Dr。

2. 结果与讨论

1）不同批次样品界面张力测试结果

在确定的分析条件下，4 个批次 2002.4、2008.4、2008.6、2008.7 石油磺酸盐样品的界面张力见表 3-16。

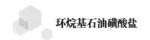

表 3-16　不同批次样品界面张力

模拟油	界面张力（mN/m）			
	2002.4	2008.4	2008.6	2008.7
煤油	2.0×10^{-3}	9.0×10^{-2}	5.5×10^{-2}	6.1×10^{-2}
原料油	1.0×10^{-1}	3.0×10^{-1}	2.5×10^{-1}	2.8×10^{-1}

由表 3-16 可知：不同批次石油磺酸盐样品，其界面张力测试结果有所差异；2008.4、2008.6、2008.7 批次样品界面张力较为接近；2002.4 批次样品界面张力与其他批次差别较大。

2）不同批次样品质谱分析结果

按照质谱分析条件，分别对不同批次样品进行质谱分析，质谱图分别如图 3-31 至图 3-34 所示。

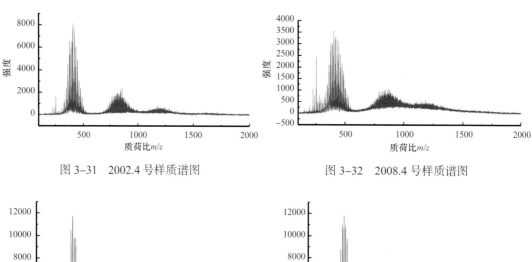

图 3-31　2002.4 号样质谱图　　　　　图 3-32　2008.4 号样质谱图

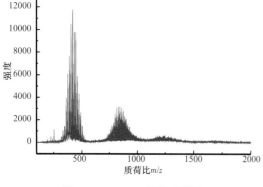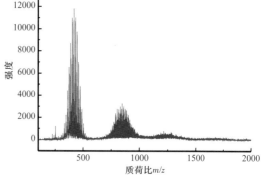

图 3-33　2008.6 号样质谱图　　　　　图 3-34　2008.7 号样质谱图

从质谱分析图中，可以看出不同批次样品质谱图极其类似，为了能区分鉴别不同批次石油磺酸盐样品，从其质谱图中分别选取丰度最大的 10 个分子离子峰，并按照相对丰度由高到低分别赋予以下数值：10、9、8、7、6、5、4、3、2、1。各批次样品中最强 10 个分子离子峰见表 3-17。

按照以上对不同分子离子峰赋值原则，分子离子峰分子量由小到大排列，并对不同批次样品对应的分子量赋予相应的数值，结果见表 3-18。

表 3-17　不同批次样品中最强 10 个分子离子峰的分子量

分子离子峰	平均分子量（g/mol）			
	2002.3	2008.4	2008.6	2008.7
1	405	405	421	421
2	419	433	405	405
3	433	421	435	433
4	391	391	447	447
5	377	447	391	391
6	447	379	461	377
7	361	461	377	461
8	461	363	363	477
9	349	475	477	363
10	475	489	491	491

表 3-18　不同批次样品中最强 10 个分子离子峰对应的赋予值

分子量（g/mol）	赋予值			
	2002.4	2008.4	2008.6	2008.7
349	2	0	0	0
361	4	0	0	0
363	0	3	3	2
377	6	0	4	5
379	0	5	0	0
391	7	7	6	6
405	10	10	9	9
419	9	0	0	0
421	0	8	10	10
433	8	9	0	8
435	0	0	8	0
447	5	6	7	7
461	3	4	5	4

续表

分子量（g/mol）	赋予值			
	2002.4	2008.4	2008.6	2008.7
475	1	2	0	0
477	0	0	2	3
489	0	1	0	0
491	0	0	1	1

注：如果对应的分子量不在该批次样品中，赋予值指定为 0；由于不同批次样品中最强 10 个分子离子峰不尽相同，故总分子离子峰个数大于 10。

根据表 3-18 数据，按照相关系数计算其相似度大小，结果见表 3-19。

表 3-19　不同批次样品相似度计算结果

样品批次	2002.4	2008.4	2008.6	2008.7
2002.4	1	0.42	0.14	0.46
2008.4	0.42	1	0.51	0.82
2008.6	0.14	0.51	1	0.68
2008.7	0.46	0.82	0.68	1

由表 3-19 可以得出，不同批次间样品存在着差异，且差异程度不同；2008.4、2008.6、2008.7 三批次样品彼此间相关系数均大于 0.5，其中 2008.4 和 2008.7 最为接近，其次是 2008.6 和 2008.7；2002.4 与其他批次样品差异稍大，其中与 2008.6 差异最大，与 2008.4 和 2008.7 相关系数也不足 0.5，因此，综合分析，2002.4 和 2008.4、2008.6、2008.7 存在着较为明显的差异。为了能更加直观地体现出批次间样品差异，将不同批次样品差异性大小作聚类分析，如图 3-35 所示。

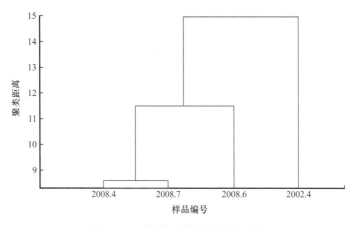

图 3-35　不同批次样品聚类分析图

由图 3-25 可以清晰地看出，2002.4 与其他批次样品差异最大；2008.4 和 2008.7 之间相似程度最高。结合界面张力计算结果，可以得出，这种差异性与其界面张力的差异性具有一致性。

三、小结

指纹图谱的应用，离不开大量数据的快速处理。通过实验以上建立了新疆 KPS 石油磺酸盐样品的气相色谱指纹图谱，并通过对其进行相似度计算、主成分分析、聚类分析等处理，建立了区分鉴别该样品的处理技术：当相关系数大于 0.85 时，可以认为待测样品与新疆样品质量类似；同样，当对其进行主成分及聚类分析时，如果与新疆 KPS 样品聚集在一起，可以认为它们质量类似。该建立的方法，可以达到准确鉴别不同来源石油磺酸盐样品的目的。同时通过气相色谱指纹图谱的定量识别，为新疆 KPS 石油磺酸盐产品质量的精确控制提供了一种有效的手段。

第四节 环烷基石油磺酸盐分子结构剖析

石油磺酸盐作为一种提高原油采收率的阴离子型表面活性剂，由于其降低界面张力的能力突出，原料来源广等特征，受到了许多研究人员的关注，但其组成、结构十分复杂。随着提高采收率研究的发展，对石油磺酸盐驱油提出了一些很重要的问题，如提高采收率的活性组分和组分的协同效应，进一步研究驱油机理并提高驱油效率等，必然要求获取石油磺酸盐更准确的组成、结构等信息。

一、磺酸盐分子结构解析

目前，测定石油磺酸盐结构较为准确的方法是气—质联用或是液—质联用。陈茂奇等把石油磺酸盐脱磺转变为烷基芳基化合物后进行气相色谱—质谱（GC-MS）分析，发现玉门石油磺酸盐的脱磺油主要有以下几个系列：烷基苯、烷基萘、环烷基萘、环烷基萘满和茚满。此外，还发现少量三环芳烃和若干个尚不能确定其归属的组分，并指出欲更进一步了解石油磺酸盐的组成结构，需改进分离方法。

采用场解吸电离质谱（FDMS），^{1}H 核磁共振及 ^{13}C 核磁共振等分析方法和一些特殊实验技术，直接分析测定了石油磺酸盐的结构，由于石油磺酸盐结构的复杂性，采用了均碳数、芳香度、烷烃支化度等结构参数来表征烷基芳烃部分的结构，还将实验结果与经过脱磺处理后的分析结果进行对比，结果基本一致。本节以石油磺酸盐为研究对象，通过对样品进行质谱、核磁共振、红外等表征，测试了石油磺酸盐的组成与结构。

1. 实验药品与仪器

实验药品：石油磺酸盐（经过脱油、脱盐精制）。

实验中所用的仪器为：红外光谱用 Perkin-Elmer783 型红外光谱仪测定，KBr 压片，在

500～4000cm^{-1} 范围内扫描；采用 Esquire–LC 型 ESI–MS 仪进行质谱分析（德国 Bruker 制造）；ACF–300 型 NMR 波谱仪测定 ^{1}HNMR 和 ^{13}CNMR（CDCl$_3$ 为溶剂，TMS 为内标）。

2. 实验结果与讨论

由于合成石油磺酸盐的原料复杂，使得石油磺酸盐的组成也很复杂，无法用一个明确的结构式来表示。因此采用平均碳数、芳香度、烷基链支化度等结构参数来描述。烷基芳烃部分的平均碳数范围可由下述方法推测。

假定所有的碳为芳香碳，则可用公式（3-3）求得平均碳数的上限。

$$\bar{C}_{max} = \frac{\bar{M} - 102}{12.5} \qquad (3-3)$$

式中　$\bar{C}_{max}$——KPS 石油磺酸盐分子中碳原子数上限；
　　　$\bar{M}$——样品平均分子量，g/mol。

假定所有的碳为脂肪族碳，测可用公式（3-4）求得平均碳数的下限。

$$\bar{C}_{min} = \frac{\bar{M} - 102}{14} \qquad (3-4)$$

式中　$\bar{C}_{min}$——KPS 石油磺酸盐分子中碳原子数下限；
　　　$\bar{M}$——样品平均分子量，g/mol。

石油馏分油中被磺化的是芳烃，原油中含有较多的短侧链芳烃就会和三氧化硫发生聚合生成大分子产物。石油磺酸盐中芳基烷基磺酸盐的烷基链越长，分子量就越高，油溶性就越好。用于驱油用的磺酸盐既要具有油溶性又要具有水溶性，对于特定的原油和地层水，磺酸盐的分子量应该具有一定的范围。高当量的石油磺酸盐是降低界面张力的有效成分，也比较容易被吸附，低当量的石油磺酸盐可以改善水的溶解能力，中当量的石油磺酸盐可以作为吸附的牺牲剂。

由文献可知用于驱油的石油磺酸盐的当量一般介于 300～500 之间，分子量低于400g/mol 的为水溶性强，高于 500g/mol 的为油溶性强。

环烷基石油磺酸盐 KPS 产品的质谱图如图 3-36 所示，分析结果表明：电离钠离子之后的分子量分布在 307～477g/mol 之间，信号强度较大的区域主要集中在 365～430g/mol区域，丰度计算得到平均分子量大约在质荷比为 407 附近，对应磺酸盐的分子量分布在340～500g/mol 之间，平均相对分子量为 430g/mol。经计算平均碳数为 23.4～26.2。

图 3-37 为 KPS 单磺表面活性剂样品原样的质谱测试结果，主要为石油磺酸钠的离子峰，其中 397 为菲（或蒽）类，399 为芴类，401 为苊类，403 为烷基萘类，405 为苯并二环己烷类，407 为茚满类，409 为烷基苯类。

图 3-38 为 KPS 双磺表面活性剂样品原样的质谱测试结果，主要为石油磺酸钠的离子峰，其中 367 为 C15 烷基苯磺酸钠，381 为 C16 烷基苯磺酸钠，395 为 C17 烷基苯磺酸钠，409 为 C18 烷基苯磺酸钠，423 为 C19 烷基苯磺酸钠，437 为 C20 烷基苯磺酸钠，451 为C21 烷基苯磺酸钠，465 为 C22 烷基苯磺酸钠，204、218、232、246 推测为芴类、苊类。

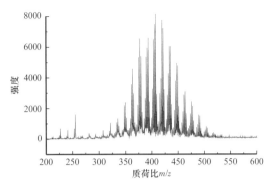

图 3-36 2002 年生产的 KPS 石油磺酸盐的质谱图

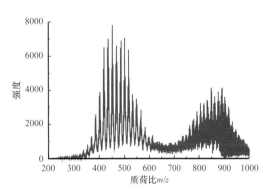

图 3-37 2018 年生产的 KPS 单磺质谱图

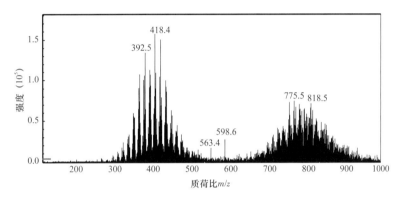

图 3-38 2018 年生产的 KPS 双磺质谱图

图 3-39 为 KPS 总磺表面活性剂样品原样的质谱测试结果，主要为石油磺酸钠的离子峰，其中 397 为菲（或蒽）类，399 为芴类，401 为苊类，403 为烷基萘类，405 为苯并二环己烷类，407 为茚满类，409 为烷基苯类。

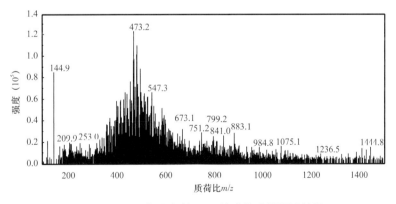

图 3-39 2018 年生产的 KPS 总磺的质谱测试结果

KPS 系列表面活性剂结构组成相对复杂，苯、萘、烷基茚满、苊、烷基磺酸盐均存在（表 3-20）。一般的，磺酸盐含有 1~3 个芳香环，烷基芳烃部分的结构异构体种类繁多，既有单烷基苯，又有多取代的烷基芳烃。主要成分含有以下几类结构，如图 3-40 所示。

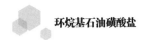

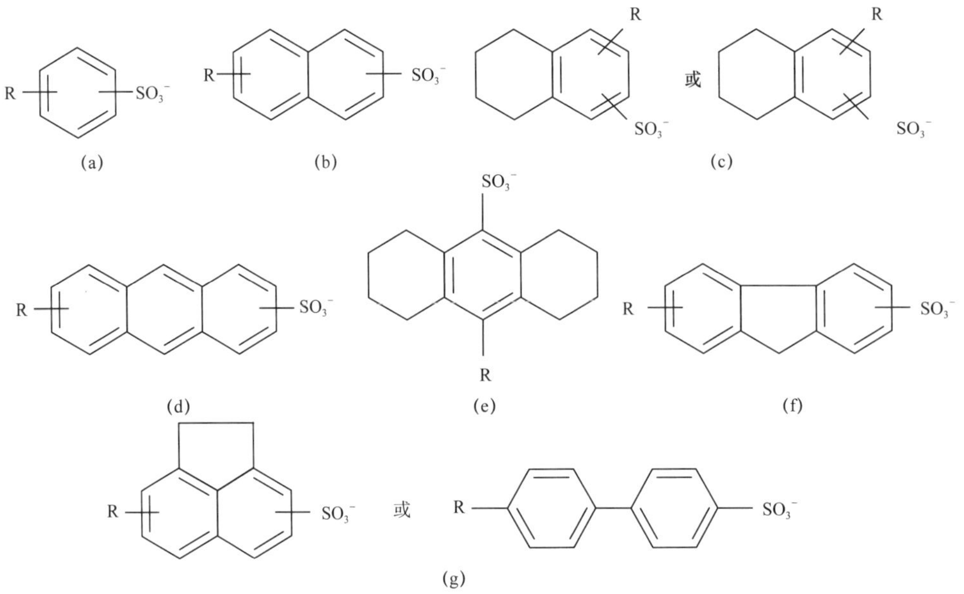

图 3-40 磺酸盐分子结构示意图

（a）—烷基苯磺酸盐；（b）—烷基萘磺酸盐；（c）—烷基茚满磺酸盐；（d）—烷基菲磺酸盐；（e）—烷基苯并二环己烷磺酸盐；（f）—烷基芴磺酸盐；（g）—烷基苊或联苯磺酸盐

表 3-20　磺酸盐的主要组成及分子量

结构类型	通式（n 代表 C 数）	结构示意	分子量
烷基苯型	C_nH_{2n+1}—（C_6H_4）—SO_3^-	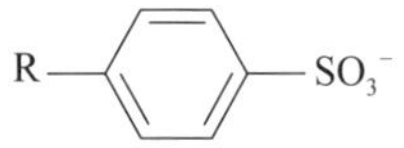	157+14n
烷基萘型	C_nH_{2n+1}—（$C_{10}H_6$）—SO_3^-	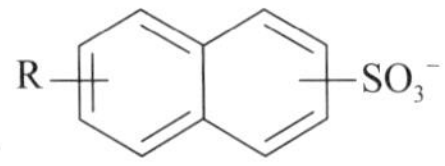	207+14n
烷基茚满型	C_nH_{2n+1}—（C_9H_8）—SO_3^-	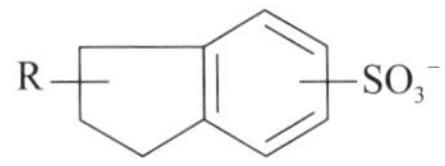	197+14n
烷基菲型	C_nH_{2n+1}—（$C_{14}H_8$）—SO_3^-	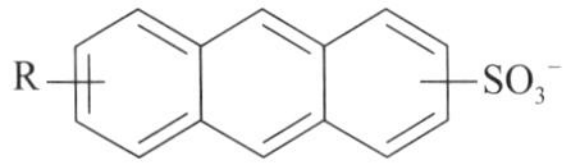	257+14n
烷基苊型或烷基联苯	C_nH_{2n+1}—（$C_{12}H_8$）—SO_3^-	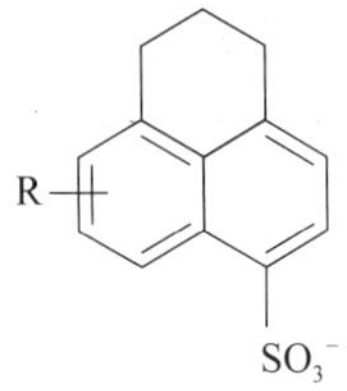 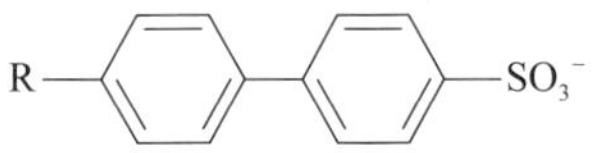	233+14n

续表

结构类型	通式（n 代表 C 数）	结构示意	分子量
烷基芴型	$C_nH_{2n+1}-(C_{13}H_8)-SO_3^-$	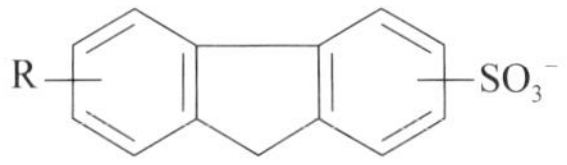	245+14n
烷基苯并二环己烷	$C_nH_{2n+1}-(C_{14}H_{16})-SO_3^-$	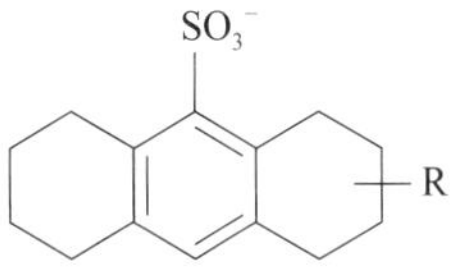	265+14n

二、活性组分定量分析

1.活性组分相对含量

质谱分析结果可以得到上百种甚至上千种化合物的分子量信息，将这些分子量结果导出，并按不同类型结构化合物对应的分子量进行筛选和重排，以便进行相对含量结果的计算。通过对质谱数据进行统计分析可以看出，最优组分和较优组分中均以烷基苯并二环己烷、烷基萘、烷基茚满磺酸盐为主，具体含量结果见表 3-21 和如图 3-41 所示。

表 3-21　不同结构类型磺酸盐分析结果

结构类型	最优组分	较优组分①	较优组分②
	相对百分含量（%）		
烷基苯型	6.82	5.82	9.87
烷基萘型	22.58	23.28	19.60
烷基茚满型	19.38	18.77	22.69
烷基苯并二环己烷型	26.27	27.72	25.92
烷基菲型	4.34	4.09	5.04
烷基芴型	6.54	7.98	6.26
烷基芘或联苯型	14.08	12.36	10.63

由以上结果可以看出，活性组分中烷基苯并二环己烷、烷基萘、烷基茚满磺酸盐的含量最高，占含量的 70% 左右。为了便于与原环烷基磺酸盐样品进行对比分析，将组分 10 的各个含量结果进行平均计算，结果见表 3-22 和如图 3-42 所示。

通过对比分析可以看出，原环烷基磺酸盐样品中，烷基苯、烷基菲、烷基芴、烷基芘（或烷基联苯）磺酸盐的含量均有不同程度的增高，而烷基苯并二环己烷、烷基萘、烷基茚满磺酸盐的含量有所降低，从 69% 降至 54%（图 3-43）。为了使磺酸盐样品具有较优界面活性或乳化性能，样品中烷基苯并二环己烷、烷基萘、烷基茚满磺酸盐的含量应当尽可能高。由于这些磺酸盐是环烷烃芳烃或双环芳烃结构类型，因此合成磺酸盐所选反应原料油时，应适当考虑增加此种类型结构化合物的含量。

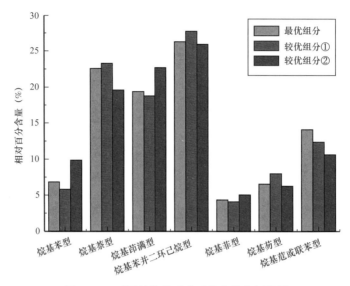

图 3-41　不同结构类型磺酸盐含量分析结果

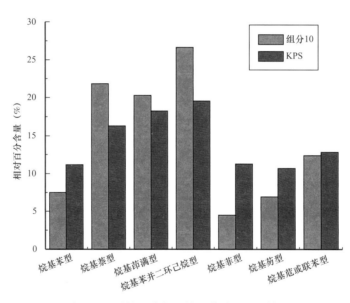

图 3-42　活性组分与环烷基磺酸盐对比结果

　　由表 3-23 可知，不同结构类型化合物的碳链分布范围有所不同，如烷基苯并二环己烷的碳链分布为 C_8—C_{25}，烷基苯的碳链分布为 C_{14}—C_{31}。所有结构类型化合物对应的碳链分布范围相对较宽，在 C_8—C_{31} 之间，但有些碳链分布对应的化合物界面活性或乳化性能较差，如一些烷基苯类化合物；此外，部分化合物的相对含量偏低。基于以上考虑，将相对含量（不足该结构类型总量的10%）较低化合物对应的碳链分布排除，得到表 3-24 统计结果。

表 3-22　活性组分与环烷基磺酸盐对比结果

结构类型	KPS	组分 10
	相对百分含量（%）	
烷基苯型	11.15	7.5
烷基萘型	16.29	21.82
烷基茚满型	18.25	20.28
烷基苯并二环己烷型	19.54	26.64
烷基菲型	11.26	4.49
烷基芴型	10.7	6.93
烷基苊或联苯型	12.8	12.36
烷基萘 + 烷基茚满 + 烷基苯并二环己烷	54.08	68.74

表 3-23　碳链分布分析结果

编号	最优组分	较优组分①	较优组分②
烷基苯型	C_{14}—C_{31}	C_{14}—C_{23}	C_{17}—C_{26}
烷基萘型	C_{12}—C_{28}	C_{11}—C_{19}	C_{14}—C_{23}
烷基茚满型	C_9—C_{28}	C_{11}—C_{21}	C_{14}—C_{27}
烷基苯并二环己烷型	C_8—C_{25}	C_8—C_{17}	C_{12}—C_{22}
烷基菲型	C_9—C_{24}	C_9—C_{17}	C_{10}—C_{21}
烷基芴型	C_8—C_{28}	C_{10}—C_{19}	C_{13}—C_{20}
烷基苊或联苯型	C_{14}—C_{31}	C_{11}—C_{19}	C_{13}—C_{22}
化合物数量	125	68	75

由表 3-24 可知，具有较优活性组分的不同结构类型化合物的碳链分布范围相对较窄。烷基苯并二环己烷、烷基茚满、烷基萘的含量相对含量最高，结合最优组分和较优组分分析结果，可以发现这三类结构化合物的碳链分布分别在 C_9—C_{16}、C_{12}—C_{19}、C_{13}—C_{20} 之间时，样品的界面活性或乳化性能较优。此外，上述结构类型化合物的碳链分布范围越窄，样品活性越优；例如烷基苯并二环己烷、烷基茚满、烷基萘的碳链分布范围分别在 C_{12}—C_{15}、C_{15}—C_{17}、C_{15}—C_{17} 时，样品活性更优（图 3-44）。

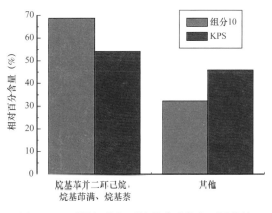

图 3-43　活性组分与环烷基磺酸盐中不同结构含量对比

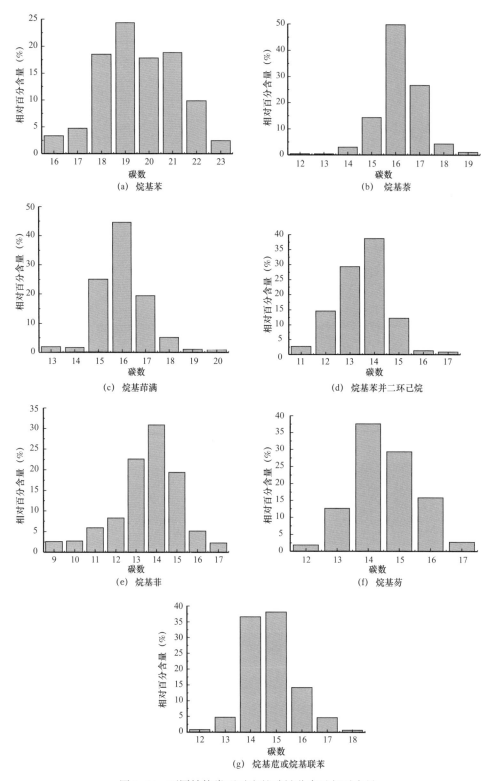

图 3-44　不同结构类型对应的碳链分布及相对含量

表 3-24　主要碳链分布分析结果

编号	最优组分	较优组分①	较优组分②
烷基苯型	C_{18}—C_{21}	C_{15}—C_{17}	C_{19}—C_{23}
烷基萘型	C_{15}—C_{17}	C_{13}—C_{15}	C_{16}—C_{20}
烷基茚满型	C_{15}—C_{17}	C_{12}—C_{15}	C_{15}—C_{19}
烷基苯并二环己烷型	C_{12}—C_{15}	C_9—C_{13}	C_{14}—C_{16}
烷基菲型	C_{13}—C_{15}	C_{11}—C_{14}	C_{12}—C_{17}
烷基芴型	C_{13}—C_{16}	C_{11}—C_{14}	C_{14}—C_{18}
烷基苊或联苯型	C_{14}—C_{16}	C_{11}—C_{14}	C_{14}—C_{18}

对活性组分和环烷基磺酸盐质谱数据中响应较高的 20 个分子离子峰进行结构分析，确定出样品中含有的主要化合物的分子结构，归纳结果见表 3-25。

表 3-25　主要化合物结构分析

编号	最优组分	较优组分①	较优组分②	KPS
1	萘 -16	苯并二环己烷 -11	苯并二环己烷 -15	苯并二环己烷 -11
2	苯并二环己烷 -14	萘 -14	茚满 -17	苯 -19
3	茚满 -16	苯并二环己烷 -12	萘 -17	苯 -21
4	苯并二环己烷 -13	茚满 -14	苯并二环己烷 14	苯 -20
5	萘 -17	萘 -15	萘 -18	茚满 -17
6	联苯 -15	茚满 -13	茚满 -18	苯 -22
7	联苯 -14	萘 -13	苯并二环己烷 -16	苯 -23
8	茚满 -15	苯并二环己烷 -10	茚满 -16	茚满 -18
9	苯并二环己烷 -12	联苯 -13	联苯 -17	苯并二环己烷 -19
10	茚满 -17	联苯 -12	萘 -16	苯并二环己烷 -20
11	萘 -15	芴 -13	苯并二环己烷 -13	苯并二环己烷 -15
12	苯并二环己烷 -15	联苯 -14	茚满 -19	苯并二环己烷 -18
13	芴 -14	茚满 -15	联苯 -16	茚满 -16
14	联苯 -16	芴 -12	萘 -19	茚满 -19
15	芴 -15	茚满 -12	苯 -20	萘 -21
16	苯 -19	苯并二环己烷 -9	联苯 -15	萘 -22
17	菲 -14	苯 -12	苯 -19	苯并二环己烷 -16
18	苯 -21	苯并二环己烷 -13	芴 -16	萘 -20

编号	最优组分	较优组分①	较优组分②	KPS
19	苯 18	芴 –14	茚满 –15	苯 –22
20	苯 –20	苯 –16	芴 –17	苯并二环己烷 –17

从以上分析结果可以看出，环烷基磺酸盐样品主要以含一定碳链长度的不同结构磺酸盐为主，碳链集中在 10～20 之间。碳链越长，化合物的极性越弱，由此可以推测，生产制备环烷基磺酸盐所用的反应原料油的极性应较弱，带有较多一定长度的碳链结构。

2. 最优组分色谱分析

环烷基磺酸盐样品中的最优组分的平均分子量在 430g/mol 左右，将磺酸根除去，平均分子量在 350g/mol 左右。因此，将芳烃切割获得的精细组分中对应平均分子量约 350g/mol 的组分进行色谱分析，并与多环芳烃化合物的色谱分析结果进行对比，推测芳烃组分主体结构的碳链长短信息。色谱分析条件及获得的色谱图分别如图 3–45 至 3–47 所示。

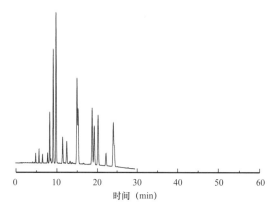

图 3–45　多环芳烃标准溶液色谱图

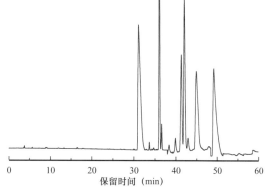

图 3–46　不同碳链烷基苯和烷基萘标准溶液色谱图

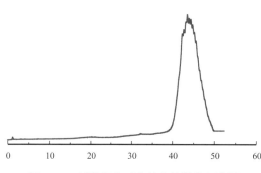

图 3–47　活性组分对应的芳烃部分色谱图

色谱柱：分析型反相色谱柱（4.6×150mm，1μm）。

流动性：A 水，B 乙腈；梯度洗脱，0～30min，60%～90%B，30～60min，100%B。

流速：1mL/min。

检测波长：254nm。

进样量：20μL。

由图 3–45 可以看出，如果主体苯环结构不含侧链或侧链较短，则此类化合物的色谱保留时间均较短，在 30min 内即可洗脱出来。即使苯环个数较多，如化合物苯并二萘嵌苯含有 6 个苯环，其色谱保留时间依然小于苯环个数较少但含有一定侧链结构的化合物，如 C_{10} 苯。根据不同结构类型化合物的色谱保留规律，可以归纳几点：（1）苯环结构越多，化合物的极性越小，色谱保留时间越长；（2）侧链碳数越大，化合物的极性越小，色谱保留时间越长；（3）侧链碳数的增大导致的化合物保留时间的增长，明显高于苯环结构增多导致的化合物保留时间的增长；（4）对于结构相近的化合物，极性大的先出峰；对于极性相似的化合物，结构简单的先出峰。对比以上色谱图，可以看出，最优组分对应的芳烃结构化合物的色谱保留时间在 32~50min 之间，而不带侧链结构的多环芳烃的保留时间均在 30min 之内，因此可以推断环烷基磺酸盐是以含有较长碳链（>C$_{10}$）结构的化合物为主，与之前通过结构分析和分子量计算得到的认识较为吻合。

3. 最优组分核磁分析

对环烷基磺酸盐精细切割组分进行核磁氢谱分析，对比各个切割组分的核磁氢谱区别，以及侧链碳链的分布情况，结果如图 3-48 所示。

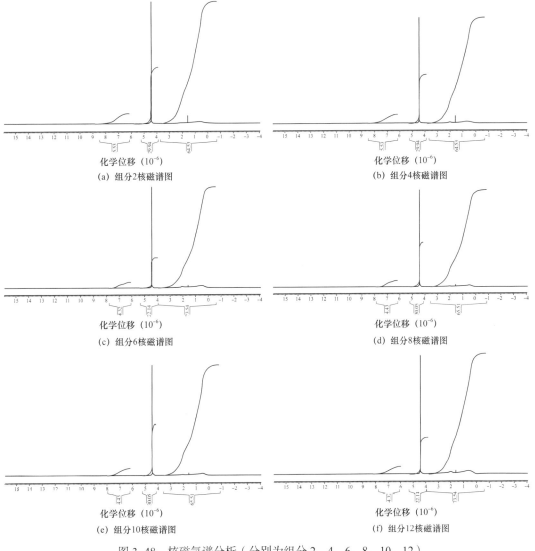

图 3-48　核磁氢谱分析（分别为组分 2、4、6、8、10、12）

不同组分的核磁氢谱大致相同，从核磁氢谱上面看不出各个组分之间的差别。对烷烃氢和芳烃氢进行积分对比，可以看出大部分芳烃氢∶烷烃氢 =1∶12～1∶17 之间；根据该数值推测，烷烃碳链应以多尾侧链或环状结构为主。例如，如果是单链的话，以苯环结果计算，对应的化合物应该如下：

R：$C_{30}H_{61}$

以上结果其实并不常见，由于侧链碳链过长。如果是双链或环烷结构的话，对应的化合物应该如下。此类结果从化学角度来说，应该更为合理和稳定。

R：$C_{18}H_{37}$　　　　　R：$C_{22}H_{45}$

三、小结

采用质谱分析技术对获得的活性组分和环烷基磺酸盐样品进行了结构分析，活性组分的紫外吸收系数较低，以单磺为主，几乎无双磺；分子量分布范围在 405～445g/mol 之间，平均分子量为 432.5g/mol，烷基苯并二环己烷、烷基茚满、烷基萘的相对含量较高时，样品性能较优；其中烷基苯并二环己烷、烷基茚满、烷基萘的碳链分布范围较窄且分别在 C_{12}—C_{15}、C_{15}—C_{17}、C_{15}—C_{17} 附近时，样品活性更优。在生产制备环烷基磺酸盐样品时，应选择与此分子量及碳链分布相当的反应原料油（平均分子量在 350g/mol 左右，减去磺酸离子），以便获得性能最优的磺酸盐产品。

参 考 文 献

［1］蒋怀远，饶福焕，蒋宝源.驱油用石油磺酸盐成分分析［J］.油田化学，1985，2（1）：75–82.

［2］王帅，王旭生，曹绪龙，等.常规和亲油性石油磺酸盐的组成及界面活性研究［J］.石油化工高等学校学报，2010，23（2）：9–13.

［3］王帅，郭兰磊，祝仰文，等.烷基苯磺酸盐纯化工艺研究［J］.石油化工高等学校学报，2017，30（4）：1–5.

［4］Kroppenstedt，Reiner M. Separation of bacterial menaquinones by HPLC using reverse phase（RP18） and a silver loaded ion exchanger as stationary phases [J]. Journal of Liquid Chromatography, 1982 5: 2359–2367.

[5] Tweeten K A, Tweeten T N. Reversed-phase chromatography of proteins on resin-based wide-pore packings [J]. Journal of Liquid Chromatography, 1986, 359: 111.

[6] Afeyan N B, Fulton S P, Regnier F E. Perfusion chromatography packing materials for proteins and peptides [J]. Journal of Liquid Chromatography, 1991, 544: 267.

[7] Honda S, Suzuki S, Kakehi K. Analysis of the monosaccharide compositions of total non-dialyzable urinary glycoconjugates by the dithioacetal method [J]. Journal of Liquid Chromatography, 1981, 226: 341–350.

[8] Pesek J J, Lin H D. Utilization of dual retention mechanism on columns with bonded PEG and diol stationary phases for adjusting the separation selectivity of phenolic and flavone natural antioxidants [J]. Chromatographia, 1989, 28: 565.

[9] Jandera P, Churacek J, Svoboda L. Gradient elution in liquid-chromatography. 10. retention characteristics in reversed-phase gradient elution chromatography [J]. Journal of Chromatography. 1979 (1): 35–50

[10] Choi M P, Chan K K, Leung H W, et al. Pressurized liquid extraction of active ingredients (ginsenosides) from medicinal plants using non-ionic surfactant solutions [J]. Journal of Liquid Chromatography, A, 2003, 983 (1-2): 153–162.

[11] Shi Z H, He J T, Chang W B. Mmicelle-mediated extraction of tanshinones from Salvia miltiorrhiza bunge with analysis by high-performance liquid chromatography [J]. Talanta, 2004, 64 (2): 401–40.

[12] Carabias-Martinez R, Rodriguez-Gonzalo E, Moreno-Cordero B, et al. Surfactant cloud point extraction and preconcentration of organic compounds prior to chromatography and capillary electrophoresis [J]. Journal of Liquid Chromatography A, 2000, 902 (1): 251–265.

[13] 薛振东, 贺飞, 冯钰锜. 油乳法制备高效液相色谱氧化钛和钛锆氧化物复合填料 [J]. 武汉大学学报 (理学版), 2002 (2): 142–146

[14] Sirimanne S R, Barr J R, Patterson D G Jr, et al. Quantification of polycyclic aromatic hydrocarbons and polychlorinated dibenzo-p-dioxins in human serum by combined micellemediated extraction (cloud point extraction) and HPLC [J]. Anal Chem, 1996, 68 (9): 1556–1560.

[15] Revia R L, Makharadze G A. Cloud-point preconcentration of fulvic and humic acids [J]. Talanta, 1999, 48 (2): 409–413.

[16] 王俊德, 商振华, 郁蕴璐. 高效液相色谱法 [M]. 北京: 中国石化出版社, 1992.

[17] Kato M, Sakai2Kato K, Matsumoto N, et al. A protein-encapsulation technique by the sol-gel method for the preparation of monolithic columns for capillary electrochromatography [J]. Anal Chem, 2002, 74 (8), 1915–1921.

[18] Vissers J P C, Claessens H A, Cramers C A, Microcolumn liquid chromatography: instrumentation, detection and applications [J]. Journal of Liquid Chromatography A, 1997, 779 (1-2), 1–28.

［19］Vissers J P C.Recent developments in microcolumn liquid chromatography［J］. Journal of Liquid Chromatography A，1999，856（1-2），117-143.

［20］Palmer C P，Remcho V T. Microscale liquid phase separations［J］. Anal Bioanal Chem,2002,372（1）：35-36.

［21］Saito Y，Jinno K. On-line coupling of miniaturized solid-phase extraction and microcolumn liquid-phase separations［J］. Anal Bioanal Chem，2002，373（6）：325-331.

［22］Minakuchi H，Nakanishi K，Soga N，et al. Octadecylsilylated porous silica rods as separation media for reversed-phase liquid chromatography［J］. Anal Chem，1996，68：3498-3501.

［23］Minakuchi H，Nakanishi K，Soga N，et al. Effect of domain size on the performance of octadecylsilylated continuous porous silica columns in reversed-phase liquid chromatography［J］. Journal of Liquid Chromatography A，1998，797（1-2）：121-131.

［24］王帅，陈权生，王旭生，等.气相色谱法监控石油磺酸盐的质量［J］.石油化工，2010，39（1）：90-93.

［25］李振泉，曹绪龙，宋新旺，等，未磺化油气相色谱法评价石油磺酸盐的界面活性［J］.油田化学，2012，29（3）：349-352.

第四章　环烷基石油磺酸盐结构与性能关系

在经历了一次采油、二次采油之后，约有三分之二的原油仍然存在于油藏中未被开发[1]。化学驱作为水驱后进一步提高原油采收率的方法被中国内陆油田广泛应用，其机理是通过改变油水流度比以及降低油水界面张力。国内开展了大量的化学驱方法研究，例如：碱水驱、表面活性剂驱、表面活性剂/聚合物驱、表面活性剂/聚合物/碱驱等，机理就在于将原油与驱替液之间的界面张力降低至超低（<0.01mN/m），从微观上启动被束缚住的油滴，从而在宏观上驱替残余油[2-4]。一般的，含碱的化学驱具有优异的界面活性，容易实现超低油水界面张力，原因在于碱可以皂化原油中的酸性组分，形成天然的表面活性剂，与驱替液中的表面活性剂形成协同作用，降低油水界面张力至超低。实践过程中发现，在碱/表面活性剂/聚合物（ASP）三元复合驱过程中，由于碱的加入也会带来负面影响，如碱性物质对地层渗透率的伤害；与地层水中钙、镁离子形成沉淀导致生产管线结垢；采出液乳化严重导致后处理困难等问题[5-6]。因此，研究无碱的表面活性剂/聚合物二元驱油体系的油水界面活性规律一直是广大油田工作者努力的方向。Doe 等[7]测量了不同烷基苯磺酸盐纯化合物的氯化钠水溶液与正构烷烃间的界面张力，阐述了盐水体系中磺酸盐表面活性剂的部分界面活性规律。赵忠奎等[8-9]研究了烷基萘磺酸盐在无碱体系中的界面活性。此外，还有很多无碱条件下表面活性剂与表面活性剂复配体系协同作用的研究工作，如阴离子/阴离子体系[10]、阴离子/非离子体系[11]、阳离子/阳离子体系、两性离子/阴离子体系[12]等。

新疆油田也开展了大量的化学驱矿场试验，并取得了较好的应用效果，实施过程中发现新疆使用的环烷基石油磺酸盐与储层配伍以及较好的提高采收率作用，形成了砾岩油藏化学驱提高采收率特色技术。但环烷基石油磺酸盐表面活性剂大幅度提高采收率机理尚不清晰。为了探索环烷基石油磺酸盐结构与性能关系，通过对环烷基石油磺酸盐组分的质谱分析及核磁信息，对已知确定结构的合成磺酸盐的结构对比分析，可实现环烷基石油磺酸盐组分组成及相对含量分析。为了更加深入研究环烷基石油磺酸盐结构与性能之间的对应关系，将环烷基石油磺酸盐样品进行组分切割，并结合磺酸盐纯化合物的界面性能，获得发挥界面性能最优的磺酸盐化合物及环烷基石油磺酸盐活性组分，归纳总结结构与性能之间的相互关系。

第一节　环烷基石油磺酸盐组分切割与油水界面活性研究

环烷基石油磺酸盐结构组成复杂，与其他来源石油磺酸盐相比，反应原料及反应工艺均存在较大差异，导致石油磺酸盐样品之间存在较大的物理化学性质和性能差异，如

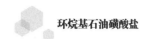

平均分子量、分子量分布范围、结构类型、界面活性、乳化性能等。实际应用过程中，将石油磺酸盐样品作为一个整体进行处理，然而，并不是所有组分都具有较优界面活性或乳化性能[13-15]。石油磺酸盐样品的性能优劣直接影响着油田的驱油效率和开采成本，如果能对石油磺酸盐样品中发挥作用的活性组分进行准确识别，不仅从理论基础上有助于了解石油磺酸盐结构和性能之间的相互作用关系，而且对于生产制备质量优异的石油磺酸盐样品具有非常重要的指导意义。

一、环烷基石油磺酸盐组分切割

采用制备色谱技术对环烷基石油磺酸盐进行精细组分切割，获得界面性能不同的多个精细组分。通过实验优化，确定制备色谱分析条件如下：

色谱柱：制备色谱柱（210mm×250mm，8μm）；

流动性：A 水，B 甲醇；梯度洗脱，0～20min，50%B，20～30min，70%B，30～40min，90%B，40～52min，100%B；

流速：10mL/min；

检测波长：254nm；

进样量：10mL；

样品溶液浓度：20mg/mL；

收集方式：每2min收集1个样品管，共收集24个样品管。

采用质谱法对收集到的24个样品管中溶液进行分析检测，根据分析结果，将结构组成较为相似的组分进行合并，最终获得14个具有不同结构组成的切割组分。

对以上各个切割组分进行界面张力测试，发现组分10具有最优界面活性，可将油水界面张力将至超低（<10⁻³mN/m），如图4-1所示，由此可确定该组分具有最优界面活性，是环烷基石油磺酸盐样品中的活性组分。

用矿化度为5mg/mL（NaCl）的盐水配制浓度均为3mg/mL的各个不同切割组分溶液，进行乳化性能测试。取样品溶液5mL和实验用原油5mL于试管中，充分振荡，40℃烘箱中静止3h后，观察油相体积，并计算油相乳化率，即发生乳化的油相体积占总油相体积的百分比，测试结果如图4-2所示。

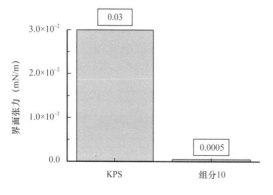

图4-1　界面张力对比结果

（a）KPS—组分10

（b）其他组分—组分10

图4-2　乳化效果对比图

根据乳化性能测试结果，可以看出，组分 10 具有最优乳化效果，油相乳化率可达 60%，优于原环烷基石油磺酸盐样品（乳化率 44%）；其余切割组分的乳化性能较低，甚至无乳化能力。由此可以推断，组分 10 是环烷基石油磺酸盐样品中发挥乳化效果的最优组分。结合界面活性测试结果，可以确定，组分 10 既具有最优界面活性，又具有最优乳化性能，是环烷基石油磺酸盐样品中的活性组分。

二、最优组分普适性分析

通过以上实验研究，确定了环烷基石油磺酸盐样品中的活性组分，该活性组分是否具有普适性，需要进行进一步的实验研究。选择几种不同油样作为实验用油，进行界面活性考察。先对环烷基石油磺酸盐样品进行界面张力测试，测试结果如图 4-3 所示。

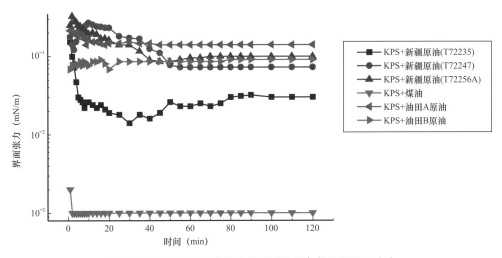

图 4-3　环烷基石油磺酸盐在不同油相条件下的界面张力

由图 4-3 可以看出，油样不同，环烷基石油磺酸盐样品的界面活性亦不同。当油相为煤油时，环烷基石油磺酸盐瞬时即可达到超低界面张力；当油相为油田 A 原油时，界面张力较高（$>1×10^{-1}$mN/m），达不到较低界面张力水平。即使是同一油田原油，采油井不同，界面张力也会产生明显差异。

相同实验条件下，对分离切割获得的活性组分进行界面张力测试，并与环烷基石油磺酸盐进行对比分析，测试结果如图 4-4 所示。

活性组分几乎可以将实验用所有原油的界面张力降至超低数值（$<1×10^{-3}$mN/m），其中油田 A 原油条件下，界面张力数值稍高，但依然可以达到超低（$≤5×10^{-3}$mN/m）。根据以上分析测试结果可以确定，从环烷基石油磺酸盐中分离切割获得的活性组分具有较好的普适性，不仅对新疆原油具有优异的界面活性，对于其他来源原油同样具有优异的界面活性。为了考察活性组分在不同浓度条件下的界面张力，用 5000mg/L 的盐水（NaCl 溶液）配制系列不同浓度的活性组分溶液，在相同条件下进行界面张力测试，测试结果如图 4-5 所示。

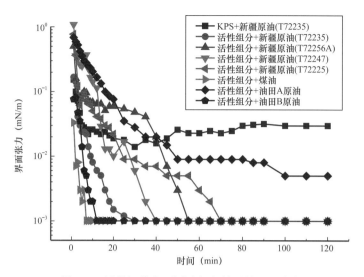

图 4-4　活性组分在不同油相条件下的界面张力

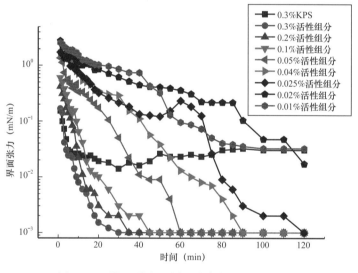

图 4-5　活性组分在不同浓度条件下的界面张力

由图 4-5 可知，活性组分溶液的浓度高于 0.025% 时，即可达到超低界面张力（<1×10^{-3}mN/m）；活性组分溶液的浓度越高，达到超低界面张力所用的时间相对越短；当活性组分溶液的浓度为 0.01% 时，界面张力可达到较低数值（3×10^{-2}mN/m），该界面张力与浓度为 0.3% 的环烷基石油磺酸盐样品溶液的界面张力接近，但活性组分溶液的浓度仅为环烷基石油磺酸盐样品溶液的浓度的 3.3% 左右。

三、环烷基石油磺酸盐吸附性能

新疆油田稀油老区先后开展了砾岩油藏弱碱三元复合驱、二元复合驱和聚合物驱，并形成了多项成熟配套技术。但实施过程中也遇到了很多问题。由于复合驱过程中驱油体系各组分极性不同，特别是由于表面活性剂的吸附、脱附能力不同导致了注入流体在渗流过程中的吸附滞留以及色谱分离[16-21]。二元驱油体系中靠表面活性剂加合增效作用达到显著降低油水相界面张力的驱油体系，发生色谱分离后驱油效果变差，严重影响现场实施效果[22-25]。不同液固比条件下测定砾岩油砂/水界面吸附滞留规律，得出二元/三元表面活性剂、聚合物的吸附速率方程，为研究其在油藏条件下，驱油体系在不同介质上的静、动态吸附规律与色谱分离情况，为驱油配方设计及表面活性剂用量计算提供理论指导。

1. 取心井比表面测定

1) 氮吸附孔隙体积、喉道体积测定

总体来看表 4-1，T71721 井岩心的总孔体积最大，露头岩心次之，用于动态化学驱的成块岩心总孔体积最小。露头岩心的平均孔直径略大，动态化学驱岩心和 T71721 井下岩心的平均孔直径明显差别。

表 4-1　孔体积及孔径分布测试结果

样品编号	总孔体积 （mL/g）	平均孔直径 （nm）
动态 1	0.0188	34.39
动态 6	0.0219	21.10
动态 12	0.0213	41.69
动态 20	0.0226	23.08
动态 21	0.0177	28.01
动态 27	0.0127	26.17
1-16/17	0.0655	33.28
7-19/24	0.0386	29.14
露头 2	0.0177	77.48
露头 3	0.0470	33.99

2) 岩心比表面测定

比表面积是指单位质量物料所具有的总面积。矿物的表面特征是由其矿物结构决定的，包括比表面积、孔结构、表面能等各个方面的参数。黏土矿物是一种层状的水铝硅酸盐矿物，由硅氧四面体和铝氧八面体按 1∶1、2∶1、2∶1∶1 层型组成高岭石、蒙脱石、伊利石、绿泥石，或形成混层矿物，这种独特的晶体结构导致黏土矿物颗粒细小，比表面积巨大，吸附能力强。分析表 4-2 可知，试验区储层岩心比表面分布范围在 3～8m²/g 之间，比表面较大。该区较大的比表面将导致储层岩石对三元驱配方的吸附强烈，在研究三元复合驱配方时应考虑黏土矿物的吸附。

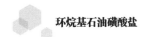

表 4-2 比表面测试结果

类别	岩性	孔隙度（%）	渗透率范围（mD）	沉积微相	胶结程度	黏土含量（%）	伊蒙混层（%）	伊利石（%）	高岭石（%）	绿泥石（%）	三元驱作用程度	取心位置	比表面（m²/g）
I	含砾中粗砂岩	17~23	>1000	扇中	疏松	5.9	5	12.5	75	10	很明显	岩心	7.252
												岩心	7.21
II	粗砂细砾岩	17~23	500~1000	扇中	疏松	6.9	4	12.5	74.5	9	明显	岩心	7.772
												岩心	7.83
												露头	2.20
												露头	2.00
												露头	2.50
III	砂基支撑砾岩	11~23	200~500	扇中	中等	2.3	0	8	82	10	较明显	岩心	5.291
												露头	4.20
												露头	1.90
IV	中细砂岩	15~20	100~200	扇中	中等	2.95	0	19	73.5	7.5	不明显	岩心	3.125
												岩心	4.738
												露头	3.90
V	砂砾泥混杂	<17	50~100	扇中	疏松	4.9	4	14.5	77	6.5	作用微弱	岩心	8.019
												岩心	4.639
VI	泥质粉细砂岩	<17	0~50	扇中	中等	8.3	83	8	7	2	没有作用	岩心	7.565
												露头	2.80
												露头	2.30

就试验区储层来讲，虽然岩心由不同的矿物组成，矿物也都具有不同的晶体结构，但是比表面可以作为一个衡量表面能大小的定量指标（表 4-3）。

表 4-3　矿物比表面

储层矿物组构	矿物名称	比表面（m²/g）		
		BET 多点法	BET 单点法	Langmuir 单分子吸附
岩石骨架矿物	石英砂	0.05	0.05	0.12
	钾长石	1.47	1.49	2.89
碳酸盐矿物	方解石	3.67	3.52	5.71
	白云石	0.84	0.82	1.67
黏土矿物	高岭石	15.26	14.96	23.98
	伊利石	0.62	0.59	1.06
	绿泥石	3.76	3.57	5.87
	蒙脱石	75.14	68.50	111.43

3）新疆砾岩储层比表面与东部其他油田对比分析

新疆砾岩储层岩心比表面最大，其次是吉林红岗油田、辽河锦州油田（表 4-4），比表面最小的是长庆马岭北油田。由此分析，新疆砾岩油藏黏土矿物含量高、胶结物和杂基含量高，颗粒细小，在三次采油时更容易造成驱油剂吸附量增大，储层伤害更加明显。

表 4-4　其他油田比表面测试结果

油田	比表面（m²/g）
吉林红岗	5.53
辽河锦州	1.28
长庆马岭北	0.91

4）砾岩储层比表面影响因素分析

矿物成分的微小差异可能导致矿物表面特征的较大差别，包括类质同象、离子交换以及表面吸附有机质的影响，其中表面能的变化尤其明显。钙基膨润土的比表面积要比钠基膨润土大一倍，孔体积也有相同表现，但是微孔的贡献却相反，钙基膨润土的微孔贡献的比表面积和孔体积均小于钠基膨润土，主要是由于 Ca^{2+}，Na^+ 离子对蒙脱石层间距的改造差异决定的。高岭石质煤矸石和纯的高岭石粉末也有所差异，前者的比表面积、孔体积和微孔贡献均小于后者，特别是微孔体积不及后者的 1/2，主要是由于煤矸石中化学吸附了大量有机质分子，这些分子占据了微孔空间，造成表面特征的较大差异。矿物材料的粒度对表面能也有较大影响，总体来说，表面能随粒度减小而增高。但对于层状硅酸盐而言，粒度对其表面能的影响是有限的，因为其表面的主体是微孔表面。一般认为颗粒的粒度越小，表面能越大，或者是比表面积越大，表面能越大。实际上，这均是以矿物种类相同且为球形颗粒为前提的。不同的矿物类型其表面能分布明显不同，表面能的高低并不总与比表面积的大小成正比，甚至不与孔大小、颗粒的比表面积成正比。例如。海泡石是试样中比表面积最大的矿物，但是其表面能却只有 40e/k，钠基膨润土也基本如此。相反，比表面积最小的钾长石却有着一系列大小不同的表面能数值，最高的达到 100e/k。这主要是由于矿物的结构不同引起的，链层硅酸盐的比表面积主要是由微孔贡献的，而这些表面均为完整的结构面，不存在或存在很少断键和缺陷暴露，因此缺乏较高的表面能，而钾长石为架状硅酸盐，其表面分布有大量断键，不同的断键其能量也不相同，从而形成一系列能量大小不同的表面（图 4-6）。

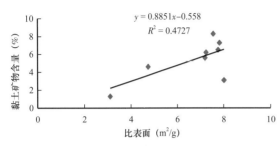

图 4-6　比表面与黏土矿物含量关系拟合

就试验区储层来讲，虽然岩心由不同的矿物组成，矿物也都具有不同的晶体结构，但是比表面可以作为一个衡量表面能大小的定量指标。

据表 4-3 测得的单矿物比表面数据，黏土矿物比表面远远大于岩石骨架矿物，黏土矿物对比表面的贡献占主要部分，这一现象解释了比表面随黏土矿物含量增加而增大这一客观现象。

由图 4-6 可知，试验区黏土矿物含量与岩心比表面呈正相关：

$$C = 0.8851\mu - 0.558，R^2 = 0.4727 \tag{4-1}$$

式中　C——黏土矿物含量，%；

　　　　μ——岩心比表面积，m^2/g。

随着岩心黏土矿物含量增加，比表面增大。在实际油田生产当中，取心后用 X 射线衍射法分析黏土矿物含量，带入到公式（4-1），计算出该区岩心比表面。

如图 4-7 所示，试验区表面功函数与比表面呈正相关。

$$w = 0.0585\mu + 4.7323，R^2 = 0.6227 \tag{4-2}$$

式中　w——岩心表面功，eV；

　　　　μ——岩心比表面积，m^2/g。

当比表面积增大时，岩心表面功增加，岩心吸附驱油剂的能力增强。

如图 4-8 所示，试验区 Zeta 电位绝对值与比表面呈正相关：

$$p = -2.4661\mu - 5.6122，R^2 = 0.569 \tag{4-3}$$

式中　p——岩心表面功，mV；

　　　　μ——岩心比表面积，m^2/g。

比表面积增大时，矿物晶体端面暴露增多，矿物表面所带电荷增大，当大于 30mV 时，系统不再稳定，发生内部凝聚现象。试验区 Zeta 电位分布范围为 -10～-30mV，地下储层中黏土矿物胶体系统稳定。试验区 Zeta 电位绝对值在 30mV 范围之内，胶体带有很多的正电荷或负电荷，在没有外来流体侵入的情况下，胶体颗粒间斥力大，非常稳定，

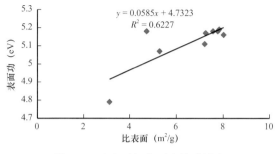

图 4-7 比表面与表面功关系拟合

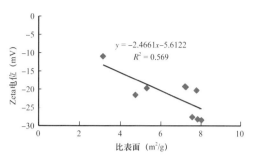

图 4-8 比表面与 Zeta 电位关系拟合

但是当有带电性的外来流体（如表面活性剂、聚合物）入侵时，Zeta 电位越大呈现对外来流体越强的吸附性。

2. 复合驱过程中岩心静态吸附测定

吸附前复合体系界面张力如图 4-9 所示，在二元 / 三元体系中，表面活性剂质量浓度为 0.3% 时，驱油体系展现出了很好的降低油水界面张力性能，在 120min 范围内平衡界面张力 IFT_{120min} 均达到超低界面张力（10^{-3}mN/m）的技术指标要求，满足配方体系设计要求，见表 4-5。

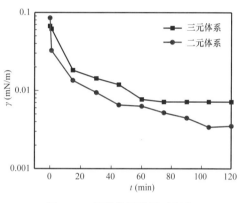

图 4-9 吸附前原始界面张力

未经吸附的复合体系含量如表 4-5 所示：三元体系设计配方为：0.3%S+0.15%HPAM+1.2%A，二元体系配方设计为：0.3%S+0.1%HPAM，测定结果实际检测结果相差不大。

表 4-5 原液化学剂含量测定

原液：三元 0.3%KPS+0.15%HJ2500 万 +1.2% 碳酸钠（清水） 二元 0.2%KPS202+0.1%HJ1000 万（A 区水）			
原液	碱浓度（mg/L）	表面活性剂浓度（mg/L）	聚合物浓度（mg/L）
三元	12410	3012.935	1577.698
二元	—	2113.743	1008.026

1）不同吸附次数界面性能变化规律

不同吸附次数对界面性能影响如图 4-10 所示，按照液固比分别为 9∶1、7∶3、5∶5 准确称取二元 / 三元体系和岩心砂，在 40℃下恒温摇床中震荡吸附 48h，取上层清液体，测定界面张力，结果表明：不同配比条件下，二元体系 / 二元体系经过岩心砂四次吸附后界面张力基本未发生改变，平衡界面张力 IFT_{120min} 均达到超低界面张力 10^{-3}mN/m 的指标要求。吸附两次界面张力变化趋势变化不大，吸附三次后液固比为 9∶1 的三元体系表现出界面张力继续降低，说明随着吸附进行，由于碱的吸附速率大于表面活性剂和聚合物，随着碱浓度逐渐被消耗，驱油体系配方存在最佳碱浓度范围，在这一范围内驱油体系表现出较低的界面张力性能；继续增加固含量三元体系的平衡界面张力 IFT_{120min} 并未表现出与液固比为9:1相同的特征，而是随着固含量增大 IFT_{120min} 逐渐升高，说明驱油体系中随着固含量增加，表面活性剂吸附损耗增大，维持超低界面张力的浓度逐渐减少。岩心组成见表4-6。

表4-6 天然岩心砂粒径分布

粒径级别（mm）	大于1.5	1.25~1.5	1.0~1.25	0.45~1.0	0.25~0.45	小于0.25
组成比例（%）	44.01	5.42	4.42	23.27	11.01	11.86

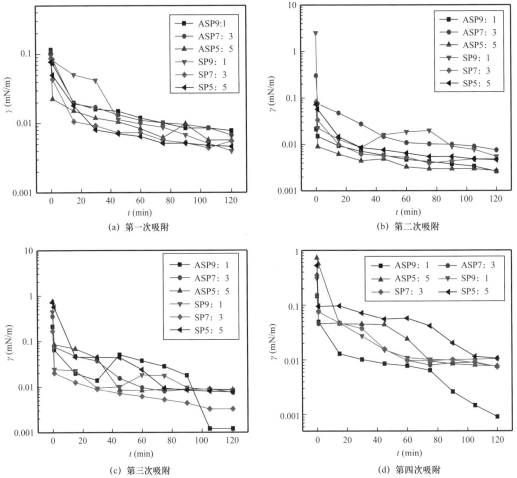

图4-10 不同吸附次数对界面性能影响

2）不同吸附次数化学剂含量变化规律

不同吸附次数对化学剂影响见表4-7，按照液固比分别为9:1、7:3、5:5准确称

表 4-7 不同吸附次数后化学剂含量测定

液固比	第一次吸附			第二次吸附			第三次吸附			第四次吸附		
	S (mg/L)	P (mg/L)	A (mg/L)	S (mg/L)	P (mg/L)	A (mg/L)	S (mg/L)	P (mg/L)	A (mg/L)	S (mg/L)	P (mg/L)	A (mg/L)
三元 9 : 1	2851.578	1563.066	11919.88	2642.72	1542.12	10221.45	2566.47	1448.56	9475.64	2346.77	1245.78	8879.15
三元 7 : 3	2428.903	1388.153	11222.152	2204.912	1345.234	9802.266	1697.14	1156.21	8755.23	1435.22	987.46	7979.46
三元 5 : 5	2236.515	1423.842	11152.928	2044.456	1397.277	9540.144	1235.21	1002.89	7980.66	894.45	844.95	6912.3
二元 9 : 1	2109.153	1006.491	—	1911.553	977.369	—	1755.43	877.64	—	1579.4	789.6	—
二元 7 : 3	1743.842	530.821	—	1565.478	870.9781	—	1123.45	654.23	—	908.5	576.4	—
二元 5 : 5	1512.194	879.921	—	1379.642	825.665	—	802.45	621.02	—	614.78	503.46	—

取二元/三元体系和岩心砂，在40℃下恒温摇床中震荡吸附48h，取上层清液体，测定各化学剂含量，结果表明：不同配比条件下，二元体系/三元体系经过岩心砂四次吸附后各化学剂含量均随着吸附次数增加而减少，随着岩心砂含量增加各化学剂含量逐渐降低，整体上碱的吸附损耗最大，吸附四次后含量损失一半左右，如图4-11所示。

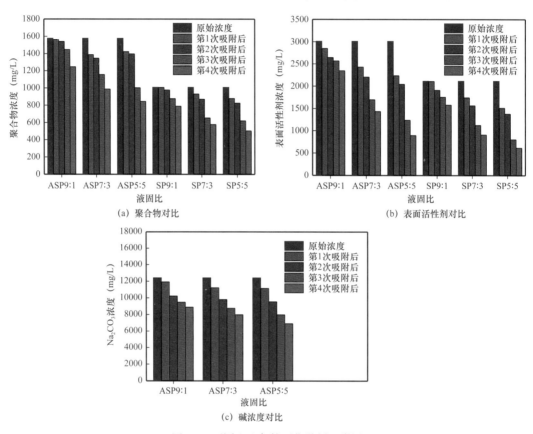

图4-11 不同配比条件下化学剂吸附量

对不同配比条件下的二元体系和三元体系各组分的吸附量作曲线可以看出同一配比条件下吸附量随着吸附次数增加而增大，呈现出线性关系，对曲线进行拟合可以得出同一配比条件下的吸附拟合方程见表4-8，该标准曲线的斜率即为各化学剂的吸附损耗速率（表4-9）。

不同配比条件下的吸附损耗速率如图4-12所示，二元体系/三元体系中各化学剂的吸附损耗满足线性吸附，随着砾岩岩心砂含量增加而增大，三元体系碱的吸附速率＞三元体系表面活性剂吸附速率＞二元体系表面活性剂吸附速率＞三元体系聚合物吸附速率≈二元体系聚合物吸附速率，吸附速率实验结果表明：三元体系中碱的吸附速率最大，是三元体系表面活性剂的2倍，三元体系聚合物浓度吸附速率与二元体系聚合物吸附速率略大，这与碱存在时聚合物的水解度变化有关；二元体系表面活性剂的吸附速率低于三元体系表面活性剂，三元体系中碱吸附损失速率最快、吸附量最大，利用碱的吸附特性复配体系中增大碱的含量可以有效降低表面活性剂和聚合物的吸附损耗，在设计三元配方

表 4-8　化学剂吸附拟合速率方程

	聚合物	表面活性剂	碱
液固比	吸附速率拟合方程	吸附速率拟合方程	吸附速率拟合方程
三元 9∶1	$y=1631.11-77.834x$　$r^2=0.7288$	$y=3007.58-161.74x$　$r^2=0.98036$	$y=12482.41-950.59x$　$r^2=0.9504$
三元 7∶3	$y=1574.03-141.44x$　$r^2=0.9649$	$y=2933.26-388.72x$　$r^2=0.974$	$y=12299.42-1132.80x$　$r^2=0.9861$
三元 5∶5	$y=1627.82-189.04x$　$r^2=0.9019$	$y=2932.37-523.83x$　$r^2=0.962$	$y=12432.74-1416.77x$　$r^2=0.9944$
二元 9∶1	$y=110.37-75.04x$　$r^2=0.9384$	$y=2275.23-174.53x$　$r^2=0.9997$	—
二元 7∶3	$y=1036.06-113.98x$　$r^2=0.9372$	$y=2097.18-303.08x$　$r^2=0.9813$	—
二元 5∶5	$y=1021.22-126.8x$　$r^2=0.9656$	$y=2026.09-370.77x$　$r^2=0.9489$	—

表 4-9　拟合后化学剂吸附损耗速率

液固比	三元表面活性剂吸附速率	二元表面活性剂吸附速率	三元聚合物吸附速率	二元聚合物吸附速率	三元碱吸附速率
9∶1	−161.74	−174.53	−77.83	−75.04	−950.59
7∶3	−388.72	−303.08	−141.44	−113.98	−1132.8
5∶5	−523.83	−370.77	−189.04	−126.8	−1416.77

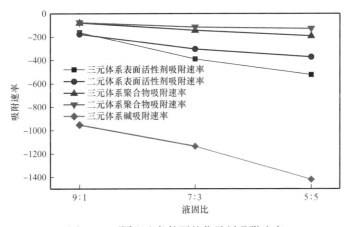

图 4-12 不同配比条件下的化学剂吸附速率

时，碱浓度一定要大于表面活性剂浓度的 2 倍以上。与二元体系相比三元体系中表面活性剂的吸附速率比二元体系的吸附速率略大，其主要原因是碱的加入，增加了离子强度而导致表面活性剂的吸附量增加，随着油砂含量增加二元体系和三元体系的吸附速率差异越大。

另外，二元体系与三元体系表面活性剂的表面活性剂效能不同，三元体系依靠碱的作用驱油体系达到超低界面张力的能力没有二元驱油用表面活性剂的效能大，二元体系在表面活性剂界面的效能更高，达到超低界面张力难度更大。该实验结果对设计三元体系时具有重要作用，在设计三元体系时，应充分考虑碱在油藏中的吸附损耗，此部分碱不参与驱油体系降低界面张力作用，即在表面活性剂浓度为 0.3% 时，175m 井距，注入 0.5PV 三元体系时，碱在地下吸附损耗接近 0.6%，也就是说设计三元体系时碱的最低浓度也不应该低于 0.6%，为了使驱油体系充分发挥作用，按照吸附损耗速率满足线性关系，为了保证化学剂有效利用，建议按照"梯次降低碱浓度"的方法设计段塞，即三元段塞时前期注入一个高碱浓度的三元体系，后期注入低碱浓度的段塞，可以更有效发挥驱油体系作用。

3. 利用石英晶体微天平技术定量表征表面活性剂 / 聚合物二元体系吸附行为

1）水质对吸附耗散影响

污水在二氧化硅芯片上的吸附耗散曲线如图 4-13 所示。对比通入蒸馏水和 81# 污水后的频率的改变值 f 和耗散因子 D 发现，通入 81# 污水的 f 在 10Hz 范围内波动，而 D 在 5×10^{-6} 范围内波动，81# 污水中的可溶有机物在二氧化硅芯片表面发生了吸附作用，其中金属阳离子的静电作用以及其他可溶性有机杂质等在晶体芯片表面吸附作用，使得污水比去离子水形成膜的厚度更大，在石英晶体表面吸附量更大。

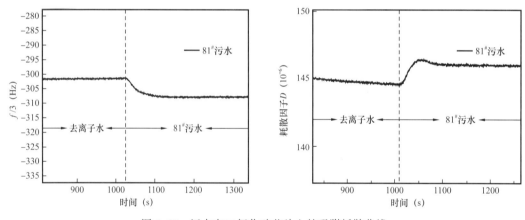

图 4-13　污水在二氧化硅芯片上的吸附耗散曲线

2）表面活性剂对吸附耗散影响

（1）表面活性剂吸附耗散曲线。

0.3% 表面活性剂溶液在二氧化硅芯片上的吸附耗散曲线如图 4-14 所示。与水相比，0.3% 表面活性剂溶液在二氧化硅芯片上的吸附变化更加明显。表面活性剂的吸附可以分为三个阶段：第 I 阶段，f 快速减小，D 快速增加，表面活性剂快速吸附在二氧化硅芯片表面；第 II 阶段，f 快速增加，D 快速减小；第 III 阶段，f 缓慢增加，D 缓慢减小，表面活性剂的吸附渐渐地达到平衡。第一阶段吸附的表面活性剂会阻碍后续表面活性剂的吸附，且在有流速的液体剪切下，受到一定剪切力的表面活性剂分子容易脱附。另外，石油磺酸盐并非单一纯物质而是具有一定碳数分布的同系物，分子间的结构差异较大，在芯片表面排列不具有规律性，造成部分表面活性剂的吸附性能差异较大。

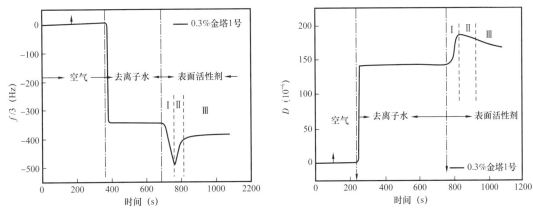

图 4-14 0.3% 表面活性剂溶液在二氧化硅芯片上的吸附耗散曲线

（2）表面活性剂浓度对吸附耗散的影响。

不同浓度的表面活性剂溶液在二氧化硅芯片上的吸附耗散曲线如图 4-15 所示，剪切模量和膜的厚度见表 4-10。

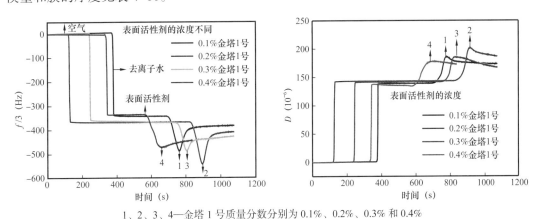

1、2、3、4—金塔 1 号质量分数分别为 0.1%、0.2%、0.3% 和 0.4%

图 4-15 不同浓度的表面活性剂溶液在二氧化硅芯片上的吸附耗散曲线

表 4-10 不同浓度表面活性剂在二氧化硅芯片上膜的厚度

表面活性剂质量分数（%）	膜的厚度（nm）
0.1	8.5×10^{-7}
0.2	6.4×10^{-6}
0.3	5.7×10^{-7}
0.4	8.7×10^{-7}

随着表面活性剂浓度的增大，表面活性剂溶液在石英晶体表面吸附的 D 值先增大后降低，吸附曲线的第 II 阶段变得平缓，剪切模量和膜的厚度先增大后减小，在表面活性剂质量分数为 0.2% 时存在最大值。低浓度的表面活性剂分子在石英晶体芯片表面快

速吸附，但是由于表面活性剂并不是单纯物而是由系列同系物构成的混合物，其在界面吸附效能不同，一些吸附效能低的分子逐渐被吸附效能高的分子取代，吸附曲线呈尖峰型。但随着表面活性剂浓度增大，尖峰型吸附曲线逐渐消失，这主要是因为高浓度时吸附效能高的分子可以快速在界面上吸附完全，吸附效能低的表面活性剂分子无法插入到界面。

3）聚合物的固液界面吸附耗散影响

（1）聚合物的固体吸附耗散曲线。

浓度为1500mg/L的聚合物溶液在二氧化硅芯片上的吸附耗散曲线如图4-16所示。聚合物溶液在二氧化硅芯片表面的吸附耗散曲线可以分为两个阶段：第Ⅰ阶段，D快速上升，f快速下降，聚合物快速吸附；第Ⅱ阶段，D缓慢下降，f缓慢下降，聚合物在二氧化硅表面的吸附渐渐地达到平衡，剪切模量为102536.2Pa，膜的厚度为7.5×10^{-6}nm。聚合物在溶液中是相互缠绕的，分子间作用力强。宏观上聚合物溶液的黏度越大，聚合物间的相互作用越强，流体对膜的剪切力也越大，因此聚合物也越容易发生脱附。

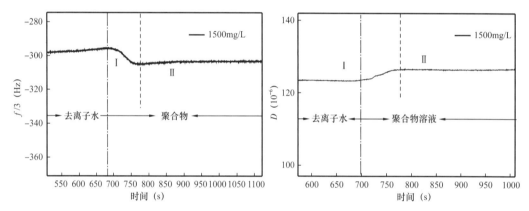

图4-16 聚合物在二氧化硅芯片上的吸附耗散曲线

（2）聚合物浓度对吸附耗散的影响。

不同质量分数的金塔1号表面活性剂溶液与原油的界面张力见表4-11。表面活性剂质量分数在0.2%~0.3%范围内，界面张力可达到超低数量级。因此，固定表面活性剂质量分数为0.3%，改变聚合物浓度进行以下实验。先分别通入300mg/L、500mg/L、1000mg/L、1500mg/L、2000mg/L聚合物溶液，然后通入质量分数0.3%的表面活性剂溶液，聚合物和表面活性剂在二氧化硅芯片上的吸附耗散曲线如图4-17所示，聚合物和表面活性剂在二氧化硅芯片上膜的厚度和剪切模量见表4-12。不同聚合物浓度下表面活性剂分子分散在聚合物缠绕的网状结构中。聚合物溶液较高时，表面活性剂的吸附作用被聚合物的吸附作用掩盖，体系的吸附曲线和单独聚合物溶液的吸附曲线很类似。

首先将聚合物溶液通入石英晶体微量天平，再通过0.3%表面活性剂溶液时，表面活性剂分子会扩散和吸附到聚合物膜上，随着聚合物质量浓度的增加，聚合物膜上吸附的表面活性剂增多，表面活性剂的脱附速率减小，当聚合物浓度高于1500mg/L时，吸附耗散曲线中的第Ⅱ阶段（f快速增加，D快速减小）消失。与单独的表面活性剂吸附耗散曲

表 4-11　不同质量分数的金塔 1 号溶液与原油间的界面张力

表面活性剂质量分数（%）	界面张力（mN/m）
0.1	0.02175
0.2	0.00336
0.3	0.00425
0.4	0.00736

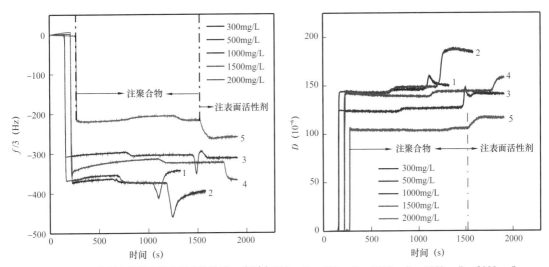

1，2，3，4，5 分别为曲线参数为聚合物浓度，分别为 300mg/L、500mg/L、1000mg/L、1500mg/L、2000mg/L；
表面活性剂质量分数为 0.3%

图 4-17　聚合物和表面活性剂在二氧化硅芯片上的吸附耗散曲线

表 4-12　聚合物和表面活性剂二氧化硅芯片上膜的厚度

聚合物浓度（mg/L）	膜的厚度（nm）
300	4.9×10^{-5}
500	3.4×10^{-5}
1000	5.1×10^{-5}
1500	9.3×10^{-5}
2000	7.8×10^{-4}

线相比，前置高浓度聚合物段塞可减少表面活性剂在固液界面的吸附膜质量，降低表面活性剂的吸附损耗。

（3）表面活性剂 / 聚合物（SP）二元复合体系的吸附耗散影响。

配方为 1500mg/L 聚合物 +0.3% 表面活性剂的 SP 二元复合体系，在 40℃下的吸附耗散曲线如图 4-18 所示。SP 二元复合体系的吸附耗散曲线和单独聚合物溶液的相似。对比通入表面活性剂体系的吸附耗散曲线可以发现，SP 二元复合体系吸附平衡时的 D 值更大，膜的厚度为 1.6×10^{-6} nm，说明表面活性剂和聚合物协同作用增大了固液表面吸附膜厚度。表面活性剂以胶束的形态分散在聚合物相互缠绕的网中，使得表面活性剂无法以游散状态脱离，即 SP 二元复合体系中聚合物在固体表面的吸附滞留量大于表面活性剂的吸附滞留，聚合物的固/液吸附影响大于表面活性剂的影响，此时主要表现为聚合物吸附曲线的特性。先通入聚合物后通入表面活性剂体系，由于聚合物黏度较大，吸附滞留能力强，表面活性剂很难在芯片吸附，膜的厚度比 SP 二元复合体系的大，很难表现出表面活性剂吸附滞留作用，因此，在段塞设计时先注入高浓度聚合物段塞有利于降低表面活性剂吸附损耗。

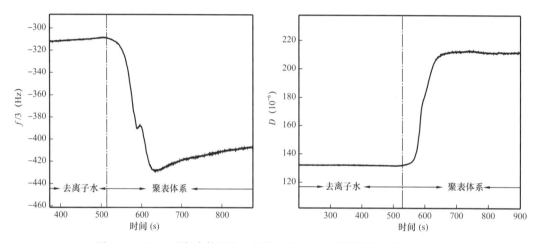

图 4-18　SP 二元复合体系在二氧化硅芯片上的吸附耗散曲线（40℃）

（4）温度对 SP 二元体系的吸附耗散的影响。

不同温度下，SP 二元复合体系的吸附耗散曲线如图 4-19 所示，SP 二元复合体系在二氧化硅芯片上膜的厚度和剪切模量见表 4-13。

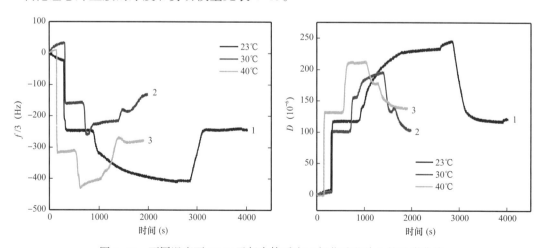

图 4-19　不同温度下 SP 二元复合体系在二氧化硅芯片上的吸附曲线

表 4-13　不同温度下 SP 二元复合体系在在二氧化硅芯片上膜的厚度

温度（℃）	膜的厚度（nm）
23	1.60×10^{-6}
30	8.4×10^{-7}
40	6.5×10^{-7}

随着温度的升高，表面活性剂和聚合物分子热运动增加，宏观上表现为 D、f 随测试时间波动较大，聚合物和表面活性剂分子在固液界面吸附、脱附作用更加明显。随着温度升高，剪切模量越小，膜的厚度减小。这是因为温度升高，体系的运动速率增快，体系的黏度减小，流体和聚合物之间的分子间作用力减小。

四、小结

（1）切割组分进行界面张力测试，发现组分 10 具有最优界面活性，可将油水界面张力将至超低（$<10^{-3}$mN/m），由此可确定该组分具有最优界面活性，是环烷基石油磺酸盐样品中的活性组分。

（2）不同配比条件下，二元体系 / 三元体系经过岩心砂四次吸附后界面张力基本未发生改变，平衡界面张力 IFT_{120min} 均达到超低界面张力（10^{-3}mN/m）的指标要求；二元体系 / 三元体系经过岩心砂四次吸附后各化学剂含量均随着吸附次数增加而减少，随着岩心砂含量增加各化学剂含量逐渐降低，整体上碱的吸附损耗最大，吸附四次后含量损失一半左右；各化学剂的吸附损耗满足线性吸附，随着砾岩岩心砂含量增加而增大：三元体系碱的吸附速率＞三元体系表面活性剂吸附速率＞二元体系表面活性剂吸附速率＞三元体系聚合物吸附速率≈二元体系聚合物吸附速率。

（3）利用石英晶体微天平技术可从分子吸附角度定量表征聚合物和表面活性剂在二氧化硅芯片表面的吸附滞留量，从而明确两者在固体表面吸附滞留影响。随着表面活性剂浓度的增大，石英晶体表面 D 值先增大后降低，存在一个尖峰型吸附向平缓吸附的过渡；与单独的表面活性剂溶液相比，先通入聚合物后通入表面活性剂时，f 迅速增大，D 快速减小的第Ⅱ阶段吸附消失。在前置使用一个高浓度聚合物段塞时可以减少表面活性剂在固液界面的吸附膜厚度，降低表面活性剂的吸附损耗。该研究结果可为 SP 二元复合驱段塞设计提供参考。本文结论仅仅局限于二氧化硅芯片的吸附结果，还需要做单矿物芯片表面的吸附滞留量的实验结果。

第二节　磺酸盐纯化合物油水界面活性研究

石油磺酸盐是由不同结构的烷基芳基磺酸盐组成的复杂混合物，如烷基苯磺酸盐、烷基萘磺酸盐、烷基茚满磺酸盐等，难以分离出单一的纯化合物[27, 28]，这给石油磺酸盐

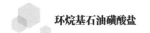

界面活性规律的研究造成了困难。前期对组分的结构分析结果表明，其显著特征与烷基芳基磺酸盐结构类似，因此有必要通过合成模型化合物来研究环烷基石油磺酸盐结构与性能之间关系，为环烷基石油磺酸盐应用提供理论指导。

一、磺酸盐纯化合物的合成

关于合成烷基芳基磺酸盐纯化合物的报道较多，如直链烷基苯磺酸盐[29]、支链烷基苯磺酸盐[30-35]、双尾烷基苯磺酸盐[36]、三尾烷基苯磺酸盐[37,38]、烷基萘磺酸钠盐[39,40]等。然而，就烷基芳基磺酸盐纯化合物的合成过程而言，步骤都比较烦琐，合成也比较困难，因此，大部分研究工作都只是局限于合成某一类型的烷基芳基磺酸盐纯化合物并考察该类型磺酸盐的界面活性。

1. 双尾烷基苯磺酸盐的合成

将 0.6mol 镁粉与 100mL 无水乙醚（已干燥）加入三口烧瓶中；再将 0.4mol 的溴代烷与 100mL 无水乙醚混合均匀，加入恒压滴液漏斗中；逐滴滴加至烧瓶中，电磁搅拌，保持乙醚微沸；滴完后，反应物持续搅拌 1h，结束反应。分别得到正丁基溴化镁、正戊基溴化镁、正己基溴化镁、正庚基溴化镁、正辛基溴化镁、正壬基溴化镁。

邻二氯苯与格氏试剂在催化剂作用下通过交叉耦合反应[41,42]，制备双尾烷基苯。反应式如下：

$$\text{邻二氯苯} + 2R\text{—Mg—Br} \longrightarrow \text{双尾烷基苯}$$

将 0.20mol 邻二氯苯、0.30g 的 $NiCl_2$（dppp）和 150mL 无水乙醚加入三口烧瓶中；将制备的格氏试剂通过恒压滴液漏斗逐滴加入三口烧瓶中，电磁搅拌，保持乙醚微沸，滴完后持续搅拌 24h；反应产物用稀盐酸水解，直至水层澄清；将水层和有机层分开，水层用乙醚萃取 3 次；将有机层与乙醚层合并，用蒸馏水洗涤 3 次，无水 $CaCl_2$ 干燥；过滤去除 $CaCl_2$，旋蒸去除乙醚，再减压蒸馏得双尾烷基苯。分别得到邻二丁基苯、邻二戊基苯、邻二己基苯、邻二庚基苯、邻二辛基苯、邻二壬基苯。

双尾烷基苯经磺化、中和即可得到烷基苯磺酸钠。反应式如下：

$$\xrightarrow{\text{发烟硫酸}} \xrightarrow{\text{氢氧化钠}}$$

将 10g 双尾烷基苯加入三口烧瓶中，滴加发烟硫酸 15mL，电磁搅拌，冰水浴，控制温度不超过 5℃，滴完后在室温下搅拌 2h；再用氢氧化钠水溶液中和至 pH=7，得双尾烷基苯磺酸钠粗品；无水乙醇与水混合溶剂（体积比为 1:1）进行重结晶，得白色双尾烷基苯磺酸钠纯品。分别为 3,4-二丁基苯磺酸钠，3,4-二戊基苯磺酸钠，3,4-二己基苯磺酸钠，3,4-二庚基苯磺酸钠，3,4-二辛基苯磺酸钠，3,4-二壬基苯磺酸钠。结构式如图 4-20 所示。

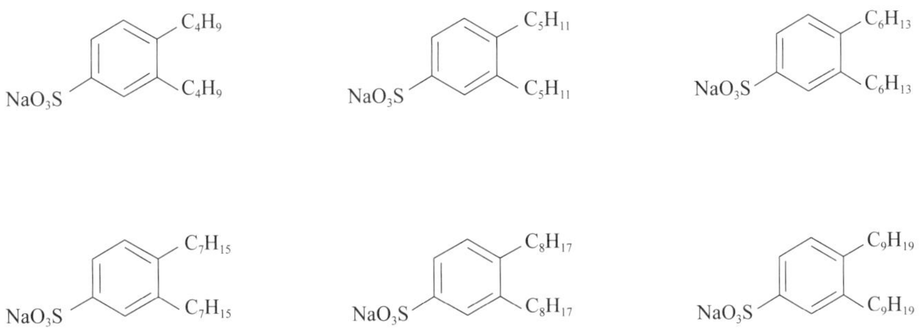

图 4-20　双尾烷基苯磺酸盐的结构式

2. 支链烷基苯磺酸盐的合成

脂肪酰氯通常是由脂肪酸与二氯亚砜（SOCl₂）反应来制备，考虑到使用 SOCl₂ 的副产物都是气体，可以从反应体系中逸出，而且 SOCl₂ 的沸点要低于脂肪酰氯，比较容易分离、提纯，所以选用 SOCl₂ 作为反应物。反应方程式如下：

$$R-\overset{O}{\underset{\|}{C}}-OH + SOCl_2 \longrightarrow R-\overset{O}{\underset{\|}{C}}-Cl + SO_2 + HCl$$

量取脂肪酸 0.5mol，倒入 250mL 的三口烧瓶，恒压滴液漏斗滴加 1.5mol SOCl₂，搅拌，加热回流 3h，完成反应。常压蒸出过量的 SOCl₂，减压蒸馏收集酰氯，为无色透明液体。结构式如下：

$$C_7H_{15}-\overset{O}{\underset{\|}{C}}-Cl \quad C_9H_{19}-\overset{O}{\underset{\|}{C}}-Cl \quad C_{11}H_{23}-\overset{O}{\underset{\|}{C}}-Cl$$

傅克酰基化反应是制备烷基苯酮的重要方法。苯在 Lewis 酸 AlCl₃ 的催化作用下与脂肪酰氯反应可制得烷基苯酮，反应式如下：

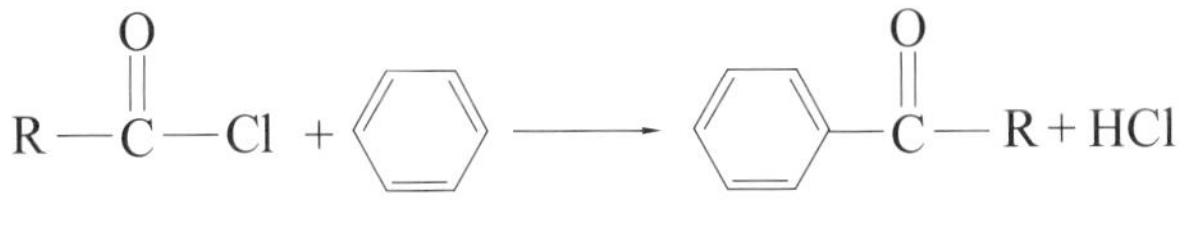

$$R-\overset{O}{\underset{\|}{C}}-Cl + \underset{\bigcirc}{} \longrightarrow \underset{\bigcirc}{}\overset{O}{\underset{\|}{C}}-R + HCl$$

量取 0.3mol 苯装于三口瓶中，加入 0.15mol 无水三氯化铝，搅拌。恒压滴液漏斗加入酰氯 0.1mol，冰水浴。待无氯化氢气体冒出时，升温至苯回流，回流 12h。冷却至室温，将反应产物倒入烧杯。在搅拌下慢慢倒入冰—盐酸，充分搅拌，倒入分液漏斗中，静止分层。上层有机相为浅棕色，下层为无色水相，分去下层液，用水多次洗涤有机相至中性。常压下蒸馏除去苯和残留的水，减压蒸馏收集淡黄色的烷基苯酮，分别获得辛基苯酮、癸基苯酮、十二烷基苯酮。结构式如下：

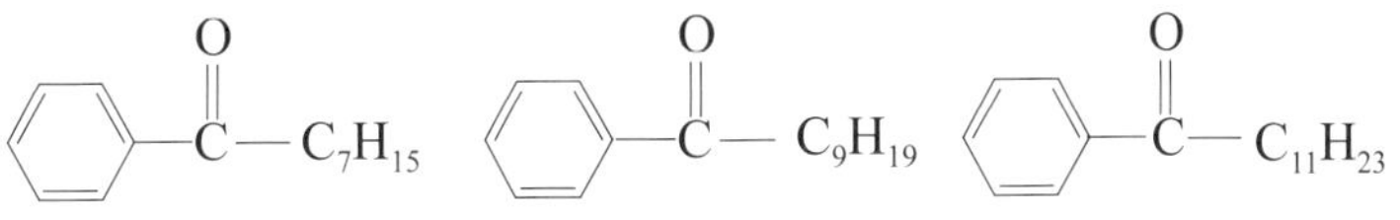

$$\underset{\bigcirc}{}\overset{O}{\underset{\|}{C}}-C_7H_{15} \quad \underset{\bigcirc}{}\overset{O}{\underset{\|}{C}}-C_9H_{19} \quad \underset{\bigcirc}{}\overset{O}{\underset{\|}{C}}-C_{11}H_{23}$$

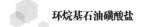

溴代烷与镁粉反应生成格氏试剂。

$$R'—Br + Mg \longrightarrow R'—Mg—Br$$

　　将 0.2mol 镁粉与 50mL 无水乙醚（已干燥）加入三口烧瓶中；再将 0.3mol 的溴代烷与 50mL 无水乙醚混合均匀，加入恒压滴液漏斗中；逐滴滴加至烧瓶中，电磁搅拌，保持乙醚微沸；滴完后，反应物持续搅拌 1h，结束反应，分别得到正乙基溴化镁、正丁基溴化镁、正己基溴化镁、正癸基溴化镁。

　　将格氏试剂与烷基苯酮反应制备烷基苯基叔醇。反应式如下：

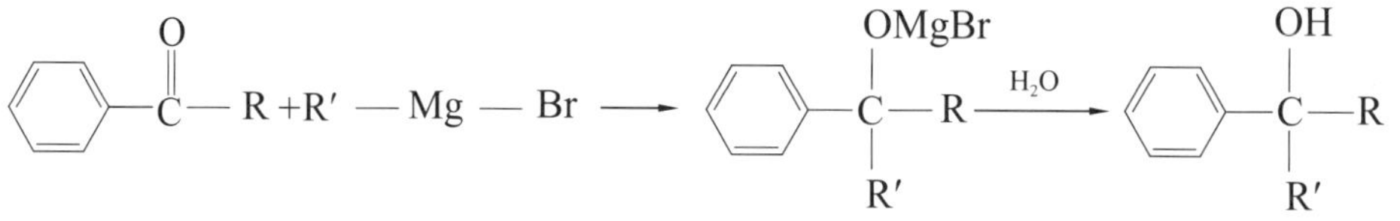

　　将 0.1mol 苯酮加入三口瓶中，并加入适量的乙醚，开动搅拌。冰水浴，缓慢滴加格氏试剂 0.15mol，滴加完毕后，微热反应 1h。冷却后，将反应产物缓慢加入盛有浓盐酸—冰水的烧杯中，开动搅拌，直至上层液变得较为清晰为止。分去下层水溶液，水洗上层有机液至中性，干燥，减压蒸馏得烷基芳基叔醇。结构式如下：

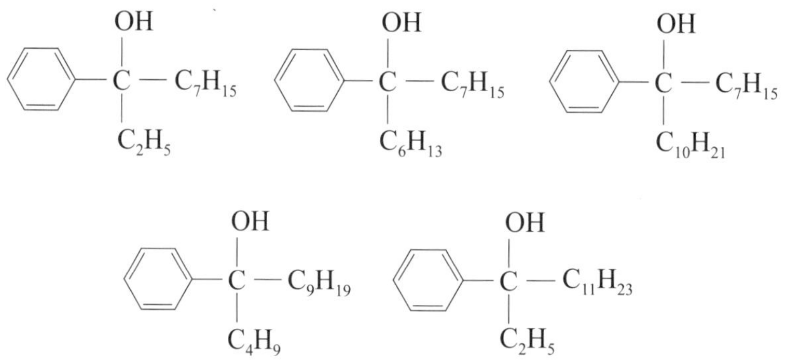

　　通过 Pd/C 催化剂将烷基芳基叔醇的羟基还原为氢，制备支链烷基苯。

　　将 20g 叔醇、50mL 冰醋酸和 0.6g Pd/C 催化剂装入高压反应釜，通入 H_2 置换出空气，密封后，升高温度并通入 H_2 至 1MPa，开动磁力搅拌进行反应。H_2 压力每降低 0.2MPa，再次加压至 1MPa，反应至压力恒定时（30min 压力无明显变化），还原反应完成。反应结束后开釜取出物料，滤出催化剂，静止分层并水洗上层有机相至中性，无水 $CaCl_2$ 干燥，减压蒸馏得支链烷基苯。

　　支链烷基苯经磺化、中和即可得到烷基苯磺酸钠。反应式如下：

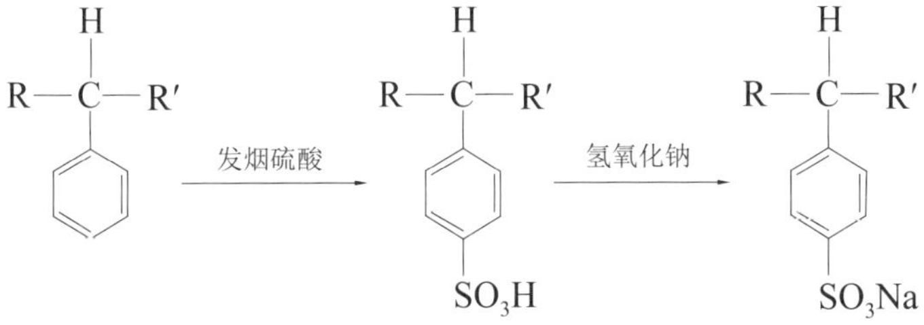

将 10g 支链烷基苯加入三口烧瓶中，滴加发烟硫酸 15mL，电磁搅拌，冰水浴，控制温度不超过 5℃，滴完后室温搅拌 2h；再用氢氧化钠水溶液中和至 pH=7，得支链烷基苯磺酸钠粗品；无水乙醇与水混合溶剂（体积比为 1∶1）进行重结晶，得白色支链烷基苯磺酸钠纯品。分别为 4–（3′– 十烷基）苯磺酸钠，4–（7′– 十四烷基）苯磺酸钠，4–（8′– 十八烷基）苯磺酸钠，4–（3′– 十四烷基）苯磺酸钠，4–（5′– 十四烷基）苯磺酸钠。结构式如图 4–21 所示。

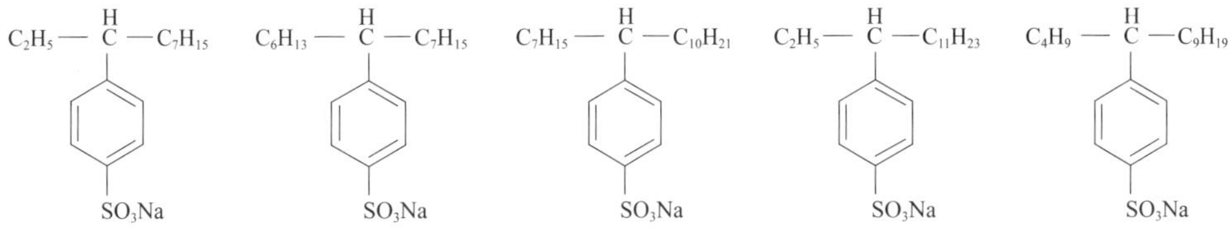

图 4–21　支链烷基苯磺酸盐的结构式

3. 直链烷基苯磺酸盐的合成

以正构脂肪酸为起始原料，与二氯亚砜反应首先生成脂肪酰氯，然后再与苯反应生成烷基苯酮，最后通过黄鸣龙还原反应生成直链烷基苯，并进一步磺化、中和、提纯，得到直链烷基苯磺酸钠。

脂肪酰氯通常是由脂肪酸与二氯亚砜（$SOCl_2$）反应来制备，考虑到使用 $SOCl_2$ 的副产物都是气体，可以从反应体系中逸出，而且 $SOCl_2$ 的沸点要低于脂肪酰氯，比较容易分离、提纯，所以选用 $SOCl_2$ 作为反应物。反应方程式如下：

$$R—\overset{\overset{\displaystyle O}{\|}}{C}—OH + SOCl_2 \longrightarrow R—\overset{\overset{\displaystyle O}{\|}}{C}—Cl + SO_2+HCl$$

量取脂肪酸 0.5mol，倒入 250mL 的三口烧瓶，恒压滴液漏斗滴加 1.5mol $SOCl_2$，搅拌，加热回流 3h，完成反应。常压蒸出过量的 $SOCl_2$，减压蒸馏收集酰氯，为无色透明液体。结构式如下：

$$C_9H_{19}—\overset{\overset{\displaystyle O}{\|}}{C}—Cl \quad C_{11}H_{23}—\overset{\overset{\displaystyle O}{\|}}{C}—Cl \quad C_{13}H_{27}—\overset{\overset{\displaystyle O}{\|}}{C}—Cl \quad C_{15}H_{31}—\overset{\overset{\displaystyle O}{\|}}{C}—Cl$$

F–C 酰基化反应是制备烷基苯酮的重要方法。苯在 Lewis 酸 $AlCl_3$ 的催化作用下与脂肪酰氯反应可制得烷基苯酮。反应式如下：

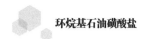
$$R{-}\overset{\overset{\displaystyle O}{\|}}{C}{-}Cl + \bigcirc \longrightarrow \bigcirc{-}\overset{\overset{\displaystyle O}{\|}}{C}{-}R + HCl$$

　　量取 0.3mol 苯装于三口瓶中，加入 0.15mol 无水三氯化铝，搅拌。恒压滴液漏斗加入酰氯 0.1mol，冰水浴。待无氯化氢气体冒出时，升温至苯回流，回流 12h。冷却至室温，将反应产物倒入烧杯。在搅拌下，慢慢倒入冰—盐酸，充分搅拌，倒入分液漏斗中，静止分层。上层有机相为浅棕色，下层为无色水相，分去下层液，用水多次洗涤有机相至中性。常压下蒸馏除去苯和残留的水，减压蒸馏收集淡黄色的烷基苯酮，分别获得辛基苯酮、癸基苯酮、十二烷基苯酮。结构式如下：

$$\bigcirc{-}\overset{\overset{\displaystyle O}{\|}}{C}{-}C_9H_{19} \qquad \bigcirc{-}\overset{\overset{\displaystyle O}{\|}}{C}{-}C_{11}H_{23} \qquad \bigcirc{-}\overset{\overset{\displaystyle O}{\|}}{C}{-}C_{13}H_{27} \qquad \bigcirc{-}\overset{\overset{\displaystyle O}{\|}}{C}{-}C_{15}H_{31}$$

　　黄鸣龙还原法是将羰基还原为次甲基的一种好方法，还原酮一般选用此法。该方法是将酮与水合肼在高沸点溶剂如一缩二乙二醇中回流，羰基与肼进行亲核加成反应生成腙，然后在碱性加热条件下腙不稳定失去一分子 H_2O 和 N_2，羰基变成亚甲基。反应式如下：

$$\bigcirc{-}\overset{\overset{\displaystyle O}{\|}}{C}{-}R + H_2NNH_2 \longrightarrow \bigcirc{-}\overset{\overset{\displaystyle NNH_2}{\|}}{C}{-}R \xrightarrow{OH^-} \bigcirc{-}\underset{H_2}{C}{-}R$$

　　将 30g 烷基苯酮、15g 水合肼溶液及 25mL 一缩二乙二醇放入装有温度计、回流冷凝管的三口瓶中；加热回流 1h，冷却至室温后加入 25g KOH；加热使溶液温度上升至 190~200℃，反应 2~3h 后，冷却反应物；加入水溶解反应产物，静止分层，依次用稀盐酸、H_2O 洗涤上层液体至中性，无水 Na_2SO_4 干燥，减压蒸馏得直链烷基苯。结构式如下：

$$\bigcirc{-}C_{10}H_{21} \qquad \bigcirc{-}C_{12}H_{25} \qquad \bigcirc{-}C_{14}H_{29} \qquad \bigcirc{-}C_{16}H_{33}$$

　　直链烷基苯经发烟硫酸磺化、氢氧化钠中和即可得到烷基苯磺酸钠。反应式如下：

$$\overset{C_nH_{2n+1}}{\bigcirc} \xrightarrow{\text{发烟硫酸}} \underset{SO_3H}{\overset{C_nH_{2n+1}}{\bigcirc}} \xrightarrow{\text{氢氧化钠}} \underset{SO_3Na}{\overset{C_nH_{2n+1}}{\bigcirc}}$$

　　将 10g 直链烷基苯加入三口烧瓶中，滴加发烟硫酸 15mL，电磁搅拌，冰水浴，控制温度不超过 5℃，滴完后室温搅拌 2h；再用氢氧化钠水溶液中和至 pH=7，得双尾烷基苯磺酸钠粗品；无水乙醇与水混合溶剂（体积比为 1∶1）进行重结晶，得白色直链烷基苯磺酸钠纯品。结构式如图 4-22 所示。

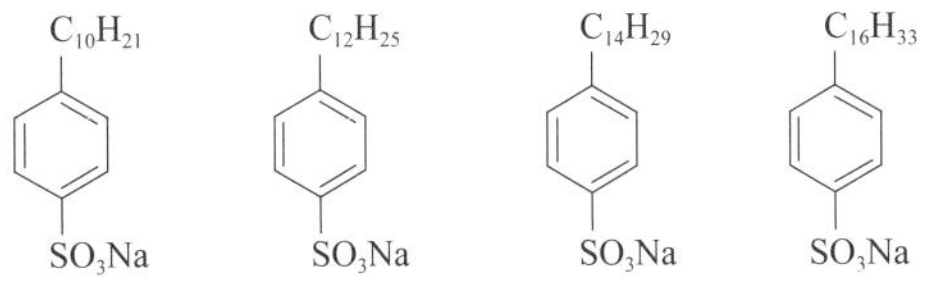

$$C_{10}H_{21} \quad\quad C_{12}H_{25} \quad\quad C_{14}H_{29} \quad\quad C_{16}H_{33}$$

图 4-22　直链 4 –（ 1′– 十烷基 / 十二烷基 / 烷基）苯磺酸盐的结构式

二、磺酸盐纯化合物油水界面活性研究

1. 界面张力的测量

配制烷基苯磺酸盐水溶液，质量分数为 0.1%，盐度（NaCl 浓度）依具体情况而定。使用 TX500C 型全量程视频动态界面张力仪测量表面活性剂与煤油或正构烷烃之间的界面张力，界面张力数据均为稳态平衡值。

表面活性剂分子替代油水界面上的油分子与水分子，令界面上油分子与水分子之间的排斥变小是油水界面张力降低的根本原因。表面活性剂分子在油水界面上的密度越高，界面张力就越低。根据研究，表面活性剂的界面密度取决于表面活性剂分子的界面脱附能，脱附能越高，表面活性剂分子的界面密度就越高，脱附能越低，表面活性剂分子的界面密度就越低。可以依据表面活性剂分子的亲水亲油性能，定性的推出表面活性剂分子的脱附能、界面密度的相对大小，进而推出表面活性剂分子界面活性的大小。其中，亲水性的表面活性剂主要溶解在水中，容易从界面脱附进入水相，脱附能低，界面密度低，因此界面张力高，界面活性低，而亲油的表面活性剂主要溶解在油中，表面活性剂分子容易从界面脱附进入油相，脱附能低，界面密度低，相应的，界面张力也高，界面活性也低，只有当表面活性剂分子在油相与水相均有一定且相当的溶解度时，表面活性剂分子才具有高的脱附能，表面活性剂主要富集于油水界面，界面密度高，相应的，界面张力低，界面活性高，定义在该种情况下表面活性剂分子具有适中的亲水亲油性能。

综上所述，表面活性剂分子的亲水亲油性能决定着表面活性剂的界面密度，进而决定着表面活性剂的界面活性。亲水性的表面活性剂主要溶解在水中，界面密度低，界面活性低；亲油性的表面活性剂主要溶解在油中，界面密度也低，界面活性也低；而亲水亲油性能适中的表面活性剂富集于油水界面，界面密度高，界面活性也高。因此，可以通过分析表面活性剂的亲水亲油性能来讨论表面活性剂的界面活性，或通过表面活性剂的界面活性来反映表面活性剂的亲水亲油性能。

2. 磺酸盐结构对界面活性的影响

就表面活性剂驱油体系而言，主要包括原油、水以及表面活性剂，其中水相中含有一定盐度的无机盐，因此，影响表面活性剂界面活性的参数主要是表面活性剂的结构、盐度以及油相性质。此外，为了简化复杂的驱油体系，以煤油、正构烷烃为模拟油，以 NaCl 水溶液为模拟水，考察系列烷基苯磺酸盐纯化合物的油水界面活性规律，从侧面反映石油磺酸盐复杂体系油水界面张力降低的基本规律。

本实验过程中，以煤油为油相，以质量分数为 1.0% 的 NaCl 水溶液为水相，表面活性剂的质量分数为 0.1%，考察不同结构的烷基苯磺酸盐降低油水界面张力的规律，如图 4-23 所示。

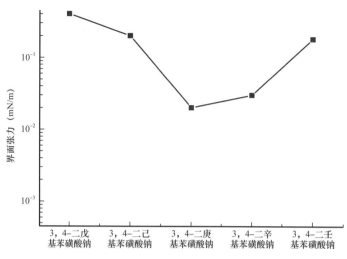

图4-23 不同双尾烷基苯磺酸盐的界面张力曲线

烷基碳数为14的3，4-二庚基苯磺酸钠的界面活性最高，界面张力最低，约0.02mN/m，其次是烷基碳数为16的3，4-二辛基苯磺酸钠的界面活性较高；而烷基碳数为10、12的3，4-二戊基苯磺酸钠、3，4-二己基苯磺酸钠的界面活性较差，界面张力高于0.1mN/m；同时烷基碳数为18的3，4-二壬基苯磺酸钠的界面活性也较差，界面张力也高于0.1mN/m。原因在于短碳链的烷基苯磺酸盐亲水性强，表面活性剂主要溶解在水中，界面密度低，故界面张力高，界面活性低；而长碳链的烷基苯磺酸盐亲油性强，表面活性剂主要溶解在油中，界面密度也低，故界面张力高，界面活性也低；而中等链长的烷基苯磺酸盐亲水亲油性适中或接近适中，表面活性剂主要富集于油水界面，界面密度高，故界面张力低，界面活性高。总之，作为驱油剂，中等碳链长度（C_{14}，C_{16}）的烷基苯磺酸盐具有高的界面活性，碳链过长或过短均不合适。

此外，对比考察了5种不同支化度的十四烷基苯磺酸盐的界面活性，不同支化度烷基苯磺酸盐的结构示意如图4-24所示，从左到右支化度依次增加。

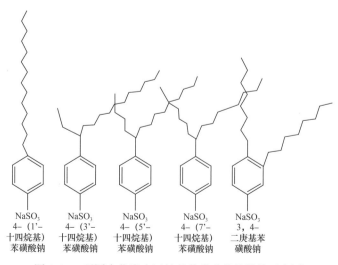

图4-24 不同支化度十四烷基苯磺酸盐的结构示意图

对以上十四烷基苯磺酸盐的界面张力进行测试，结果如图 4-25 所示。随着支化度的增加，界面张力一直降低。支化度高的双庚基苯磺酸盐、7 位十四烷基苯磺酸盐界面张力最低，界面活性最高；而支化度低的 1 位、3 位十四烷基苯磺酸盐界面张力较高。具体原因目前没有统一的定论。一种解释为支化度高的磺酸盐因其亲油基团的高支化度导致表面活性剂在油水界面上具有强的锚定作用，从而导致高支化度的磺酸盐可以有序排布在油水界面上，表面活性剂界面密度高，界面活性高；而支化度低的磺酸盐亲油基团只有弱的锚定作用，表面活性剂在油水界面排布较为杂乱无序，故表面活性剂界面密度低，界面活性弱。总之，磺酸盐的支化度越高，界面活性越高。在驱油剂的制备过程中应尽量增加磺酸盐的支化度，以提高其界面活性。

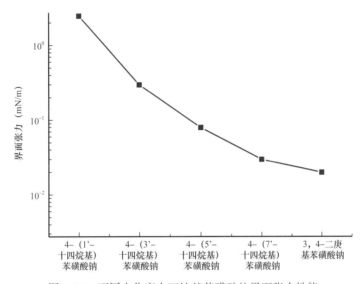

图 4-25 不同支化度十四烷基苯磺酸盐界面张力性能

3. 盐度对磺酸盐界面活性的影响

考察盐度对磺酸盐油水界面活性的影响，以煤油为油相，烷基苯磺酸盐的质量分数为 0.1%，测量在不同 NaCl 浓度下烷基苯磺酸盐的界面张力，如图 4-26 所示。

图 4-26 给出了 4 种双尾烷基苯磺酸盐在不同 NaCl 浓度下的界面张力曲线。可以看出，除了双壬基苯磺酸盐之外，每一种磺酸盐的界面张力均是随着 NaCl 浓度的增加先降低再升高，有一最小值，即磺酸盐的界面张力—盐度曲线呈 V 形分布，这说明磺酸盐的界面活性受盐度的影响很大。原因在于磺酸盐的磺酸根带有负电荷，与水溶液中 NaCl 的 Na^+ 之间具有静电引力，而这种静电引力可以改变磺酸盐的亲水亲油性能，进而改变磺酸盐的界面活性。

图 4-27 给出了 Na^+ 影响磺酸盐亲水亲油性能的示意图。Na^+ 在一定程度上可以屏蔽磺酸根（SO_3^-）的负电荷，从而使磺酸根的有效电荷减小，即磺酸盐亲水基团的亲水性减弱，相应的，磺酸盐的亲油性增强。NaCl 的浓度越高，磺酸根的有效电荷越小，磺酸盐的亲水性越弱，亲油性越强。以双庚基苯磺酸盐为例，当 NaCl 质量分数低于 1.2% 时，磺酸根的有效电荷 ε_i^- 较高，与水分子之间的静电—偶极作用较强，故表面活性剂是亲水性的，主要溶解在水中，所以表面活性剂的界面密度较低，界面张力较高（＞0.01mN/m），

不能实现超低界面张力；当 NaCl 的质量分数增加到 1.2%～2.8% 时，磺酸根的有效电荷减小至 ε_2^-，此时，磺酸盐获得了适中或接近适中的亲水亲油性能，因此，磺酸盐可以有效地保持在油水界面上，界面密度较高，所以，界面张力可以被显著降低，超低油水界面张力（<0.01mN/m）得以实现，其中，在 NaCl 质量分数为 2.0% 时，双庚基苯磺酸盐获得了最适中的亲水亲油性能，界面张力达到最低，小于 0.001mN/m；当 NaCl 质量分数高于 2.8% 时，磺酸根的有效电荷减小至 ε_3^-，磺酸盐转换为亲油性的，表面活性剂主要溶解在油中，界面密度低，界面张力也相应升高（>0.01mN/m）。简而言之，无机盐可以有效地调节磺酸盐的亲水亲油性能，进而改变磺酸盐的界面活性。

此外，还可以看出短碳链的磺酸盐在高盐度实现最低界面张力，而长碳链的磺酸盐在低盐度实现最低界面张力。这与烷基链越长，磺酸盐的亲油性越强，碳链越短，磺酸盐的亲油性越弱有关。比如双己基苯磺酸盐两个烷基链很短，亲水性强，因此需要大

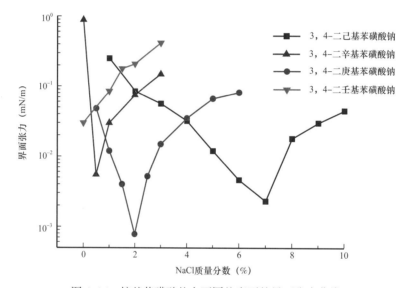

图 4-26　烷基苯磺酸盐在不同盐度下的界面张力曲线

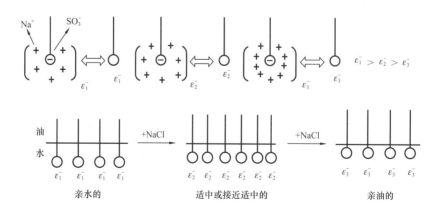

图 4-27　NaCl 对磺酸根有效电荷与磺酸盐亲水亲油性能影响的示意图

量的无机盐来增强其亲油性，才可以获得适中的亲水亲油性能，所以双己基苯磺酸盐在 NaCl 质量分数为 7.0% 时才可以获得最低界面张力；而双壬基苯磺酸盐拥有两个长的烷基链，本身是亲油的，加入任何量的 NaCl 都会导致磺酸盐亲油性进一步增强，故界面张力一直升高，在 NaCl 质量分数为 0 时获得最低界面张力。

图 4-28 为 5 种不同支化度十四烷基苯磺酸盐在不同盐度下的界面张力曲线，可以看出不同支化度的十四烷基苯磺酸盐的界面张力仍然是随着盐度的增加先降低再升高，呈"V"形分布，进一步证明了磺酸盐的界面活性受盐度影响很大。

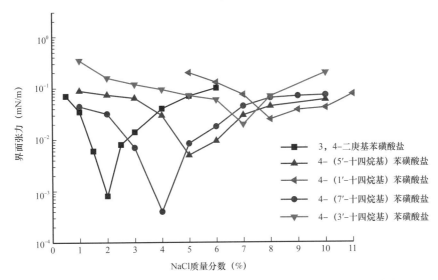

图 4-28　不同支化度十四烷基苯磺酸盐在不同盐度下的界面张力曲线

此外，可以看出高支化度的双尾、7 位十四烷基苯磺酸盐在较低的盐度范围内（NaCl 质量分数为 0.5%～4%）界面活性很高，可以实现超低界面张力，而支化度低的磺酸盐在所有的盐度范围内界面活性都很弱，较难实现超低界面张力，进一步证明了高支化度的磺酸盐界面活性高，而低支化度的磺酸盐界面活性低。还可以看到，高支化度的磺酸盐在低盐度实现最低张力，低支化度的磺酸盐在高盐度实现最低张力。这是因为无机盐浓度的增加可以减小磺酸根之间的排斥，从而使表面活性剂在油水界面的排布变得更加有序、密集。支化度高的磺酸盐本身在油水界面的排布就比较有序，稍微增加无机盐，就可以令磺酸盐在界面排布得更加有序，故在低盐度就实现了最低界面张力；而支化度低的磺酸盐本身在油水界面的排布就比较杂乱、无序，故需要高的盐度才能实现最低界面张力。

4. 磺酸盐的烷烃扫描曲线

除了表面活性剂的结构、盐度之外，油相性质对表面活性剂的界面活性也有重要影响。以系列正构烷烃同系物为模拟油，考察磺酸盐针对不同烷烃的界面活性，进而反映同一种磺酸盐在同一盐度条件下针对不同油相的亲水亲油性能。

测量表面活性剂水溶液与系列正构烷烃之间的界面张力，绘制表面活性剂的烷烃扫描曲线，一直是反映表面活性剂油水界面活性的重要手段。一般的，烷烃扫描曲线分为两种，一种是没有最低点，界面张力一直升高或降低；另一种是烷烃扫描曲线先降低再升高，有一界面张力最低值。产生以上曲线的原因在于：在低碳数烷烃处，油相分子间作用力比较弱，表面活性剂分子可以比较容易地溶入油相，从而使表面活性剂在低碳数烷烃中的溶解度较大；而在高碳数烷烃处，油相分子间作用力比较强，表面活性剂分子难以溶入油相，故表面活性剂在高碳数烷烃中的溶解度较小；所以，伴随着烷烃碳数（alkane carbon number，ACN）的增加，表面活性剂在油相中的溶解度越来越小，又由于同一种表面活性剂在固定盐度的水相中的溶解度是一定的，因此，针对系列不同碳数的烷烃，同一种表面活性剂会在某一特定碳数的烷烃处产生最低界面张力，该烷烃的碳数称为该表面活性剂的最小烷烃碳数，代号为 n_{min}[32, 43]。表面活性剂的 n_{min} 值可以反映该表面活性剂的亲水亲油性能，n_{min} 值越低，表面活性剂的亲水性越强，n_{min} 值越高，表面活性剂的亲油性越强。为了更具体地表示表面活性剂针对不同烷烃的亲水亲油性能，用 ACN/n_{min} 表示表面活性剂针对不同碳数烷烃的亲水亲油性能，ACN/n_{min} 值大于 1，表示该表面活性剂针对该 ACN 值的烷烃是亲水性的，ACN/n_{min} 值越大，表示表面活性剂针对相应烷烃的亲水性越强；ACN/n_{min} 值小于 1，表示该表面活性剂针对该 ACN 值的烷烃是亲油性的，ACN/n_{min} 值越小，表示该表面活性剂针对相应烷烃的亲油性越强；ACN/n_{min} 值等于 1，表示该表面活性剂针对该 ACN 值的烷烃具有适中的亲水亲油能力，界面张力最低，界面活性最高。此外，针对烷烃扫描曲线一直升高或降低，没有最小值的表面活性剂，其 n_{min} 值可以通过曲线延伸的手段进行估计。

以系列正构烷烃为油相，以盐度为 1.0%（质量分数）的 NaCl 水溶液为水相，表面活性剂的浓度为 0.1%（质量分数），考察不同表面活性剂的烷烃扫描曲线，如图 4-29 所示。

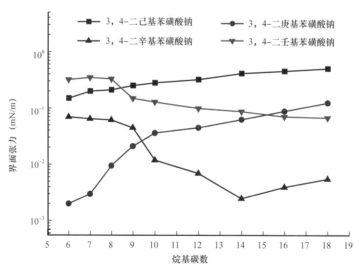

图 4-29　双尾烷基苯磺酸盐的烷烃扫描曲线

图 4-29 给出了 4 种双尾烷基苯磺酸盐的烷烃扫描曲线。可以看出，3，4- 二已基苯磺酸钠的界面张力位于 0.1～0.3mN/m 之间，界面活性较低，且界面张力随着烷烃碳数的增加一直升高，其烷烃扫描曲线没有最低值，通过延伸曲线可以推测其 n_{min} 值小于 6，

ACN/n_{min}针对正己烷至正十六烷均大于1，说明了3，4－二己基苯磺钠在所测量的烷烃范围内均具有很强的亲水性。这是因为3，4－二己基苯磺钠的亲油基碳链过短，针对正己烷至正十六烷，表面活性剂均表现出了较强的亲水性，从而导致3，4－二己基苯磺钠主要溶解在水中，不能有效富集在油水界面上降低界面张力。3，4－二庚基苯磺酸钠的界面张力位于0.001～0.1mN/m之间，且随着烷烃碳数的增加依次升高，其n_{min}值为6。通过计算可以确定在正己烷处，ACN/n_{min}=1，即针对正己烷3，4－二庚基苯磺酸钠具有适中的亲水亲油性能，而在正庚烷至正十六烷处，ACN/n_{min}均大于1，说明表面活性剂针对正庚烷至正十六烷均是亲水的。但在正庚烷与正辛烷处，表面活性剂也实现了超低油水界面张力，具有高的界面活性，这说明针对正庚烷与正辛烷，3，4－二庚基苯磺酸钠虽然是亲水的，但也有接近适中的亲水亲油性能，即ACN/n_{min}接近1，表面活性剂也可以富集在油水界面，有效地降低界面张力。3，4－二辛基苯磺酸钠的烷烃扫描曲线是界面张力先降低再升高，有最小值，其n_{min}值为14。可以确定在正己烷至正十三烷处3，4－二辛基苯磺酸钠是亲油的，因为其ACN/n_{min}均小于1；而在正十五烷至正十六烷处3，4－二辛基苯磺酸钠是亲水的，因为其ACN/n_{min}均大于1；只有在正十四烷处，ACN/n_{min}等于1，表面活性剂获得了适中的亲水亲油性能，实现了最低界面张力，接近0.001 mN/m。

需要指出的是在正十一烷至正十六烷处，3，4－二辛基苯磺酸钠均实现了超低界面张力，具有高的界面活性。3，4－二壬基苯磺酸钠的界面张力位于0.2～0.05mN/m之间，界面活性较低，且界面张力随着烷烃碳数的增加一直降低，其烷烃扫描曲线没有最低值，其n_{min}值大于16，ACN/n_{min}针对正己烷至正十六烷均小于1，说明3，4－二壬基苯磺酸钠在所测量的烷烃范围内均具有较强的亲油性，这与3，4－二壬基苯磺酸钠的亲油基碳链较长有关。此外，4种双尾烷基苯磺酸盐随着碳链的增长，亲油性依次增强，相应的n_{min}值分别为小于6、等于6、等于14、大于16，依次增加，证明了n_{min}值确实可以用来比较不同表面活性剂亲水亲油性能的大小。

通过上述工作，考察了不同表面活性剂的烷烃扫描曲线，并根据n_{min}值的大小比较了不同表面活性剂亲水亲油性能的强弱，也根据ACN/n_{min}值的大小指出了表面活性剂针对不同烷烃的亲水亲油性能。

三、磺酸盐分子结构变化对c_{CMC}和HLB值的影响

由于工业表面活性剂是大量不同结构表面活性剂组分的混合物，具体结构不明确，因此研究结果只是一个特定条件下的结果而缺乏普遍性，这对基础研究造成了一定的困扰。为了能清楚地逐一研究表面活性剂体系不同分子结构变化对界面行为的影响，考察已知结构的纯表面活性剂的界面行为更有意义。因此，通过研究磺酸盐纯化合物的分子结构变化对临界胶束浓度（c_{CMC}）和体系的亲水亲油平衡值（HLB值）的影响，进一步深入研究表面活性剂的结构与性能关系。

1. 最小烷烃碳数

以0.3%的烷基芳基磺酸盐同系物表面活性剂为水相，以系列烷烃为油相，25℃下测得表面活性剂的油／水界面张力如图4-30所示。由图可知，随着油相烷烃碳数的增加，其界面张力先减小后增大，存在一个最低值，该值对应的正构烷烃碳数即为该表面活性

剂的碳数最低值 $n_{\min}$。4 个系列的表面活性剂的 $n_{\min}$ 具有一定的规律性，即随着芳环取代基向烷基碳链中间位置移动时，其 $n_{\min}$ 呈增大趋势。这与 Doe 等的研究结果是一致的。

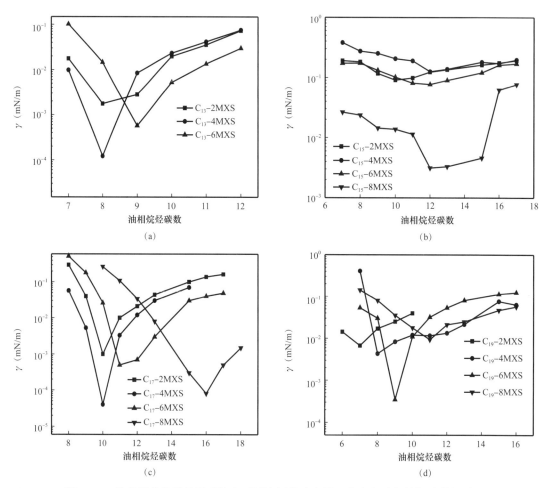

图 4-30　烷基芳基磺酸盐同系物表面活性剂的油水界面张力与油相烷烃碳数的关系

缩写为 C_x-YMXS，其中 C_x 代表烷基链长，Y 代表芳环取代基所位置，MXS 代表间二甲苯磺酸盐，如 C_{13}-2MXS 代表碳链长度为 13，间二甲苯取代基在烷基长链的 2 号位的表面活性剂，其余以此类推

2. 长链烷基总碳数对 c_{CMC} 和 HLB 值的影响

由不同经验公式计算得到的 HLB 值见表 4-14。由表可见，碳链长度在 13～17 时，随着烷基碳链长度的增加，烷基芳基磺酸盐的 c_{CMC} 先减小后增大，c_{CMC} 越小其界面活性越高，表面活性剂分子在界面上排列越趋近于油 / 水兼溶型。当碳链长度为 19 时，c_{CMC} 呈现升高趋势，这与碳链长度为 19 的表面活性剂的界面活性有关。碳链长度为 19 的烷基芳基磺酸盐在溶液中的溶解度降低，HLB$_{戴维斯}$值减小，向油溶型表面活性剂过渡。

按照临界胶束浓度法以及集团加和法计算得到了烷基芳基磺酸盐表面活性剂的 HLB 值，研究发现：临界胶束浓度法测量得到的 HLB$_{CMC}$ 值与表面活性剂分子结构有关，在一定碳链长度范围内，随着链长增加，其 c_{CMC} 和 HLB 值呈减小趋势。而按照集团加和法计算，随着链长增加 HLB$_{戴维斯}$值一直降低，与分子结构无关，不存在同分异构体间的差别。这与实际测量结果是不符的，说明戴维斯公式适合不同结构表面活性剂间的比较，而临界胶束浓度法适于同系物间的 HLB 值比较。

表 4-14　不同经验公式计算得到的 HLB 值 *

表面活性剂	c_{CMC}（mol/L）	lg c_{CMC}	HLB$_{CMC}$	HLB$_{lin修正}$	HLB$_{戴维斯}$
C$_{13}$-2MXS	0.000115	-3.94	8.51	7.94	9.21
C$_{13}$-4MXS	0.000256	-3.59	9.19	8.63	9.21
C$_{13}$-6MXS	0.000641	-3.19	9.97	9.42	9.21
C$_{15}$-2MXS	0.000024	-4.62	7.18	6.59	8.26
C$_{15}$-4MXS	0.000026	-4.59	7.23	6.65	8.26
C$_{15}$-6MXS	0.000038	-4.42	7.57	6.99	8.26
C$_{15}$-8MXS	0.000068	-4.17	8.06	7.49	8.26
C$_{17}$-2MXS	0.000023	-4.64	7.15	6.56	7.31
C$_{17}$-4MXS	0.000024	-4.62	7.17	6.59	7.31
C$_{17}$-6MXS	0.000024	-4.61	7.19	6.61	7.31
C$_{17}$-8MXS	0.000024	-4.61	7.19	6.62	7.31
C$_{19}$-2MXS	0.000133	-3.88	8.63	8.07	6.36
C$_{19}$-4MXS	0.000154	-3.81	8.76	8.19	6.36
C$_{19}$-6MXS	0.000173	-3.76	8.86	8.29	6.36
C$_{19}$-8MXS	0.000196	-3.71	8.96	8.41	6.36

注：HLB$_{CMC}$=Algc_{CMC}+B；

　　HLB$_{Lin修正}$=0.4752M+16.338；

　　A=1.961；

　　B=16.235；

　　M 为碳数分布。

3. 芳基取代位置对 c_{CMC} 和 HLB 的影响

由图 4-31 可知，随着芳环向烷基链中间位置移动，HLB 值逐渐增人；有效碳链长度减小，表面活性剂的 HLB 值向亲水方向移动。

对于阴离子表面活性剂，除链长对 c_{CMC} 的影响起决定性作用外，同时也应考察结构差异等参数对其的影响，如极性基团的位置，双键、三键、芳环/极性取代基存在，或者是支化结构，顺式、反式结构等。因此，当分子结构中存在其他基团或者是·定的支化程度时，有效的甲基数与实际的甲基数存在一定的差异。为了考察芳环及支化程度对 c_{CMC} 及 HLB 值的影响，可以计算得出不同同分异构体的支化差异参数，结果见表 4-15。

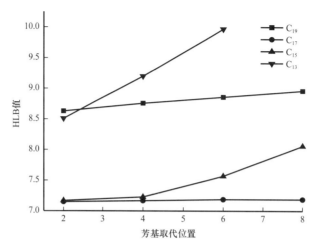

图 4-31　芳基取代位置对 HLB 值的影响

表 4-15　芳环取代基和支化程度对 c_{CMC} 的影响

表面活性剂	HLB_{lin}	a_{lin}	$n_{直链}$	n_{eff}	$n_{疏水集团数}$	芳环及支化程度的影响
C_{13}-2MXS	7.94	−9.55	13	22.55	18.5	4.05
C_{13}-4MXS	8.63	−9.55	13	22.55	18.5	4.05
C_{13}-6MXS	9.42	−9.55	13	22.55	18.5	4.05
C_{15}-2MXS	6.59	−9.55	15	24.55	20.5	4.05
C_{15}-4MXS	6.65	−9.55	15	24.55	20.5	4.05
C_{15}-6MXS	6.99	−9.55	15	24.55	20.5	4.05
C_{15}-8MXS	7.49	−9.55	15	24.55	20.5	4.05
C_{17}-2MXS	6.56	−9.55	17	26.55	22.5	4.05
C_{17}-4MXS	6.59	−9.55	17	26.55	22.5	4.05
C_{17}-6MXS	6.61	−9.55	17	26.55	22.5	4.05
C_{17}-8MXS	6.61	−9.55	17	26.55	22.5	4.05
C_{19}-2MXS	8.07	−9.55	19	28.55	24.5	4.05
C_{19}-4MXS	8.19	−9.55	19	28.55	24.5	4.05
C_{19}-6MXS	8.29	−9.55	19	28.55	24.5	4.05
C_{19}-8MXS	8.40	−9.55	19	28.55	24.5	4.05

　　由表可见，随着芳环位置向直链烷烃中间位置移动，其 HLB_{lin} 值逐渐增大，油溶性逐渐减弱。Evans 测定了正构十四烷基磺酸盐同系物 HLB 的选择性，其中磺酸基位置从

端位到中间位，磺酸基越靠近烷基长链的中间位，其 c_{CMC} 越大；随磺酸基向中间位置移动，其碳链长度及 n_{eff} 明显降低。但烷基芳基磺酸盐的结果与此结果明显不同，分子结构中唯一的区别就是含有一个间二甲苯基结构，即随着芳环向中间位置移动，其 c_{CMC} 逐渐增大，但 n_{eff} 却不变，且明显大于 $n_{疏水集团数}$（按一个芳环相当于 3.5 个碳计算）。分子结构中只有芳环中的 π 键及其产生的支化程度起到疏水效应，n_{eff} 和 $n_{疏水基团数}$ 的差值即为芳环及支化程度对 c_{CMC} 的影响，相当于 4.05 个—CH_2—对 c_{CMC} 的影响。

四、小结

通过对烷基芳基磺酸盐的界面性能研究，确定了烷基芳基磺酸盐结构对其界面性能的影响。相同链长的同系物，随着芳基向烷基碳链中间位置移动，其 c_{CMC} 和 n_{min} 呈增大趋势；芳基取代位置相同时，随着长链烷基碳数增加，烷基芳基磺酸盐的 c_{CMC} 先减小后增大，c_{CMC} 越小其界面活性越高，表面活性剂分子在界面上排列越趋近于油/水兼溶型。通过对 HLB 值的经验公式对比可知，戴维斯公式适合不同结构表面活性剂间 HLB 值的比较，而临界胶束浓度法适于同系物间的比较；通过对 lin 公式的解析可知，烷基芳基磺酸盐的芳环取代基对支化程度的影响相当于 4.05 个亚甲基对 c_{CMC} 的影响。

第三节　环烷基石油磺酸盐精细结构表征

一、单磺、双磺含量分析

一般的，磺酸盐含有 1–3 个芳香环，烷基芳烃部分的结构异构体种类繁多，既有单烷基苯，又有多取代的烷基芳烃。主要成分含有以下几类结构（见第三章第四节），其最优组分为组分 10（图 4-32）。

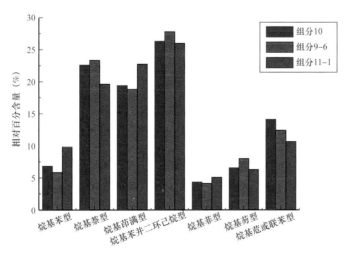

图 4-32　不同结构磺酸盐对应化合物的分子量重排结果

采用液相色谱分析方法，对环烷基石油磺酸盐样品进行色谱分析，考察不同组分中单磺和双磺的含量对比，色谱图如 4-33 所示。

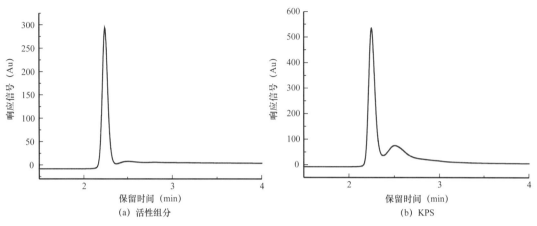

图 4-33　液相色谱图

根据色谱分析结果可知，环烷基石油磺酸盐样品中既含有单磺组分，又含有双磺组分，双磺组分的含量占总磺酸盐的 8% 左右（重量法计算结果）；活性组分中只含有单磺组分，几乎没有双磺组分。这也表明，在界面性能方面起到关键作用的是单磺组分，这一点从单磺组分和双磺组分的界面张力测试结果也可以得到确定（图 4-34）。

当某一样品具有较优界面活性时，该样品中双磺组分的含量应相对较低，主要

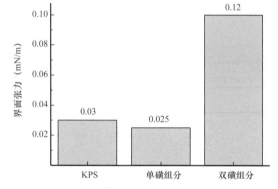

图 4-34　磺酸盐界面张力测试结果

以单磺组分为主。但是当某一样品中单磺组分含量较高，几乎无双磺组分时，该样品不一定具有较优界面活性。如图 4-35 和 4-36 所示，分离切割获得的组分 8 与活性组分相似，均以单磺酸盐组分为主，但组分 8 的界面活性远远低于活性组分。

二、分子量分布、平均分子量分析

根据质谱分析结果，活性组分的分子量分布范围为 390～470g/mol，平均分子量为 432.5g/mol；其中含量较高组分的分子量分布范围为 405～445g/mol，分布范围非常窄。相对而言，环烷基石油磺酸盐的分子量分布范围较宽，具体结果见表 4-16。

表 4-16　分子量信息

样品	平均分子量（g/mol）	分子量分布（g/mol）	含量较高组分分子量（g/mol）
活性组分	432.5	390～470	405～445
KPS	595.0	300～600	350～550

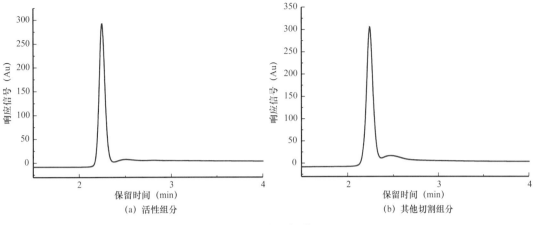

图 4-35　液相色谱图

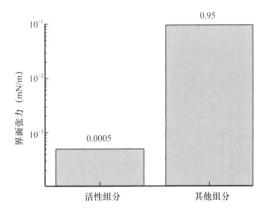

图 4-36　磺酸盐界面张力测试结果

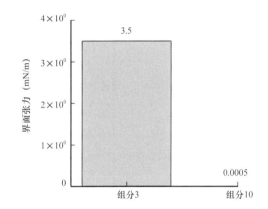

图 4-37　界面张力对比结果

　　需要说明的是，磺酸盐的平均分子量及分子量分布范围共同决定了磺酸盐组分的界面活性。例如精细切割获得的组分 10 和组分 3 具有相同的平均分子量，但组分 3 几乎没有界面活性，与组分 10 具有优异的界面活性表现出巨大差异，如图 4-37 所示。

　　虽然组分 3 和组分 10 具有相同的平均分子量，但组分 3 的分子量分布范围较宽，在 230～600g/mol 之间，导致其界面活性非常低（图 4-38）。针对环烷基石油磺酸盐而言，平均分子量在 430g/mol 左右且分布范围较窄为优。

三、小结

　　合成了系列不同结构的烷基苯磺酸盐标准化合物，包括 6 种双尾烷基苯磺酸钠、5 种支链烷基苯磺酸钠以及 4 种直链烷基苯磺酸钠；考察了烷基苯磺酸盐的界面活性规律，证实了磺酸盐的烷基碳链不可过长，亦不可过短，在 NaCl 质量分数为 0.5%～4% 范围内，C_{14}、C_{16} 烷基苯磺酸盐界面活性最高，且支化度越高界面活性越高。同时，证实了磺酸盐阴离子表面活性剂的界面活性受盐度影响比较大，界面张力随盐度的增加先降低再升高，呈 V 形分布。此外，通过对烷烃扫描曲线的分析，指出了各表面活性剂针对不同

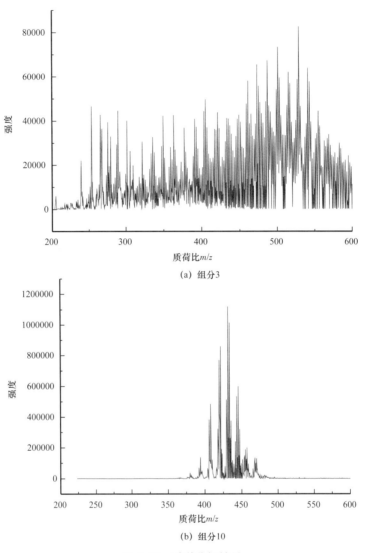

(a) 组分3

(b) 组分10

图 4-38 质谱分析结果

油相的亲水亲油性能，同时，比较了不同表面活性剂亲水亲油性能的相对大小。

基于以上认识，可以确定环烷基石油磺酸盐中应该有部分组分具有适宜的亲水亲油平衡值和较优的界面活性。采用制备色谱制备技术，得到了这部分具有优异界面活性的环烷基石油磺酸盐组分，该活性组分以单磺组分为主，几乎无双磺组分；分子量分布范围在 405～445g/mol 之间，平均分子量为 432.5g/mol ；磺酸盐中烷基苯并二环己烷、烷基茚满、烷基萘型磺酸盐的相对含量较高，其中烷基苯并二环己烷、烷基茚满、烷基萘型磺酸盐的碳链分布范围较窄且分别在 C_{12}—C_{15}、C_{15}—C_{17}、C_{15}—C_{17} 附近时，样品活性更优。因此，在生产制备石油磺酸盐样品时，应选择多环芳烃含量较低、环烷基芳烃或双环芳烃含量较高、分子量在 325～365g/mol 之间的反应原料油，并避免过磺化，以便获得性能最优的环烷基石油磺酸盐产品。

参 考 文 献

［1］Rosen M J, Wang H, Shen P P, et al. Ultralow interfacial tension for enhanced oil recovery at very low surfactant concentrations［J］. Langmuir, 2005, 21（9）: 3749–3756.

［2］Taber J J. Dynamic and static forces required to remove a discontinuous oil phase from porous media containing both oil and water［J］. Soc Pet Eng J, 1969, 9: 3–12.

［3］Foster W R. Low-tenison water flooding process［J］. J. Pet Technol, 1973, 25: 205–210.

［4］Melrose J C, Brandner C F. Role of capillary forces in determining microscopic displacement efficiency for oil-recovery by water flooding［J］. J Can Pet Technol, 1974, 13: 54–62.

［5］Zhao Z K, Bi C G, Qiao W H, et al. Dynamic interfacial tension behavior of the novel surfactant solutions and Daqing crude oil［J］. Colloids and Surfaces A, 2007, 294: 191–202.

［6］Wang H Y, Cao X L, Zhang J C, et al. Development and application of dilute surfactant-polymer flooding system for Shengli oilfield［J］. Journal of Petroleum Science and Engineering, 2009, 65: 45–50.

［7］Doe P H, El-Emary M, Wade WH. Surfactants for producing low interfacial tensions III : Di and Tri n-Alkylbenzenesulfonates［J］. J Am Oil Chem Soc, 1978, 55: 513–520.

［8］Zhao Z K, Liu F, Li Z S, et al. Novel alkyl methylnaphthalene sulfonate surfactants : a goode candidate for enhanced oil recovery［J］. Feul, 2006, 85: 1815–1820.

［9］Zhao Z K, Bi C G, Li Z S, et al. Dynamic interfacial tension behavior of the novel surfactant solutions and Daqing crude oil. Colloids and Surfaces A : Physicochem［J］. Eng Aspects, 2006, 276: 186–191.

［10］Zhang L, Luo L, Zhao S, et al. Studies of synergism/antagonism for lowering dynamic interfacial tensions in surfactant/alkali/acidic oil systems, Part 2: synergism/antagonism in binary surfactant mixtures［J］. Journal of Colloid and Interface Science, 2002, 251: 166–171.

［11］Li Y, He X J, Cao X L, et al. Molecualr behavior and synergistic effects between sodium dodecylbenzene sulfonate and Triton X-100 at oil/water interface［J］. Journal of Colloid Interface Science, 2007, 307: 215–220.

［12］Rosen M J. Synergism in mixtures containing zwitterionic surfactants［J］. Langmuir, 1991, 7: 885–888.

［13］王帅, 王旭生, 曹绪龙, 等. 常规和亲油性石油磺酸盐的组成及界面活性研究［J］. 石油化工高等学校学报, 2010, 23（2）: 9–13.

［14］刘可成, 林莉莉, 翟怀建, 等. ASP三元复合驱用石油磺酸盐的组成分析及界面活性研究［J］. 油田化学, 2017, 34（4）: 680–683.

［15］翟洪志, 冷晓力, 卫建国, 等. 石油磺酸盐合成技术进展［J］. 日用化学品科学, 2014, 37（9）: 15 19.

［16］舒炼. 聚表二元体系色谱分离特征［D］. 成都: 西南石油大学, 2011: 78–82.

［17］Seccombe J, Lager A, Jcrauld G, et al. Demonstration of low-salinity EOR at interwell scale, endicott field, Alaska［C］. SPE 129692, 2010.

［18］Robertson E P. Low-salinity water flooding to improve oil recovery-historical field evidence［C］. SPE 109965, 2007.

[19] Lager A, Webb K J, Collins I R, et al. Evidence of enhanced oilrecovery at the reservoir scale [C]. SPE 113976, 2008.

[20] 吕建荣, 陈丽华, 霍进, 等. 砾岩油藏二元复合驱油体系各组分吸附规律 [J]. 油田化学, 2018, 35 (3):492–498.

[21] 杨明庆. 弱碱三元复合驱表面活性剂的研制及碱的动态作用机理研究 [D]. 长春: 吉林大学, 2018.66–67.

[22] 刘春天, 罗庆, 杨勇, 等. 大庆油田强碱三元复合驱表面活性剂配方优化 [J]. 油田化学, 2016, 33 (4):705–709.

[23] 杨剑, 黄战卫, 董小丽, 等. 安塞油田表面活性剂驱油体系室内研究 [J]. 油田化学, 2015, 32 (4):559–563.

[24] 王增宝, 赵修太, 白英睿, 等. 不同碱 / 表面活性剂二元复合驱体系的性能对比 [J]. 油田化学, 2015, 32 (4):564–569.

[25] 寇慧慧, 崔景盛, 侯冬冬, 等. 聚 / 表二元驱多级吸附特征实验研究 [J]. 油田化学,2013,30 (2): 231–234.

[26] 复合驱油体系中化学剂的检测方法及相互作用研究 [D]. 北京: 中科院物理化学研究所, 2014:53–84.

[27] 俞稼镛, 宋万超, 李之平. 化学复合驱基础及进展 [M]. 北京: 中国石化出版社, 2002:390–394.

[28] 沈平平, 俞稼镛. 大幅度提高石油采收率的基础研究 [M]. 北京: 石油工业出版社, 2001:149–150.

[29] 赵国玺, 朱埗瑶. 表面活性剂作用原理 [M]. 北京: 中国轻工业出版社, 2003.

[30] 王琳, 宫清涛, 王东贤, 等. 支链烷基苯磺酸钠的合成、表征及其结构对表面性质的影响 [J]. 石油化工, 2004, 33 (2):104–108.

[31] Doe P H, El-Emary M, Wade W H. Surfactants for producing low interfacial tensions I : Linear alkylbenzene sulfonates [J]. J Am Oil Chem Soc, 1977, 54: 570–577.

[32] Doe P H, El-Emary M, Wade W H. Surfactants for producing low interfacial tensions II : Linear alkylbenzene sulfonates with additional alkyl substituents [J]. J Am Oil Chem Soc, 1978, 55: 505–512.

[33] Yang J, Li Z S, Cheng L B, et al. Synthesis and characterization of mono–isomeric alkylbenzene sulfonates [J]. Petroleum Science and Technology, 2006, 24: 937–984.

[34] Paul D B, Christie H L. New anionic alkylaryl surfactants based on olefin sulfonic acids [J]. J Surf Deter, 2002, 5(1): 39–43.

[35] Gray F W, Gerecht J F, Krem I J.The preparation of model long chain alkylbenzenes and a study of their Isomeric sulfonation products [J]. J Org Chem, 1955, 20: 511–523.

[36] 宫清涛, 王琳, 王东贤, 等. 双取代直链烷基苯磺酸钠的合成及其界面活性的研究 [J]. 精细化工, 2005, 22 (3): 189–208.

[37] 姜小明, 徐志成, 史福强, 等. 高纯度支链三烷基苯磺酸钠的合成与表面活性 [J]. 精细化工, 2004, 21(11): 808–811.

[38] 宫清涛, 姜小明, 王琳, 等. 三直链烷基苯磺酸钠的合成及其表面活性的研究 [J]. 石油化工高等

学校学报，2005，18（3）：20-29.

[39] 谭晓礼，徐志成，安静仪，等. 1-（支链烷基）萘和 1-（支链烷基）萘 -4- 磺酸钠的合成 [J].
精细化工，2004，21（增刊）：44-46.

[40] Tan X L，Zhang L，An J Y，et al. Synthesis and study of the surface properties of long-chain alkyl
naphthalene sulfonates [J]. J Surfactants Deterg，2004，7（2）：135-169.

[41] Kohei T，Koji S，Yoshihisa K，et al. Nickel-phosphine complex-catalyzed Grignard coulping of
alkyl，aryl，and alkenyl Grignard reagents with aryl and alkenyl Grignard reagents with aryl and alkenyl
halide：general scope and limitations [J]. Bulletin of the Chemical Society of Japan，1976，49（7）：
1958-1969.

[42] Kohei T，Koji S，Makoto K，et al. Selective carbon-carbon bond formation by cross-coupling of
Grignard reagents with organic halides catalysis by nickel-phosphine complexes [J]. Journal of the
American Chemical Society，1972，94（12）：4374-4376.

[43] 张路，赵濉，徐欣炜，等. 有机添加剂对模拟油 EACN 值及动态界面张力的影响. 油田化学，
1999，16（4）：356-361.

第五章 环烷基石油磺酸盐提高采收率机理

利用刻蚀模型从微观探索了砾岩油藏聚合物 / 表面活性剂二元复合体系微观驱油机理，在常规"提高洗油效率驱动小油滴，改善流度比扩大波及体积，降低界面张力剥蚀、乳化小油滴"的认识基础上，通过对模型化合物胶束增溶作用、KPS 对油的增溶与乳化作用等研究分析确定了环烷基石油磺酸盐 KPS 具有"胶束增溶、乳化携油"双重工作机制。

第一节 微观驱油机理

微观仿真模型是一种透明的二维模型，它采用光化学刻蚀技术，按天然岩心的铸体切片的真实孔隙系统精密地光刻到平面玻璃上制成，微观模型的流动网络，在结构上具有储层岩石孔隙系统的真实标配，相似的几何形状和形态分布。

本节用刻蚀模型从微观探索砾岩油藏聚合物 / 表面活性剂二元复合体系驱油机理，从水驱后残余油分布特征、驱油过程中油滴（油带）的运移规律和复合驱后残余油的分布三方面探索环烷基石油磺酸盐微观驱油机理。

一、微观模型的制作

1. 制版

图 5-1 砾岩油藏岩心铸体薄片照片

首先将岩心的铸体薄片在显微镜下对不同部位照相，如图 5-1 所示。对不同部位的照片进行拼接，拼接后再手工画出孔道的形状，并做出适当的修改，使孔道连通，这时的孔道大小要比真实的网络尺寸要大得多，通过照相把原版图缩小到高反差的 35mm 负胶片上，然后用底片扩大到所需的尺寸，此时与实物孔隙尺寸相仿的底片即为制作微观模型的模版，如图 5-2 所示。

2. 曝光、显影、定影

使用照片冲洗设备中的曝光设备，将模版上的微光孔道曝光到铬版上。把曝光后的铬版在显影液中除去未曝光的部分，使底片的图形在玻片上显现出来。在定影液中将孔道固定（图 5-3）。

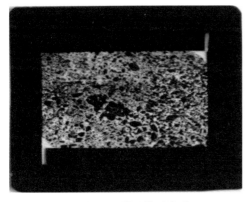 

图 5-2　微观模型底片　　　　　　　　图 5-3　微观模型制作（显影定影后）

3. 腐蚀

腐蚀是微观模型制作过程中的重要工序，通过腐蚀可以将微观孔道在玻片上完整、精确地刻蚀出来。实验中使用的腐蚀液是氢氟酸。由于玻片未涂胶的一面是不需要腐蚀的，因此在腐蚀前要将此面用蜡覆盖保护。腐蚀好的玻片，应用水冲刷，然后用煤油浸泡除去蜡后，再用硫酸除去胶膜。

4. 烧结

将刻蚀好的玻片洗净，在其中一片上钻好注入孔和采出孔。在马弗炉中进行烧结，烧结温度为 600℃左右。

5. 润湿性处理

烧结好的微观模型为亲水模型，为了模拟中性或者亲油性孔道，可以将亲水模型用二氯二甲基硅烷处理得到中性或者亲油性模型。亲油性模型也可以通过烧结使其再次变为亲水。

6. 实验方法

首先用真空泵将微观刻蚀模型抽真空 2h；饱和地层水，用配制的模拟油驱替地层水，建立起束缚水饱和度；用注入水驱替微观刻蚀模型中的原油，直至形成残余油为止；进行化学复合剂驱替残余油，观察整个驱替过程，用彩色显微录像和显微摄影（图 5-4）记录实验中的流动过程和各种现象，供分析研究。

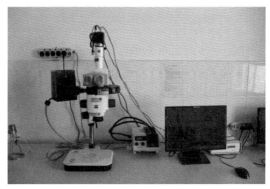

图 5-4　微观模型驱油实验装置

二、结果与讨论

1. 亲水模型的驱油机理

亲水微观刻蚀模型经过水驱后剩余油的分布如图 5-5 所示。水驱后的剩余油分布形态多样，主要分布在孔隙间的交汇处、部分较大的孔隙中、狭小的喉道和盲端内，水驱后在模型中可明显地看到存在着大量的剩余油斑块。

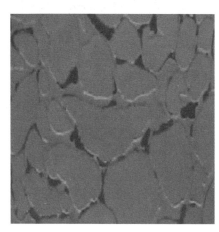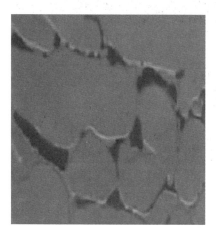

图 5-5　亲水微观刻蚀模型水驱后剩余油分布

当聚合物—表面活性剂二元复合体系进入孔隙中时，首先沿着孔隙的边缘进入充满水的较大的孔道中。复合驱溶液首先启动孔隙中的小油滴，然后随着压差增大，克服了部分毛细管力，将较细喉道中的剩余油驱出，增大了复合驱的波及面积，改善了绕流现象；在二元复合驱油压差不大于水驱油压差的条件下，由于剩余油和复合驱溶液之间的剪切应力大于油水之间的剪切应力，储存在大孔隙中的大油滴在复合驱溶液的作用下逐渐变形，在变形的过程中，油通过化学剂的剪切拖拽作用从大油斑上剪切下来形成一个个小油滴，即复合驱溶液的剪切作用，复合驱溶液夹带着小油珠将其带走，通过喉道向前运移。

聚合物—表面活性剂二元复合体系驱替亲水微观模型内剩余油的机理可以概述为以下三点。

1）小油滴启动

当二元复合体系的前缘进入模型中时，复合剂与地层水汇合互溶，使黏附在孔壁的小油滴重新运移，而大部分水驱剩余油仍滞留不动。二元体系驱动小油滴运移如图 5-6 所示，在图中可以看到小油珠随着复合剂向前运移。由于微观模型内孔隙的非均匀性，喉道大小不同，注入的化学剂首先会进入大孔道中，而小孔道没有化学剂流过，即化学剂存在着绕流现象，图 5-6 中，1 处和 2 处属于小喉道，内部的剩余油没有变化，小油滴流动沿着 1 处和 2 处之间的较大孔道流动，微观模型的非均匀性不利于模型内剩余油的启动。

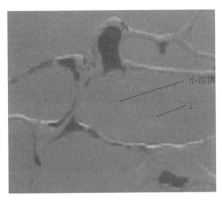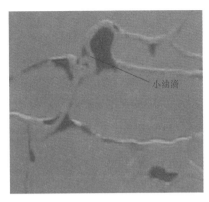

图 5-6　亲水模型二元复合驱开始阶段小油滴启动

2）剥蚀、乳化现象

当复合剂浓度进一步提高时，在模型中可以看到滞留的原油被剥蚀、乳化成小油珠，形成水包油型乳状液随着复合剂向前运移，此时驱油效果最好，也是复合剂驱油的主要阶段。在表面活性剂的作用下大油滴与溶液的界面张力降低，油块容易变形，在复合驱溶液的剪切作用力下被拉长、剥离，之后被乳化（图 5-7）。

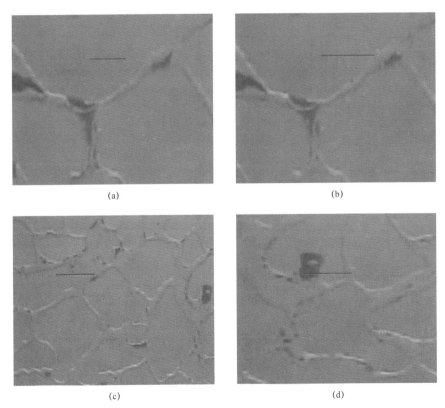

图 5-7　亲水模型内剩余油在二元体系作用下被剥蚀、乳化

图 5-7（a）和图 5-7（b）中，在孔隙交汇处的原油被剥蚀、乳化，小油珠顺利通过

喉道，化学剂携带着乳化的小油珠运移。在这种剥蚀、乳化作用下，喉道处滞留的大油块部分地被剥离，反复地进行这样的过程，最终，大油块逐渐地被驱替出来。从图 5-7（c）和图 5-7（d）中，可以观察到黑色的小油滴在复合驱溶液的带动下通过孔隙通道，向出口端运移。剥蚀、乳化阶段是复合驱驱替剩余油的主要阶段，经过此阶段的驱替，复合剂所经过的孔道中剩余油减少许多。

3）波及面积增大

与水驱相比，复合驱中聚合物的加入可以使注入液的黏度增大，在一定程度上可以改善非均质性造成的严重的绕流现象。如图 5-8 所示，在一些较狭长的喉道内，复合驱化学剂由于具有较大的驱动压差，可以波及水驱无法驱替的区域，狭长喉道中的油相在复合驱溶液的作用下被驱走。因此，二元复合驱可以增大波及面积。

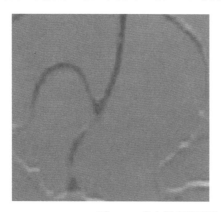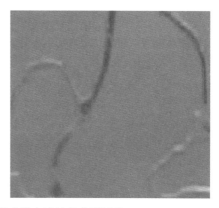

图 5-8　亲水微观模型狭窄喉道内油柱的变形运移

上述的流动机理说明复合驱能在提高洗油效率和增大波及体积两个方面提高原油采收率。

2. 亲油模型的驱油机理

在亲水模型中注入 0.1% 的二甲基二氯硅烷苯溶液，放置 24h 后，得到了亲油微观模型。亲油微观模型水驱后剩余油分布如图 5-9 所示。

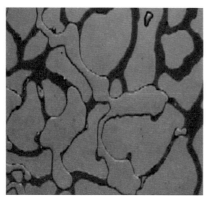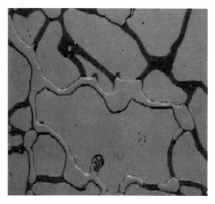

图 5-9　亲油微观刻蚀模型水驱后剩余油分布

与亲水模型相比，可以看到亲油模型水驱后剩余油主要分布在较狭窄的喉道中，在孔隙的内壁上分布着较厚的油膜，大孔隙中含有剩余油。此外，由于砾岩介质的严重非均匀性和孔隙结构的复杂性，在孔隙的盲端、流向垂直的喉道中和模型的边缘水驱剩余油较多。

在亲油模型中，二元化学剂驱替剩余油的渗流机理主要有两种。

1）油膜桥接与沿壁流动

在化学剂溶液的驱替作用下，孔道内壁上的剩余油逐渐变厚，当厚度增加到一定程度时，在化学剂溶液的剪切拖拽作用下，油相会被拉长，上游的油相会产生桥接现象，这样上游颗粒的剩余油流到下游颗粒的表面上，剩余油按照相同的方式逐步运移到下游，进而被采出（图 5–10）。

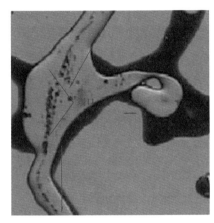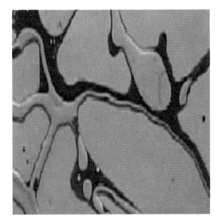

图 5–10　亲油模型复合驱剩余油流动

在二元复合体系驱替亲油微观模型内的剩余油中可以观测到很多的"油膜桥接"现象，这种现象是由模型的亲油性决定的。由于剩余油滞留在岩石颗粒表面，复合驱溶液中聚合物具有一定的黏弹性，剩余油能够顺利地沿着颗粒表面变形，在化学剂的动力作用下，剩余油会发生运移，颗粒两侧的油珠会很容易地"桥接"在一起。在剩余油比较富集的较大孔道中，这种现象容易发生；但是在一些孤立的小喉道中，化学剂无法进入这些小喉道中，内部的油相无法被驱替出，容易形成复合驱剩余油。

2）剥蚀、乳化现象

与亲水模型相似，在二元复合驱驱替亲油模型中的水驱剩余油时也普遍存在着剥蚀、乳化现象。在图 5–11（a）和图 5–11（b）中，可以看到很多小油滴，这就是剥蚀、乳化的结果。岩石颗粒表面的剩余油在化学剂的携带作用下向出口端运移，由于二元复合驱溶液中的表面活性剂能降低油相和水相之间的界面张力，使剩余油容易被乳化，剩余油同时受到聚合物的剪切作用，当剪切力达到一定程度时，剩余油被剥离成小油珠，在化学剂的驱动下运移。

在亲油模型二元复合驱过程中，存在着"拉丝"现象［图 5–11（c）、图 5–11（d）］。由于复合驱溶液中聚合物的黏弹性，剩余油容易变形，岩石颗粒表面的剩余油在化学剂

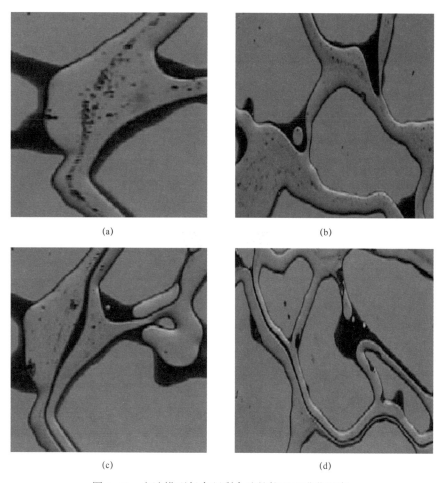

(a)　　　　　　　　　　　　(b)

(c)　　　　　　　　　　　　(d)

图 5-11　亲油模型复合驱剩余油的拉丝和乳化现象

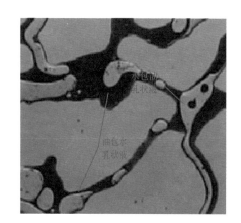

图 5-12　亲油模型复合驱油内的油包水
及水包油乳状液

溶液的携带作用下沿着流体流动的方向拉出很长的油丝，这种油丝可以在化学剂溶液中摆动。当油丝搭连在相邻的岩石颗粒上时，会和颗粒上的油膜汇集在一起，形成油桥，油相就沿着油桥向下游运移。当化学剂溶液的剪切应力达到一定程度时油丝会被拉断，油丝形成小油滴，油滴迅速被溶液夹带流走。

在亲油模型中观察到很多的桥接和拉丝现象，这是由于复合体系使剩余油变形，加上亲油模型中剩余油滞留在颗粒表面，以上两种因素决定了亲油模型内复合驱驱动剩余油的流动模式。此外，在剩余油较多的区域，复合剂和剩余油形成了少数的油包水乳状液，但在复合剂流动的孔道中，主要为水包油乳状液（图 5-12）。

三、小结

（1）在二元复合驱驱替亲油模型的剩余油过程中可以看到，二元化学剂在亲油模型中的流动情况与水在亲油模型中的流动类似，化学剂溶液沿着喉道的中轴部位流动，油则沿着孔道内壁流动。在亲油模型中，虽然剩余油也存在着被剥蚀、乳化现象，但是剩余油的流动主要是通过孔隙内壁上油膜的连通，通过这种方式，复合驱溶液将孔隙内的水驱剩余油驱出。

（2）与亲水模型的驱替结果相比，亲油的驱替效果明显不如亲水的效果好。由于模型的亲油性，油相主要滞留在颗粒的表面，而化学剂是沿着孔道的中轴部位运移，在颗粒表面力较大的区域水驱剩余油不易被驱替出来，产生的剩余油与亲水模型相比较多。

第二节 "胶束增溶，乳化携油"提高采收率机理

一、模型化合物胶束增溶作用

首先选用与 KPS 分子结构相似的十二烷基苯磺酸钠（SDBS）作为模型化合物研究对油的增溶与乳化作用，图 5-13 为 40℃ 条件下溶液的表面张力随 SDBS 浓度的变化曲线。可以发现，随着 SDBS 浓度不断增加，表面张力不断下降，表明表面活性剂分子在气 / 液界面发生吸附；当吸附达到饱和时，表面张力达到最低，且随着浓度的增加基本不再改变，表明溶液中有胶束形成[1]。对曲线转折点前后进行线性拟合可以得到表面活性剂的 CMC 值，约为 0.0013mol/L（质量分数为 0.045%）。其值与文献［2］给出的 25℃ 下

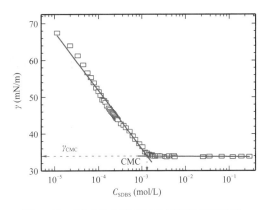

图 5-13 表面张力随 SDBS 溶液浓度的变化曲线（蒸馏水配制，T=40℃）

SDBS 的 CMC 值为 0.0012mol/L 十分接近，可见温度对 CMC 的影响不大，而微弱的上升趋势可以解释为温度升高胶束的稳定性减小，表面活性剂不易进入胶束中，致使 CMC 升高。另外升高温度会破坏憎水基周围的水结构，妨碍胶束的形成，也使 CMC 升高[3]。

1. 模型胶束形貌的形成区间

为了确定不同浓度 SDBS 纯水溶液形成的形貌区间，利用电导率仪测试了在 40℃ 下 SDBS 溶液电导率随浓度的变化。图 5-14 描述了一系列不同浓度的 SDBS 溶液的电导率，从图中可以看出溶液的电导率随浓度的升高而增大，但是在测定的整个浓度范围内电导率增大的比率不同。

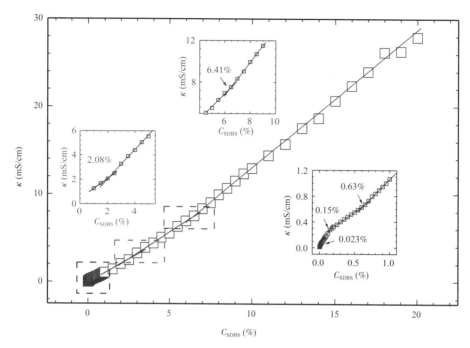

图 5-14　SDBS 溶液电导率随浓度的变化曲线（纯水体系，T=40℃）

根据曲线斜率的不同，可以将其分为 7 个区域，如图 5-15 所示。

图 5-15　SDBS 溶液形貌与浓度关系图（纯水体系，T=40℃）

区域 Ⅰ：C_{SDBS}＜0.023%，溶液的电导率随 SDBS 浓度的增加升高很快，因为此时体系中的 SDBS 是以单体分子的形式存在，能够电离出自由的阴阳离子，电导率增加很快。

区域 Ⅱ：0.023%＜C_{SDBS}＜0.15%，溶液电导率增加的速率有所减小，表明此时形成了球形胶束，溶液中的反离子因受到胶束层的束缚而减少，曲线斜率有所下降。

区域 Ⅲ：0.15%＜C_{SDBS}＜0.63%，曲线斜率增大，通过图 5-15 可知该浓度范围内形成的仍为球形胶束，而电导率增加速率上升，可能是因为 SDBS 浓度增大，胶束间的相互作用增强，胶束间的距离减小，为了平衡胶束间的排斥力，胶束层所束缚的阴离子相应减少，溶液中的自由离子增多[4]。

区域 Ⅳ：0.63%＜C_{SDBS}＜2.08%，浓度继续增加，球形胶束之间相互靠近，最终形成短棒状胶束。曲线斜率微弱增加表明此时球形胶束向棒状胶束转变，当球形胶束生长成棒状胶束，降低了可以结合反离子的聚集体的比表面积，释放出胶束表面的反离子，电导率增加速率上升。

区域 Ⅴ：2.08%＜C_{SDBS}＜6.41%，曲线斜率的增加表明胶束形貌的转变导致溶液中的反离子增加，电导率增加速率继续上升。

区域Ⅵ：6.41%＜C_{SDBS}＜18%，曲线斜率的增加表明棒状胶束向蠕虫状胶束的转变，相对于棒状胶束，蠕虫状胶束可结合反离子的比表面积减少，电导率增加速率继续上升。

区域Ⅷ：C_{SDBS}＞18%，此时已经形成液晶相，电离出的自由离子受到束缚，电导率增加缓慢。

2. 模型化合物胶束大小

为了考察 SDBS 浓度对其形成的胶束粒径的影响，利用马尔文激光粒度仪在40℃下测试 SDBS 在纯水中的胶束尺寸随浓度的变化。图 5-16 描述了 6 个典型浓度下，SDBS 胶束聚集体尺寸的变化。

可以看出，随着 SDBS 浓度的增加，其粒径有所增加：

当 C_{SDBS}=0.08% 时，胶束尺寸 d=1.7nm；

当 C_{SDBS}=0.2% 时，d=4.2nm；

当 C_{SDBS}=0.8% 时，d=6.7nm；

继续增大 C_{SDBS}=4%，d=13.5nm；

当 C_{SDBS}=10% 时，d=23.3nm；

当 C_{SDBS}=20% 时，d 增大至 55.7nm。

值得注意的是，在高浓度下（C＞10%），聚集体尺寸出现了双峰，说明此时体系内形成的并不是单一的胶束，有多种形貌的胶束共存；换言之，此时的溶液内，胶束尺寸具有多分散性。

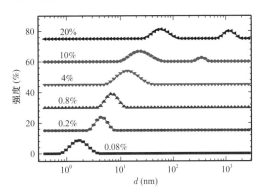

图 5-16　胶束粒径随 SDBS 溶液浓度的变化曲线（动态光散射法测定，T=40℃）

3. 模型化合物胶束的形貌

为了直接观察不同浓度下胶束的形貌，利用冷冻透射电镜（Cryo-TEM）[5]观察了40℃下胶束的形貌。根据所确定的胶束形貌区间分别选取一个浓度点进行测试，结果如图 5-17 所示。可以看出：当 C_{SDBS}=0.08% 以及 C_{SDBS}=0.2% 时，电镜视野中未观察到胶束，但从小角中子散射图中可以看出此时形成的均为球形胶束，由于形成的球形胶束直径在 4nm 左右，透射电镜无法观测到尺寸这么小的胶束。

当 C_{SDBS}=0.8% 时，形成短棒状胶束；C_{SDBS}=4% 时，开始有少量的蠕虫状胶束形成；C=10% 时，形成了有序的蠕虫状胶束；C_{SDBS}=20% 时形成了液晶相。结合偏光显微镜结果（图 5-18），可以看出在 C_{SDBS}＞18% 时体系已经转变为液晶相。

综上可知，表面活性剂的浓度升高会引起胶束形貌的转变。

4. 模型化合物 SDBS 胶束的精细结构

为了更进一步测定胶束的微结构，利用小角中子散射仪在40℃下分别测试了不同浓度、不同含油量的 SDBS 溶液。图 5-19 即为所测试的 SDBS 溶液的小角度中子散射曲线。其中 q 为波向量，I 为散射强度，可以看出随着溶液浓度的增加，曲线在低 q 值（通常小于 0.10Å^{-1}）的斜率逐渐增大且出现了峰。在低 q 值范围内，曲线符合 $I_{(q)}$—q^{-D}，D

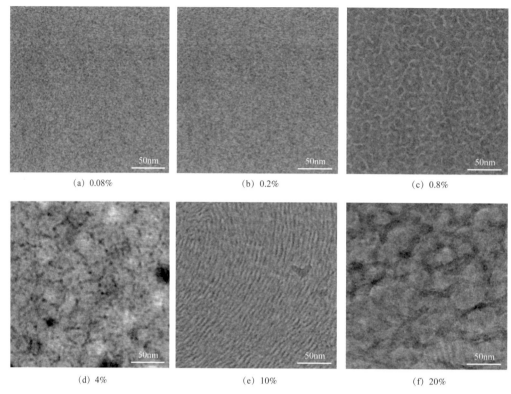

(a) 0.08%　　　　　　　(b) 0.2%　　　　　　　(c) 0.8%

(d) 4%　　　　　　　(e) 10%　　　　　　　(f) 20%

图 5-17　利用 Cryo-TEM 观察不同浓度下的 SDBS 胶束的形貌（T=40℃）

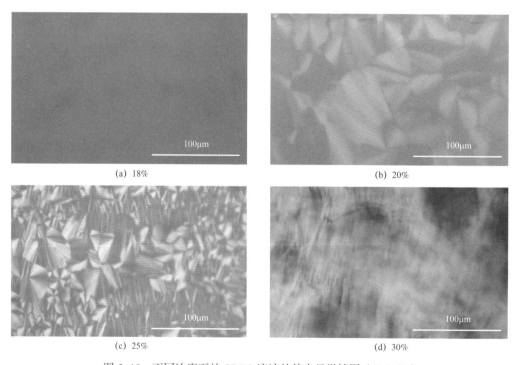

(a) 18%　　　　　　　　　　　　　　(b) 20%

(c) 25%　　　　　　　　　　　　　　(d) 30%

图 5-18　不同浓度下的 SDBS 溶液的偏光显微镜图（T=40℃）

称为分形维数，即曲线在低 q 值范围内的斜率，球形胶束在该区域内 $D=0$，而棒状胶束的 $D=-1$，盘状胶束的 $D=-2^{[6-7]}$。可以看出 $C_{SDBS}=0.08\%$ 和 $C_{SDBS}=0.2\%$ 时均形成的是球形胶束，而 $C_{SDBS}=0.8\%$ 时形成短棒状胶束。而对于浓度增大曲线出现峰这是因为溶液浓度增大，形成的胶束增多，胶束间的距离减小，相互作用增强$^{[8]}$。

5. 模型化合物 SDBS 胶束的聚集数

图 5-20 为 40℃下纯水体系中芘在不同浓度的 SDBS 溶液中的荧光强度衰减曲线。对曲线的长时间标度区进行线性拟合，通过公式 $N=\dfrac{n\left([C]-C_{CMC}\right)}{\left[P_y\right]}$ 计算可得到 SDBS 胶束的聚集数。其中 N 为聚集数，n 为截距的绝对值，$[C]$ 为 SDBS 浓度，C_{CMC} 为 SDBS 的临界胶束浓度，$[P_y]$ 为探针芘的浓度。

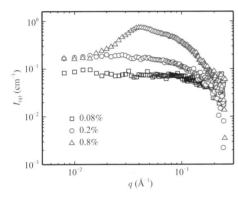

图 5-19　不同浓度下的 SDBS 溶液的小角度　　图 5-20　芘在不同浓度的 SDBS 溶液中的荧光强
　　　　中子散射曲线（T=40℃）　　　　　　　　度衰减曲线（$[P_y]$=1×10⁻⁴mol/L）

从表 5-1 可以看出，随着 SDBS 溶液浓度的增加，胶束聚集数也相应增大：当 $C_{SDBS}=0.08\%$ 时，胶束聚集数为 15；$C_{SDBS}=0.08\%$ 时，胶束聚集数为 37；当 $C_{SDBS}=0.8\%$ 时，聚集数陡然增大到 177；而当 C_{SDBS} 增加到 4% 时，聚集数更是增大到 1768；当 $C_{SDBS}=10\%$，胶束聚集数为 5825。

表 5-1　SDBS 在不同浓度下的胶束聚集数

C_{SDBS}（%）	n（截距的绝对值）	N（聚集数）
0.08	1.448	15
0.2	0.830	37
0.8	0.816	177
4	1.556	1768
10	2.039	5825

这是因为表面活性剂浓度较低时，形成的均为球形胶束，胶束聚集数变化并不大；

而继续增加表面活性剂的浓度，原来较规整的球形胶束不能再融入表面活性剂单体，因此更多的表面活性剂通过缠绕、扭曲在原来的球形胶束上聚集，形成不规整的棒状、层状结构，导致胶束聚集数测定结果较高[9]。

6. 模型化合物胶束增溶实验表征

1）SDBS 胶束增溶白油后的大小测定

图 5-21 为 10g 0.2% SDBS 溶液增溶不同量白油其粒径变化图，从图中可以看出，0.2% SDBS 胶束直径约为 3.5nm，当加入 5mg 白油时，其直径增加至 30nm，继续增溶白油至 15mg，其直径高达 250nm。从宏观上看，当增溶 5mg 时溶液保持澄清透明，当白油量为 15mg 时，溶液已变得浑浊，可能形成了乳液。

2）SDBS 胶束对白油的增溶量测定

图 5-22 为在 SDBS 溶液中逐渐加入白油后溶液的照片，从图 5-22 中可以看出，随着加入的白油量的增加，溶液从澄清逐渐变得浑浊，当白油量大于 4mg 时，通过

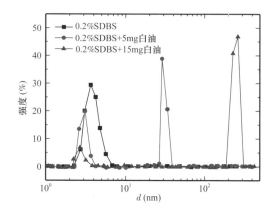

图 5-21　10g 0.2% SDBS 溶液增溶不同量白油的粒径图

（纯水体系，T=40℃）

肉眼观察，溶液开始变得浑浊，说明此时表面活性剂溶液已经超过了增溶极限[10]。为了确定白油在 SDBS 胶束中的增溶量，利用紫外—可见分光光度计在 40℃测试了 5g 0.2% SDBS 溶液加入不同量白油后的透光率（图 5-23）。

图 5-22　0.2% SDBS 溶液加入不同量白油的照片（纯水体系，T=40℃）

从图 5-23 中可以看出溶液的透光率随着白油量的增加而逐渐减小。从实验现象来看，当加入少量白油时溶液比较澄清，继续增加白油的量，当白油含量超过表面活性剂的增溶极限时，溶液开始变得浑浊，呈乳白色。从曲线上看，当白油量小于 4.6mg 时，溶液透光率基本保持不变；当超过 4.6mg 时，溶液透光率迅速下降，根据其转折点可以得出 5g 0.2% SDBS 胶束对白油的最大增溶量为 4.6mg，由此可以计算 1m³ 0.2% 表面活性剂溶液可以增溶 0.92kg 白油。

3）增溶物在 SDBS 胶束中增溶位置的测定

为了确定白油在 SDBS 胶束中的增溶位置，采用核磁氢谱来分析增溶物对表面活性剂烃链中氢原子的化学位移的影响，从而反映出其增溶位置（图 5-24）[11-12]。从图 5-24 看出 5g 0.2% SDBS 溶液加入不同量的白油后其氢原子的化学位移并没有发生明显变化。白油并不是单一小分子，其组分复杂，主要由饱和烷烃组成，白油本身存在的—CH_2—与表面活性剂的—CH_2—重叠在一起，难以分析其对表面活性剂烃链中氢原子化学位移的影响。为此进一步选择了白油中含有的组分芳烃类（苯酚）和烷烃类（己烯）作为增溶物[12]，利用核磁（NMR）来研究其增溶位置。

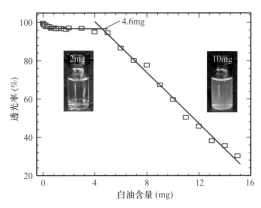

图 5-23　0.2% SDBS 溶液透光率随白油含量
的变化曲线（纯水体系，T=40℃）

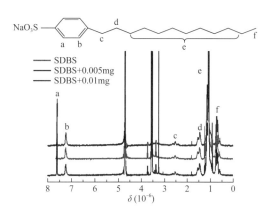

图 5-24　0.5g 0.2% SDBS 溶液增溶不同量
白油后的核磁谱图

为了确定增溶物在 SDBS 胶束中的增溶位置，利用 NMR 分别测定了含不同量的苯酚或己烯的 SDBS 的 ^{1}H NMR 谱图（溶剂为 D_2O），结果如图 5-25 所示（其中 SDBS 浓度为 1%）。设不含增溶物的 SDBS 各基团质子的化学位移为 δ_0，含有不同量苯酚或己烯的 SDBS 各基团质子的化学位移为 δ，则化学位移的变化量 $\Delta\delta = \delta_0 - \delta$。图 5-26 分别为苯酚和己烯浓度对 $\Delta\delta$ 的影响。

从图 5-26（a）可以看出苯酚在 SDBS 胶束中的增溶使得 SDBS 各基团质子的化学位移均下降，这是由于 SDBS 各基团的质子受到靠近它的苯酚分子中的苯环的抗磁屏蔽作用，导致各基团的 δ 随增溶物浓度增加，向高场移动。其中 α-CH_2 的化学位移下降幅度最大，—$(CH_2)_n$—的化学位移基本没变化，为此可以推断苯酚主要增溶在胶束的栅栏层并靠近亲水头基部分[13]。从图 5-26（b）可以得到己烯增溶在 SDBS 胶束中对 SDBS 各基团质子的化学位移基本没影响，这表明己烯进入胶束内核，处于内核的增溶物对各基团质子的影响十分微弱，$\Delta\delta$ 基本没变化。虽然难以分析白油在 SDBS 胶束中的增溶位置，但是通过对白油组分己烯和苯酚在 SDBS 胶束中的增溶位置的研究，可以推断白油这种非极性物质增溶在胶束内核。

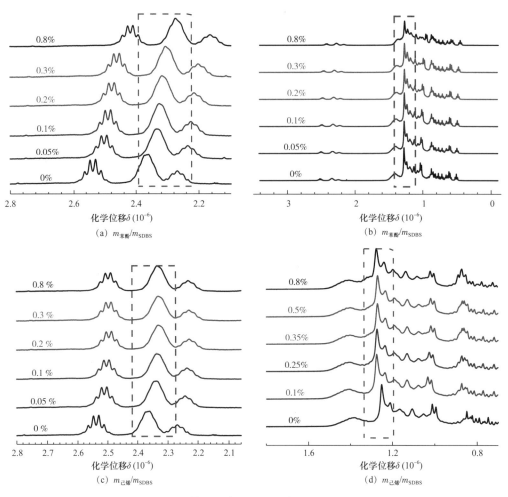

图 5-25　苯酚 /1%SDBS 体系的 ^1H　NMR 谱（a）α—CH_2　（b）—$(CH_2)_9$；
己烯 /1%SDBS 体系的 ^1H　NMR 谱（c）α—CH_2　（d）—$(CH_2)_9$

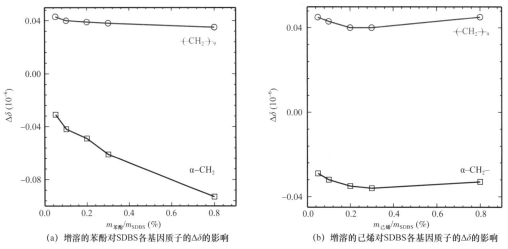

(a) 增溶的苯酚对SDBS各基因子的$\Delta\delta$的影响　　(b) 增溶的己烯对SDBS各基因子的$\Delta\delta$的影响

图 5-26　增溶物对 SDBS 各基团质子的 $\Delta\delta$ 的影响

7. 模型化合物 SDBS 与白油乳化作用研究

表面活性剂的乳化驱油机理尚不明确，主要原因是多孔介质的"不可视"性导致无法观察水油两相在多孔介质中的乳化过程，微流控技术的发展为探究这一过程提供了新的思路[14-16]。利用微流控技术，以透明的玻璃芯片模拟多孔介质，对表面活性剂的乳化驱油过程进行了可视化研究。利用搭建的微流控装置（图5-27），进行了初步的注入实验。首先将微流控芯片固定于显微镜下的恒温热台，设置热台温度为40℃，然后以注射泵向微通道中

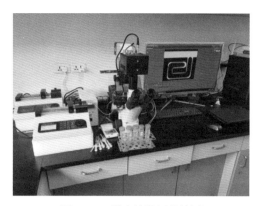

图 5-27　微流控装置整体图

注入白油用以模拟受困油，待通道中全部注满白油后，以另一注射泵向微通道中注入荧光标记的水相，油水两相接触后分别在白光和470nm激发光下拍照观察。

为了考察不同表面活性剂浓度对乳化效果的影响，配制了 SDBS 浓度分别为 0.2% 和 4% 的表面活性剂水溶液并以荧光素进行染色（荧光素浓度为 $1×10^{-4}$ mol/L），分别进行了注入实验。

如图 5-28 所示，在注入流速均为 0.1μL/min 且其他条件均相同的情况下，4% 的表面活性剂组在 3h 时已发生明显的乳化现象，而 0.2% 的表面活性剂组则未见明显乳化。因此，为了更快地观察到乳化现象，从而利于成像分析，在后续实验中均采用高表面活性剂浓度（即 SDBS 浓度为 4%）溶液进行注入实验。

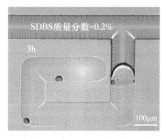
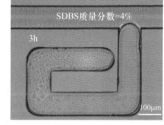
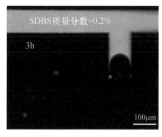
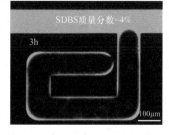

图 5-28　不同表面活性剂浓度下的乳化效果图

通过对不同时刻的微通道进行拍照，考察了乳化现象的产生及演化情况，如图5-29所示，当表面活性剂溶液以 0.1μL/min 的流速进入微通道后，乳化现象迅速发生，3min时已能观察到明显的乳化层，20min 时已能观察到明显的油包水液珠，乳化范围随时间推

移不断扩大，3h 时已扩展至封闭通道末端，而油包水液珠也在这一过程中逐渐变大，以至于连接成块。

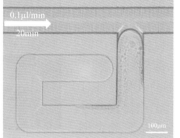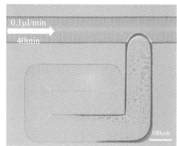
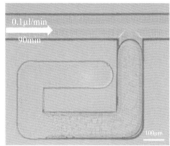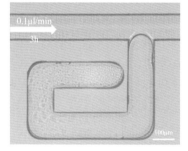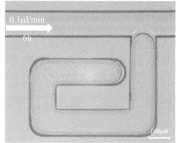

图 5-29　乳化效果演化图（明场）

通过荧光素对水相进行标记，可明显的区分油水两相，如图 5-30 所示，在激发波长为 470nm 的荧光条件下可明显地观察到水相的绿色荧光，水相进入封闭通道后，是沿通道壁向末端扩散的，并且在油相中能观察到荧光标记的油包水液珠（块），且在不同时刻，油包水液珠的形状和大小均不相同。

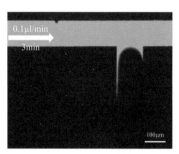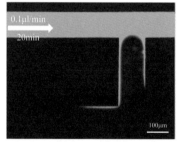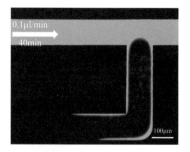
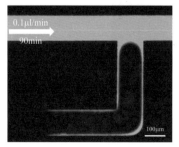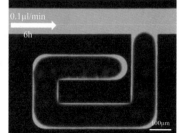

图 5-30　乳化效果演化图（绿场）

以 40min 时拍摄的图像为例（图 5-31），可观察到通道壁上有明显的荧光，说明表面活性剂溶液是沿通道壁向末端扩散的，油相中分布着尺寸不一的油包水液珠（液块），初期形成的液珠尺寸较大（图 5-31 中白色虚线圈所示），这是由于油包水液珠逐渐发展并连接成块导致的，而后期形成的液珠尺寸较小（图 5-31 中红色虚线圈所示），这是由于刚形成的油包水液珠没有经历足够的时间使其发展变大。

在水相注入一定时间后，通过对封闭通道内水相和油相所占体积进行测量并计算，可对表面活性剂溶液的驱油情况进行量化，如图 5-32 所示，在注入表活剂溶液 12h 后，约有 14% 的受困油被驱出。

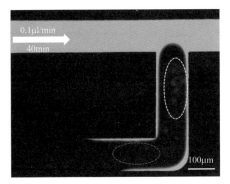

图 5-31　40min 时的乳化效果图（绿场）

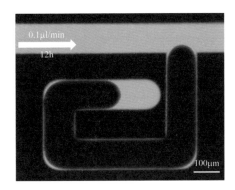

图 5-32　12h 时的驱油效果图（绿场）

为了对乳化情况进行进一步量化，收集流出液于显微镜下进行观察，如图 5-33 所示，镜下可观察到大小不一的球形水包油液珠，液珠直径约为 5～30μm，平均直径约为 10μm。

同时以 TX500C 界面张力仪测定了不同浓度的 SDBS 溶液与白油在 40℃时的界面张力，如图 5-34 所示，油水两相间的界面张力值随表面活性剂浓度升高而逐渐降低，但整体仍维持在较高的水平（SDBS 浓度为 4% 时，IFT 仍高达 0.5mN/m），该实验表明，即使油水两相的界面张力处于较高水平，仍能发生明显的乳化现象。

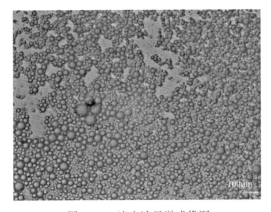

图 5-33　流出液显微成像图

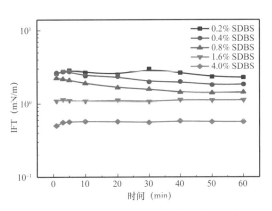

图 5-34 不同浓度 SDBS 溶液与白油的界面张力

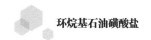

二、环烷基石油磺酸盐 KPS 对油的增溶与乳化作用

1. 环烷基石油磺酸盐胶束大小

将环烷基石油磺酸盐进行了精细组分分离，分为 KPS 单磺，KPS 双磺，KPS 总磺。为了考察表面活性剂浓度对其形成的胶束粒径的影响，利用马尔文激光粒度仪在 40℃下测试 KPS 单磺、双磺、总磺在盐水中的胶束尺寸随浓度的变化。如图 5-35 和表 5-2 所示。结果表明，随着浓度的增加，其胶束尺寸大小也随之增加。

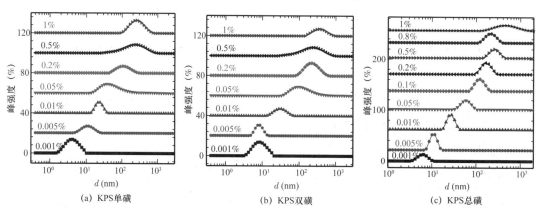

图 5-35　KPS 系列表面活性剂胶束大小与其浓度关系示意图

（T=40℃，14000mg/L NaCl）

表 5-2　KPS 系列表面活性剂胶束大小

表面活性剂浓度（mg/L）	不同浓度下的粒径 d（nm）									
	0.0004	0.0006	0.001	0.005	0.01	0.05	0.08	0.2	0.5	1
KPS 单磺	—	—	4.0	10.9	22.3	40.4	76.6	109.7	239.2	282.3
KPS 双磺	—	—	6.4	10.8	27.3	59.3	118.0	167.0	256.0	460.0
KPS 总磺	—	—	8.2	8.6	31.0	93.8	135.4	218.0	251.1	351.5

2. 环烷基石油磺酸盐胶束聚集数

为考察 KPS 和 HABS 胶束的聚集数，采用动态荧光仪测试两类表面活性剂的聚集数，由于表面活性剂浓度为 0.2% 时溶液已变浑浊，为保证测试结果的准确性，分别选择浓度为 0.001%、0.01%、0.1%、0.2% 的表面活性剂进行测试。图 5-36（a）至图 5-36（d）为不同系列 HABS、不同浓度的 HABS 溶液中的荧光强度衰减曲线，图 5-36（e）至图 5-36（g）为 KPS 单磺、双磺、总磺溶液中的荧光强度衰减曲线，图 5-37 为聚集数与表面活性剂浓度（质量分数）的关系示意图。

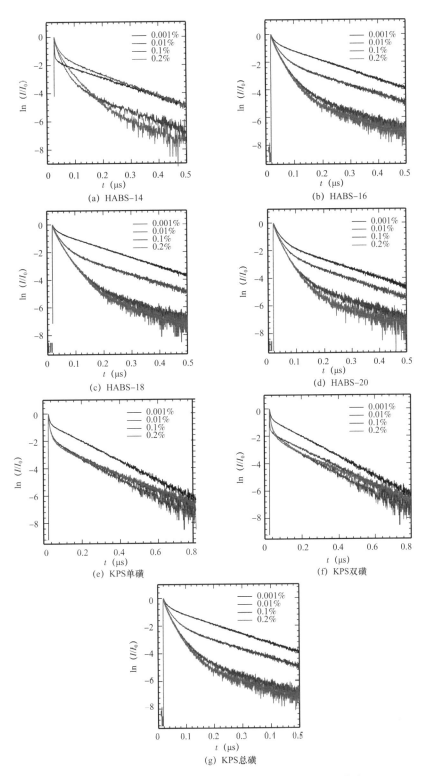

图 5-36 芘在不同浓度的 KPS 溶液中的荧光强度衰减曲线

(T=40℃，14000mg/L NaCl）

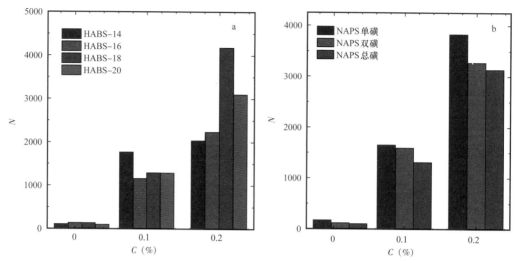

图 5-37 聚集数与表面活性剂浓度（质量分数）的关系示意图

（T=40℃，14000mg/L NaCl）

对曲线的长时间标度区进行线性拟合，可得到 HABS 和 KPS 胶束的聚集数。结果见表 5-3。

表 5-3　不同浓度 HABS 和 KPS 胶束的聚集数

表面活性剂种类	C（%）	n（截距）	N（聚集数）
KPS 单磺	0.001	0.56	24
	0.01	1.61	170
	0.1	1.66	1650
	0.2	1.92	3829
KPS 双磺	0.001	0.63	36
	0.01	1.23	118
	0.1	1.6	1593
	0.2	1.64	3273
KPS 总磺	0.001	0.55	41
	0.01	1.03	101
	0.1	1.36	1312
	0.2	1.57	3136

从图 5-36、图 5-37 和表 5-3 中可以看出，随着 KPS 溶液浓度的增加，胶束聚集数也相应增大。这可能因为表面活性剂浓度较低时，形成的均为球形胶束，胶束聚集数变化不大；而继续增加表面活性剂的浓度，原来较规整的球形胶束不能再融入表面活性剂

单体，因此更多的表面活性剂通过缠绕、扭曲在原来的球形胶束上聚集，形成不规整的棒状、层状结构，导致胶束聚集数测定结果较高。此外，两类表面活性剂在盐水中的溶解性均不好，溶液没有完全溶解可能会使测试结果存在误差。

3. KPS 与正构烷烃（C_{12}）乳化作用研究

利用搭建的微流控装置，进行了 KPS 溶液与正构烷烃（C_{12}）的乳化实验，如图 5-38 所示。首先将微流控芯片固定在显微镜下的恒温热台上，设置热台温度为 40℃，然后以注射泵向微通道中注入 C_{12} 用以模拟受困油，待通道中全部注满 C_{12} 后，以另一注射泵向微通道中注入荧光标记的 KPS 溶液（0.2%），油水两相接触后分别在白光和 470nm 激发光下观察，拍照。

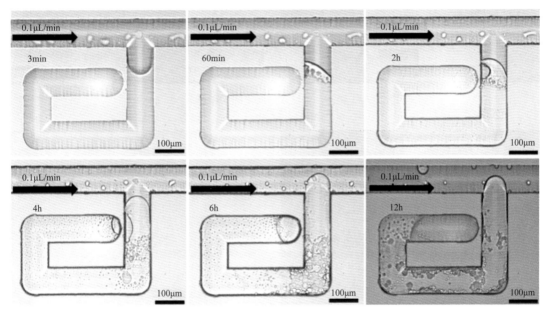

图 5-38　乳化效果演化图（明场）

当 KPS 溶液进入微通道后迅速发生乳化，如图 5-39 所示，60min 时已能观察到明显的油包水液珠，乳化范围随时间推移不断扩大，2h 时已扩展至封闭通道末端，而油包水液珠也在这一过程中逐渐变大，以至于连结成块。以荧光素对水相进行标记，在荧光条件下可明显地观察到油相中荧光标记的油包水液珠（块）。

在注入 KPS 溶液一定时间后，通过对封闭通道内水相和油相所占体积进行测量并计算，可对表面活性剂溶液的驱油情况进行量化，如图 5-40 所示，在注入 KPS 溶液 12h 后，封闭通道内约有 30% 的受困油被驱出。

用 TX500C 界面张力仪测定了 0.2% 的 KPS 溶液与 C_{12} 在 40℃ 的界面张力，如图 5-41 所示，120min 时，界面张力值稳定在 0.55mN/m 左右，该实验表明，即使油水两相的界面张力处于较高水平，仍能发生明显的乳化现象。

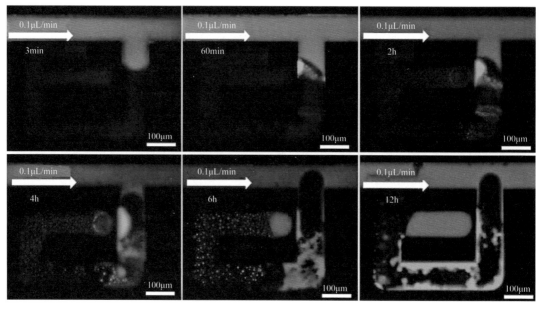

图 5-39　乳化效果演化图（绿场）

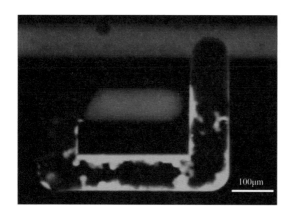

图 5-40　12h 时的驱油效果图（绿场）

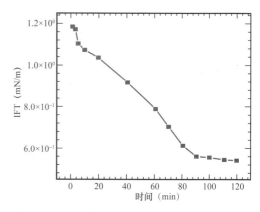

图 5-41　KPS 溶液（0.2%）与 C_{12} 的界面张力

此外，为了验证在二元体系中表面活性剂注入岩心后，先增溶原油成为溶胀胶束，随着增溶原油数量的逐步增大，溶胀胶束变为微乳液，最后微乳液液滴聚并，变成乳状液，收集了岩心驱替过程中不同时段的采出液（图 5-42），并通过动态光散射测定不同时段采出液的粒径。

从出第一滴油开始在出口接样，1-7 号样品依次是每 10min 的样品（图 5-43）。

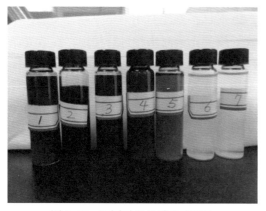

图 5-42　不同时段的采出液照片

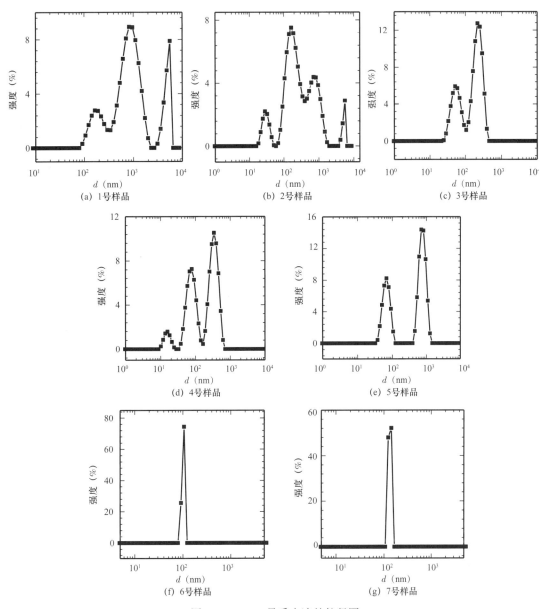

图 5-43　1~7 号采出液的粒径图

从图 5-43 可以看出刚开始驱油时收集的采出液比较浑浊,1~5 号采出液都存在多个峰,分布不均一,且粒径高达几百纳米,推断 1~5 号采出液应该是油水混合形成的乳状液。而 6 号和 7 号采出液为驱油快结束时收集的,此时油基本已经驱出完毕,所以溶液比较澄清,粒径图中也只存在单峰,但溶液中应该含有少量油滴及杂质,所以粒径在 100nm 左右。

4. 环烷基石油磺酸盐与原油的乳化规律研究

1)二元体系与原油形成乳状液性能评价

表面活性剂 / 聚合物二元复合驱技术是在碱水驱和聚合物驱的基础上发展起来的三次

采油新技术。作为一种高效强化采油技术，它可扩大波及体积、提高驱油效率，因此越来越受到重视。大庆油田开展的二元复合驱先导性矿场试验在水驱的基础上提高原油采收率 20% 以上。二元复合驱过程中乳化油滴的产生方式大致可分为两种，一种是原先静止不动的残余油被拉断形成小油滴；另一种是运动过程中的一个油滴分散成两个较小的油滴。室内驱油实验表明，在注水驱油过程中，几乎没有油滴产生，原油在二元复合驱过程中的乳化（特别是初期阶段）以残余油分散成可移动的小油滴为主要形式，乳化油滴产生越多，驱油效果越好。这是由于在二元复合驱时，油水间界面张力的降低和驱替体系黏度的增大，水驱残余油被拉断、分散，形成油滴随驱替液进入流通孔道，油滴的不断产生促进了残余油启动，提高了二元复合驱驱油效率；另外由于油水两相在孔隙中的流动阻力大大高于二元复合体系的单相流动，加之油滴运动过程中产生的贾敏效应增加孔道中的渗流阻力，从而改善整个孔隙空间的流场分布，降低高渗透孔道内流体的流动速度，二元体系将进入被油所占据的空间，驱替出那里的残余油，即油滴的大量产生将有利于调节驱油过程中的产液剖面，有效地扩大波及体积。

表面活性剂 / 聚合物二元复合驱是一种通过充分发挥聚合物和表面活性剂协同作用来提高原油采收率的强化采油方法，它主要靠的是聚合物黏弹性扩大波及体积，表面活性剂的活性降低油水界面张力。由于二元复合驱中存在着表面活性剂等活性组分，因此在油藏和采出液中存在着不同程度的乳化，而油藏中的乳化对于提高采收率所起的作用是近些年研究的焦点。二元复合体系与原油的乳化包括乳化的难易程度、所形成乳状液的类型以及稳定性。二元复合体系与原油的接触方式、复合体系组分及含量等因素均会影响复合体系与原油的乳化作用。

为了查找二元复合体系影响乳化的相关因素，在室内配制不同二元体系样品，分别进行不同聚合物浓度配制的二元体系乳化性、不同分子量配制的二元体系乳化性、不同表面活性剂配制的二元体系乳化性、不同表面活性剂浓度配制的二元体系乳化性以及不同水油比二元体系乳化性实验研究。重点开展了二元体系乳化强度评价、乳状液稳定性研究、乳状液粒径分布以及乳状液微观形态研究。从研究结果看，不同聚合物分子量和浓度、不同表面活性剂浓度以及不同水油比配制的二元体系对体系乳化增溶形成的类型、程度以及稳定性都有着不同程度的影响。

（1）实验设备。

采用自主研发的乳化仪（图 5-44），在油藏条件下研究影响乳化的因素：油水比、聚合物浓度、界面张力等，克服了传统高速剪切乳化无法模拟地层条件的弊端。

该仪器中间部位为多孔介质，并配套恒温循环水浴，可在地层温度压力下模拟储层的渗透率、孔隙度，并且乳化速度可通过速度档调节，模拟地层中不同位置的乳化速度。这样可模拟地层中的真实剪切，否则传统高速剪切装置（5000r/min）与地层实际情况相差甚远。

（2）实验方案及步骤。

配制不同浓度表面活性剂，不同浓度聚合物的二元体系，与原油按照不同的比例混合形成乳状液，研究影响乳状液的因素，实验条件见表 5-4。

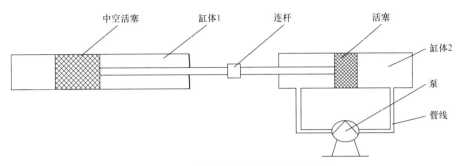

图 5-44 自主研发乳化仪结构示意图

表 5-4 不同二元体系乳化能力的测定

分子量（10^4）	聚合物浓度（mg/L）	表面活性剂浓度（%）	水油比
1000，1500，2500	800，1000，1500	0.2，0.3，0.4	7∶3，5∶5，3∶7

实验步骤：

① 将二元体系按方案中的要求配好，与原油按一定比例加入乳化机的单筒中，根据二元体系在地层深部的运移速度，设定乳化机的速度；

② 所有体系乳化相同的时间，取出微观拍照；

③ 取部分乳状液采用纳米粒度及 Zeta 电位分析仪进行粒度分析；

④ 取部分乳状液放入小刻度量筒中，在恒温箱中放置，读取析水率变化；

⑤ 取部分乳状液用多重光散射稳定仪进行稳定性分析。

（3）实验结果与分析。

① 乳状液黏度分析。

表 5-5 为不同聚合物配制的二元体系与原油在不同水油比例下形成乳状液黏度数据表，可以看出不同聚合物配制二元体系的乳化状况规律较为相似，都能完全乳化，但黏度随着聚合物种类、聚合物分子量以及水油比的不同而不同。

表 5-5 乳状液黏度测定表   单位：mPa·s

二元驱油体系	油水比		
	3∶7	5∶5	7∶3
0.15%1000 万（P）+0.3%（S）	77.87	36.27	24.53
0.15%1500 万（P）+0.3%（S）	157.5	68	36.27
0.15%2500 万（P）+0.3%（S）	203.73	114.13	74.67

注：P 代表聚合物，S 代表表面活性剂。

乳状液的黏度与乳状液中分散相的体积分数及乳状液的粒径有关。

$$\eta = \left(1 + \frac{b\varphi}{1 - a^{\varphi}}\right)^{2} \qquad (5-1)$$

式中　a，b——与粒径有关的值；

　　　　φ——分散相的体积分数，在此实验中也就代表了水油比。

二元溶液黏度随水油比的变化如图 5-45 所示。实验得到的结果符合上述规律，随着聚合物分子量的增大，二元体系与原油形成乳状液的黏度增加，相同二元体系与原油乳化，随着含油饱和度的增加乳状液的黏度增大。

分析乳状液的黏度可知，不同水油比形成的乳状液相差很大，从几十到几百不等，水油比小的黏度高。聚合物浓度均为 1500mg/L 时，分子量越小，形成的乳状液黏度越低。

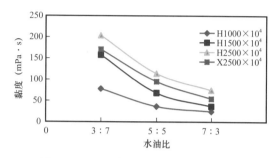

图 5-45　二元溶液黏度随水油比的变化

利用电子显微镜在放大 1000 倍条件下，观察乳状液的形态，研究乳状液所属类型及乳状液微观结构（图 5-46、图 5-47）。

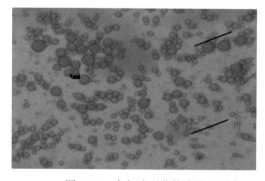

图 5-46　水包油型乳状液微观形态

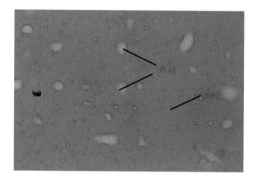

图 5-47　油包水型乳状液微观形态

水油比为 7∶3 时，稳定 O/W 结构；水油比为 5∶5 时，稳定 O/W 结构；水油比为 3∶7 时，主要为 W/O 型。

二元体系（分子量 2500×10^{4}，浓度 0.15%P+0.3%S）与油按照不同的比例形成乳状液，利用电子显微镜在放大 1000 倍条件下，观察其微观结构（图 5-48）。

原油乳状液是液—液分散体系，乳状液液滴粒度特征是乳状液的重要标志之一，粒度特征的主要参数包括粒径及粒径分布。粒度特征既可从微观上确定原油乳状液分散相的组成特点，又可从宏观上描述原油乳状液絮凝和聚结等过程。同时，原油乳状液的整体性质，如黏度、黏弹性等，也与其粒度特征密切相关。

采用纳米粒度及 Zeta 电位分析仪测定乳状液粒径，激光发射器射出的一束一定波长的激光，激光通过颗粒时发生衍射，其衍射光的角度与颗粒的粒径相关，颗粒越大，衍

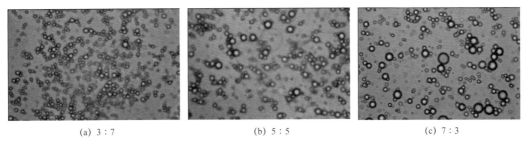

(a) 3 : 7　　　　　　　　　(b) 5 : 5　　　　　　　　　(c) 7 : 3

图 5-48　水油比不同条件下形成乳状液的微观形态

射光的角度越小。不同粒径的粒子所衍射的光会落在不同的位置，因此，通过衍射光的
位置可反映出粒径大小。另一方面，通过适当的光路配置，同样大的粒子所衍射的光会
落在同样的位置，所以叠加后的衍射光的强度反映出粒子所占的相对多少，通过分布在
不同角度上的检测器测定衍射光的位置信息及强度信息，然后计算出粒子的粒度分布。
通过粒径随时间的变化观察聚合物、表面活性剂以及水油比对乳状液的影响。

　　根据粒径测量原理测量各方案形成乳状液的粒径大小及分布范围，并画出不同水油
比、不同浓度聚合物及不同浓度表面活性剂下乳状液粒径随时间变化图，分析各方案乳
状液的稳定性（图 5-49）。

　　从图 5-50 中看出随着水油比的增加，乳状液的粒径变大速度加快，并且乳状液的稳
定性变差。出现这种现象的原因是随着水油比的增大，含水率增加，总的界面面积增加，
而且水滴在挤压油水界面时也使界面面积增加，单位界面面积上天然乳化剂的吸附量减
小，界面膜强度减弱，水滴聚并阻力减小更易聚并导致原油乳状液易于破乳。

　　测试了水油比 3:7，二元表面活性剂浓度为 0.3%，不同浓度聚合物的乳状液粒径，
如图 5-50 所示。

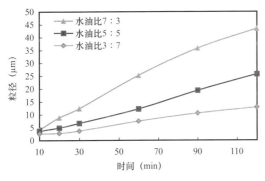

图 5-49　不同水油比乳状液粒径对比

（二元：聚合物 1500 万，二元浓度 0.15%P+0.3%S）

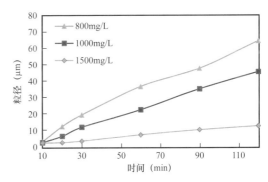

图 5-50　不同浓度聚合物乳状液粒径

（水油比 3:7，二元表面活性剂浓度为 0.3%）

　　水油比 3:7 时产生的乳状液属于油包水型乳状液。从图 5-50 中可以看出，随着聚
合物浓度的增加，乳状液粒径增大速度越来越快，这说明聚合物的加入能减弱油包水型
乳状液稳定性。这主要是由于聚合物使水相黏弹性增强，水滴分裂所需的能量加大，从

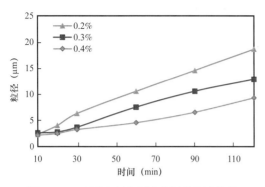

图 5-51　不同浓度表面活性剂乳状液粒径
（水油比 3：7，二元：聚合物 1500 万，聚合物浓度
0.15%）

而乳状液易发生聚并、絮凝，乳状液破乳快。

测试了水油比 3：7，聚合物分子量为 1500 万，浓度为 0.15% 时，不同浓度表面活性剂的乳状液粒径，如图 5-51 所示。

从图 5-51 中可以看出，聚合物浓度一定时，表面活性剂浓度越高，乳状液越稳定，析水率越少。这是由于当表面活性剂浓度较低时，界面上吸附的分子较少，界面膜的强度较差，形成的乳状液不稳定。表面活性剂浓度增高至一定程度后，界面膜则由排列比较紧密的定向吸附的分子组成，这样形成的界面膜强度高，大大提高了乳状液的稳定性。同时乳状液液滴上还存在电荷，这些电荷主要来自表面活性剂在水相中电离产生的离子在液滴表面的吸附所致。它以疏水的碳氢链深入油相，而以离子头吸附水相的吸附态吸附于油水界面上，使水包油型乳状液中的油珠带电，而在带电油珠的周围还会有反离子呈扩散的状态分布，形成类似 Stern 模型的扩散双电层。由于双电层的相互排斥作用，使油珠不易相互接近，从而阻止油珠的相互聚并，增加了乳状液的稳定性。

随着表面活性剂浓度增加，二元体系与原油形成乳状液的粒径越来越小，分布越来越集中。这是由于表面活性剂的加入减小了界面张力，促进液滴的变形，有助于形成小尺寸液滴，同时，以胶束形式存在于连续相中的表面活性剂，也可以对油滴起增溶作用，使得乳状液粒径很小。粒径越小且均匀，油包水型乳状液的稳定性越好，这是因为表面活性剂的加入可降低油水界面张力，使水滴分裂所需的能量下降，有利于水相在油相中的扩散。

乳状液稳定时析出水的多少也可以用来表征乳状液的稳定性。不同体系与原油形成的乳状液稳定时的析水率结果见表 5-6 和如图 5-52 所示。

表 5-6　不同乳状液析水率对比表

二元 ＼ 水油比	3：7	5：5	7：3
1000 万 0.15%P+0.3%S	82	90	98
1500 万 0.15%P+0.3%S	81.3	88	97
2500 万 0.15%P+0.3%S	79.8	86.5	96

可以看出水油比 7：3 的二元体系与原油形成的乳状液在 0.5d 时析水率达到了 90%；

水油比 5∶5 的二元体系与原油形成的乳状液在 2d 时析水率达到了 70%；水油比 3∶7 的二元体系与原油形成的乳状液在 9d 时析水率达到了 75%。含油饱和度越大析水率上升越缓慢，且同一时刻的析水率越低，这也就说明含油饱和度越大，乳状液越稳定且保持稳定的时间越长。

不同分子量聚合物乳状液析水率结果如 5-53 所示。

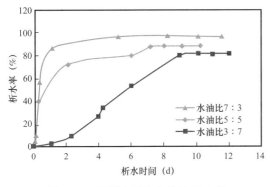

图 5-52　不同水油比乳状液析水率
（二元 1500 万，二元浓度 0.15%P+0.3%S）

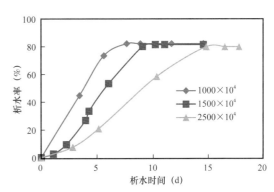

图 5-53　不同分子量聚合物乳状液析水率
（水油比 3∶7，二元浓度 0.15%P+0.3%S）

从图 5-53 中可以看出，驱油剂聚合物对乳状液的析水率也有较大影响。聚合物种类相同时，随着聚合物分子量的增加油包水型乳状液开始析出水越晚，且析水率越低。这是因为聚合物分子量越大，形成的二元体系水相黏弹性增强，水滴分裂所需的能量加大，从而乳状液易发生聚并、絮凝，乳状液的稳定性变好。

② 乳状液的稳定性分析。

本实验使用了 TURBISCAN™ 系列全能的稳定性分析仪对乳状液体系的稳定性进行分析，该稳定仪可以用于观测悬浮液、乳化液、胶体等分散体的均匀性和稳定性。

多重光散射原理即监测到的散射光经过多个粒子散射。当检测到的光为入射光经过多个粒子散射后通过样品池的光，称之为透射光；当检测到的光为入射光经过多个粒子散射后被反射的光，称之为背散射光。它是利用近红外光照射到被测液体上产生透射光和反射光来评价该体系是否发生相分离（沉淀、絮凝、凝结、分层等）。由于不同流体对光线有不同的透射率和反射率，同一流体的稳定性随时间而变化，其对光线的透射率和反射率也不同，分散稳定仪基于这个原理进行测量。两个监测器将接收到的光线强度的不同转换为数据并形成两条曲线，可根据这两条曲线的变化对样品的稳定性进行分析。

图 5-54 至图 5-56 为二元驱油体系（0.15%1500×10⁴ 分子量聚合物 +0.3%KPS）与原油按照不同水油比（7∶3、5∶5、3∶7）乳化相同时间得到的乳状液稳定性测定结果图，在每张图中，（a）为透射光光强随稳定时间的变化关系图，（b）为反射光光强与稳定时间的关系图。图从左往右对应为测量瓶的瓶底到瓶口位置。

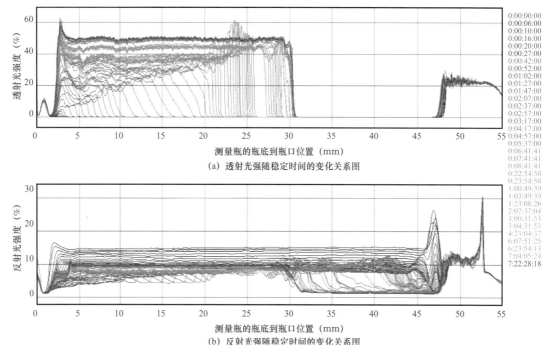

图 5-54 乳状液测定原理图

（1500×10⁴ 聚合物，0.15%P+0.3%S，水油比 7：3）

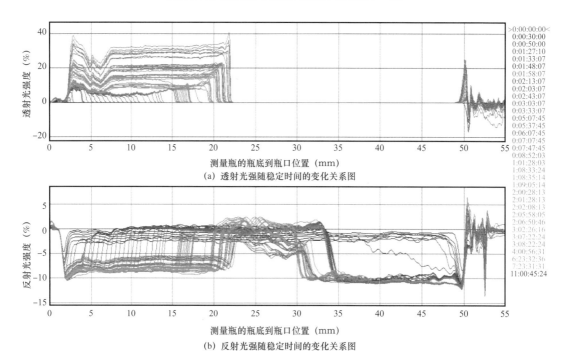

图 5-55 稳定性测定原理图

（1500×10⁴ 聚合物，0.15%P+0.3%S，水油比 5：5）

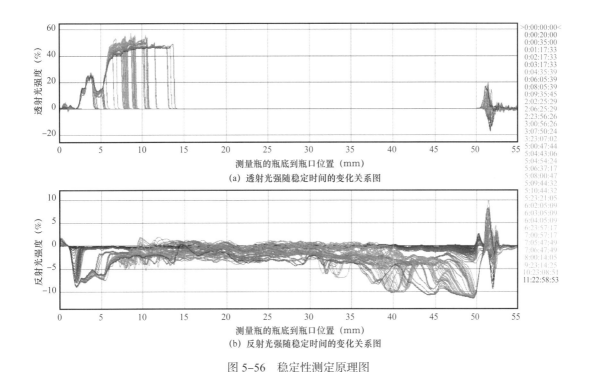

(a) 透射光强随稳定时间的变化关系图

(b) 反射光强随稳定时间的变化关系图

图 5-56　稳定性测定原理图

（1500×10⁴ 聚合物、0.15%P+0.3%S，水油比 3∶7）

从图 5-55 至图 5-57 中可以看出，随着时间的增加，左边（瓶底）透射光强度随着时间逐渐变强，而且范围逐渐扩大，说明瓶底有澄清现象，而且澄清的范围逐渐扩大。而右边没有透射光，说明瓶口物质阻止了光的透射，观察测量瓶可以看出瓶口随着时间的增加而出现原油。

反射光逐渐从左向中间移动，特别是水油比为 5∶5 的乳状液比较明显。其反射光主要集中在中间位置，而且范围逐渐变小，最大的反射光代表乳状液的范围。说明溶液正在分层，下层是水，中间为乳状液，上层为油。而且乳状液厚度在逐渐减小。通过三图的对比，水油比越大，形成的乳状液越多并且乳状液越稳定（图 5-57）。

图 5-57　不同乳状液稳定性示意图

（聚合物分子量 1500×10⁴，浓度 0.15%，表面活性剂浓度 0.3%，水油比从左到右依次为 7∶3，5∶5，3∶7）

原油乳状液的稳定性主要取决于油水界面膜。原油中的天然乳化剂或开采时加入的表面活性剂吸附在油水界面，形成具有一定强度的黏弹性膜，给乳滴聚结造成了动力学障碍，使原油乳状液具有了稳定性。

原油乳状液破乳实质是使破乳剂吸附到油水界面，将原有乳化剂从油水界面顶替下来，但并不形成牢固的保护膜，从而保护层被破坏掉，分散相相互靠近并聚结变大，最终油水分离（图 5-58）。

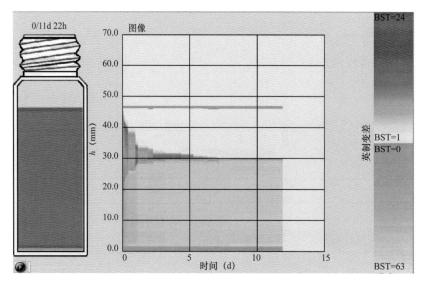

图 5-58 乳状液的稳定性变化图

乳状液的变化主要有粒径的迁移和粒径大小的变化。图 5-59 为通过稳定性分析仪观察到的二元体系（聚合物分子量 1500×10^4，聚合物浓度 0.15%，表面活性剂浓度 0.3%）与原油按照比例为 7∶3 乳化得到的乳状液破乳过程。从图中可以看出，配制好的乳状液在 5h 之内迅速油水分离，粒径快速迁移到油水界面，逐渐聚集变大，导致破乳。

TURBISCAN™ 系列全能的稳定性分析仪不仅能追踪乳状液中澄清相与高浓度相的粒子的稳定性和均匀性外，还可以求得稳定性系数，更直接明确地表征乳状液体系的稳定性。

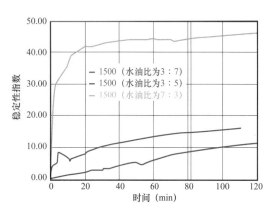

图 5-59 乳状液动力学稳定性指数随时间的变化
（聚合物分子量 1500×10^4+0.3% 表面活性剂浓度）

图 5-59 为不同乳状液动力学稳定性指数随时间的变化，可以看出稳定性系数随时间的增加而增大，而且稳定性指数的变化只集中在乳状液刚配置好的几小时内。动力学稳定性指数越大，说明乳状液越不稳定。因此选择乳状液配置 2h 后乳状液的稳定性指数大小作为比较乳状液稳定性好坏的标准（表 5-7）。

图 5-60 一组是表面活性剂浓度及水油比一定，稳定性系数随着聚合物浓度的变

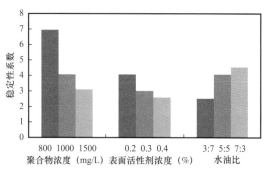

图 5-60 同聚合物浓度、表面活性剂浓度、水油比对稳定性系数的影响

表 5-7　乳状液 2h 时稳定性指数统计表

聚合物分子量（10^4）	聚合物浓度（％）	水油比	表面活性剂浓度		
			0.2%	0.3%	0.4%
1500	0.08	5：5	6.95	6.08	3.4
		7：3	6.8	6.81	5.22
1500	0.1	3：7	2.51	2.34	1.39
		5：5	4.06	3	2.59
		7：3	4.53	4.33	3.99
1500	0.15	3：7	1.47	1.25	0.55
		5：5	3.1	1.92	2.23
		7：3	3.93	3.35	3.86

化关系，随着聚合物浓度增大，稳定性指数越低，乳状液的稳定性越好；第二组是聚合物种类、浓度及水油比一定，稳定性系数随着表面活性剂浓度的变化关系，随着表面活性剂浓度增大，稳定性指数越低，乳状液越稳定；第三组是表面活性剂浓度及聚合物种类、浓度一定，稳定性系数随着水油比的变化关系，随着水油比增大，稳定性指数越高，乳状液破乳快。

2）二元体系与原油在地层中的乳化及效果研究

（1）二元体系在近井地带裂缝系统中原油的作用效果研究。

模拟地层近井地带裂缝系统中二元体系与原油的相互作用过程，由于砾岩油藏近井地带（10m）裂缝发育，注入流体速度较高，易发生窜流，经过长期冲刷，残余油饱和度较低，注入流体的速度和地层含油饱和度、在地层中运移的距离以及注入二元体系中的表面活性剂浓度都是影响乳化的重要因素，分别就以上影响因素展开研究。

① 实验方案。

确定窜流通道流体速度、二元体系与地层油的作用效果，确定各个位置的乳化效果，评价现使用二元体系，聚合物分子量 1500 万，浓度 1500mg/L，表面活性剂浓度 0.3%。

采用 2m 长的岩心裂缝模型，模拟地层在残余油饱和度下不同位置的二元体系与原油的作用效果，并在岩心出口处实时监测流出液的状态，接样并拍照，通过微观监测、粒度分析、稳定性析水率分析及黏度测定确定在位置处是否发生乳化，以及乳化的效果、乳化后的特点。

② 乳状液的判定。

宏观颜色观察。原油乳状液的颜色与油相颜色相近，但仍存在较大差别，而且在强光照射下这种颜色差别更大，另外，经过稍长时间的放置后，乳状液与原油之间存在明显的界面。因此，可以利用相机的强光照射来初步判断多孔介质出口排液中是否含有乳状液及相应乳状液的体积。

显微镜法。光学显微镜以可见光为光源，可以将微小物体或物体的微细部分高倍放大，以便观察物体的形态和粒径。显微镜法可以测量与实际颗粒投影面积相同的球形颗粒的直径即等效投影面积直径。其设备由显微镜、CCD 摄像头（或数码相机）、图形采集卡、计算机等部分组成。它的基本工作原理是将显微镜放大后的颗粒图像通过 CCD 摄像头和图形采集卡传输到计算机中，由计算机对这些图像进行边缘识别等处理，以观察和测试颗粒的形貌及大小。但光学显微镜对于更细微的结构无法看清，可以采用扫描电镜和透射电镜来观测物体的细微结构。本实验中所要测定的乳液液滴的尺寸在可观测的范围，因此，可以用普通光学显微镜直接观察乳液液滴及微球的形态与大小。乳液液滴形态及大小观察采用日本奥林巴斯公司生产的可视光学显微镜直接观察拍照，比较标准刻度即可测量微球的粒径大小。

DLS 法。DLS 测定采用美国贝克曼—库尔特公司的纳米粒度及 Zeta 电位分析仪。该光源为 He-Ne 激光光源，激光器功率为 10.0mW，波长 632.8nm，测量时散射角度为 178°，测试温度为 25℃。这种方法具有测量范围宽、测量速度快、样品量少，且不干扰破坏原有状态等特点。它已经成为测量乳状液分散体系粒径分布的最佳手段之一。

③ 实验结果及分析。

将不同位置取出的样拍照，进行宏观分析，如图 5-61 所示。

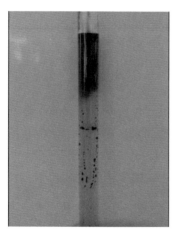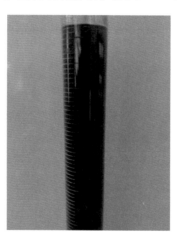

(a) 前期0.5m出液　　　　(b) 距注入井2m处出液　　　　(c) 乳状液及2h析水对比

图 5-61　二元体系与原油在不同位置的作用结果图

从宏观上可见，在近井地带裂缝系统中，二元体系注入过程中由于近井地带压力梯度较大，二元体系高速通过岩心裂缝，实验过程体系与原油相互作用出现乳化现象，但乳状液破乳快。

采用 OLYMPUS XSZ-HS7 双目生物显微镜观察乳状液的液珠的微观形态（图 5-62、图 5-63）。取多孔介质出口排液中可能为乳状液部分的少量液体，置于显微镜下观察，如果可见球形液滴，则说明存在乳状液，否则就不存在乳状液；根据透光区域的位置和形状可以进一步判断液滴是油包水型乳状液还是水包油型乳状液；并采用 Delsa Nano 激光纳米粒度仪测定乳状液中乳球的粒径大小及分布。随着注入量的增加，采出液中水相颜色不断加深，呈透明的淡黄色，而油相以聚集的状态聚集于容器的顶部。经过粒径分析，淡黄色水相中含有大量的小液滴。

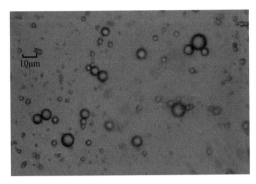

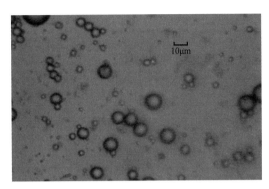

图 5-62　二元体系与原油在地层中的作用结果
图（距注入井 2m）

图 5-63　二元体系与原油在地层中的作用结果图
（距注入井 5m）

图 5-64 和图 5-65 为近井地带乳状液中乳球的粒度分布图。通过显微镜观察，在视域内大部分是单纯的二元体系，乳球的密度很小，并且镜下观察还发现仅有的几颗小乳球处于十分不稳定状态，在快速地游动聚集，短时间内就发生了聚并破乳，可见近井地带的裂缝系统只发生了轻微的乳化，并且形成的乳状液极不稳定，尽管近井地带剪切速率大，但是含油饱和度太低，并不能发生有效地乳化。

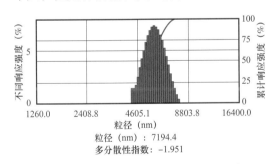

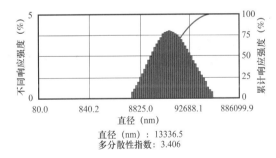

粒径（nm）：7194.4
多分散性指数：-1.951

直径（nm）：13336.5
多分散性指数：3.406

图 5-64　2m 处的乳状液中乳球的粒度分布图

图 5-65　5m 处的乳状液中乳球的粒度分布图

（2）二元体系在近井地带基质系统中原油的作用效果研究。

模拟地层近井地带基质系统中二元体系与原油的相互作用过程，由于近井地带（10m）注入流体速度较高，经过长期冲刷，地层渗透率较高，残余油饱和度较低，注入流体的速度和地层含油饱和度、在地层中运移的距离以及注入二元中的表面活性剂浓度都是影响乳化的重要因素，分别就以上影响因素展开研究。

① 实验方案。

确定出不同注入距离的速度，分析近井地带和地层深部不同含油饱和度下二元体系与地层油的作用效果，确定各个位置的乳化效果，优选出不同二元体系，聚合物分子量 1500×10^4，浓度 1500mg/L，表面活性剂浓度 0.3%。

采用 2m 长的岩心，模拟地层在残余油饱和度下不同位置的二元体系与原油的作用效果，并在岩心出口处实时监测流出液的状态，接样并拍照，通过微观监测、粒度分析、稳定性析水率分析及黏度测定确定出在位置处是否发生乳化，以及乳化的效果，乳化后的特点。

② 实验步骤。

首先，将岩心抽真空后饱和蒸馏水，用 1.5PV 地层水驱替岩心，测定水测渗透率；然后用油井原油驱水至不出水；用 A 井区产出水驱至含水 98%，计算采收率；注入 0.3PV 聚合物溶液，然后再用 A 井区产出水水驱至含水 98%，计算化学驱采收率。实验温度为 43℃，驱替速度为 0.15mL/min。

③ 实验结果及分析。

将不同位置取出的样拍照，进行宏观分析（图 5-66）。

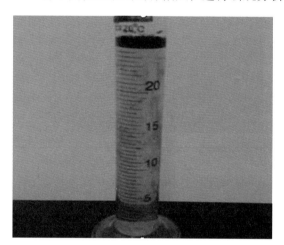 

图 5-66　二元体系与原油在不同位置的作用结果图

从宏观上可见，在近井地带，二元体系注入过程中在离注入井 3～5m 处，基本与原油没有发生明显乳化，仅仅将部分残余油驱替出。可见随着注入距离的增加，洗下的残余油不断积累，与二元体系出现轻微的乳化效应。接下来，再通过微观精密仪器分析是否出现乳化，以及乳化的程度和乳化产生乳球的粒径。

采用 OLYMPUS XSZ-HS7 双目生物显微镜进行观察乳状液的液珠的微观形态（图 5-67）。取多孔介质出口排液中可能为乳状液部分的少量液体，置于显微镜下观察，如果可见球形液滴，则说明存在乳状液，否则就不存在乳状液；根据透光区域的位置和形状可以进一步判断液滴是油包水型乳状液还是水包油型乳状液；并采用 Delsa Nano 激光纳米粒度仪测定乳状液中乳球的粒径大小及分布。随着注入量的增加，采出液中水相颜色不断加深，呈透明的淡黄色，而油相以聚集的状态聚集于容器的顶部。经过粒径分析，淡黄色水相中含有大量的小液滴。

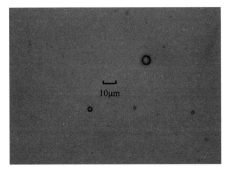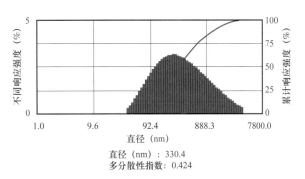

直径（nm）：330.4
多分散性指数：0.424

图 5-67　距注入井 3~5m 处接液测定结果

通过显微镜观察近井地带的残余油，在视域内大部分是单纯的二元体系，乳球的密度很小，并且镜下观察还发现仅有的几颗小乳球处于十分不稳定状态，在快速地游动聚集，短时间内就发生了聚并破乳，可见近井地带的只发生了轻微的乳化，并且形成的乳状液极不稳定，尽管近井地带剪切速率大，但是含油饱和度太低，并不能发生有效地乳化。

根据测定的结果可知在近井地带，尽管流速较大，但是并没有出现明显的乳化现象。从影响乳化的因素解释：除了剪切速率、表面活性剂的性质之外，还与含油饱和度有关，随着二元体系在地层中不断推进，驱扫出的残余油越来越多，与二元体系接触的油含量增大，以及二元体系与原油在运移过程中充分混合接触，形成部分乳状液，但是近井地带长期被注入流体冲刷，剩余油饱和度极低，因此，二元体系注入过程中不能驱扫出更多的残余油，因此只是出现轻微的乳化，并且采出液的黏度并没有因为乳化而增大，反而随注入距离的增加而变小，这说明乳化的效果较弱，增黏效应较小，剪切导致黏度变小。

3）乳化对提高采收率的影响

化学复合驱具有良好的应用前景[17]，对于我国中高渗透老油田提高采收率具有重要意义[18]。乳化作用在化学驱提高采收率方面发挥着重要作用[19-22]，新疆七中区二元复合驱矿场试验实施过程中，采出液出现不同程度乳化现象；在室内研究中，大量的物理模拟岩心驱替实验结果显示二元驱过程中乳化对提高采收率有重要作用[23-25]。根据乳状液形成机理和毛细管数理论[26]，乳状液既能提高波及体积又能提高洗油效率，并可降低非牛顿流体界面能[27-28]，表面活性剂的乳化作用使得原油乳化成粒径小于岩石孔喉直径的水包油型乳状液随驱替介质运移，而大于孔喉直径的乳状液能对孔喉产生封堵作用，改善储层非均质性，起到提高波及体积的作用。但乳状液为热力学不稳定体系，其形成及影响因素复杂，针对现阶段储层中乳化的形成条件、在地层中运移规律以及乳化与提高采收率贡献不明确，这已成为化学驱提高采收率关键性问题之一，也是化学驱提高采收率的难点问题之一。本节通过不同乳化强度的聚合物/表面活性剂二元驱油体系的驱油实验给出了适宜的乳化综合指数范围，并确定了二元体系乳化对提高采收率的极限贡献率，通过长岩心驱油实验证实了乳化作用对驱油体系黏度具有补偿作用。

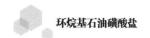
环烷基石油磺酸盐

（1）实验方法。

① 采出液流变特性分析。

对新疆七中区 12 口井采出液乳化情况进行分析，分别分析乳状液的黏度、粒径、流变性。新疆七中区 TD72223A、T72224、T72234、T72235、TDT72245、T72246、T72247、T72256A、T72257、T72261、HWT72267、T72275 采油井采出液分别编号为 1～12。黏度分析采用 BrookfieldDV Ⅱ 黏度计，粒度分析采用 AXIOIMAGER 荧光生物显微镜，流变性分析采用 Physical MCR300 流变仪。

② 长岩心驱油实验。

驱替实验装置如图 5-68 所示，选用 6 根 100×2.5cm 填砂管模型（3 根直管，3 根半圆管），每根模型管中间设置取样点，取样点距离主入口分别为 0.5m、1.5m、2.5m、3.5m、4.5m、5.5m、6m，除出口外，主入口和其他 6 个取样点分别连接有压力感应器。将 80 目和 200 目的石英砂烘干 24h，按照质量比 1∶2 混合均匀；称取 5700g 石英砂，分为三等份，每份 1900g，将模型管连接成 3 根 L 形管，加入石英砂，振动模型管保证石英砂分布均匀；连接模型管，测试气密性，气测渗透率；长岩心抽真空 72h，饱和模拟地层水48h，计算孔隙体积及孔隙度，利用模拟地层水测定渗透率，填砂管岩心参数见表 5-8。

表 5-8　填砂模型岩心参数

参数	长度（cm）	直径（cm）	孔隙体积（mL）	孔隙度（%）	饱和油体积（mL）	渗透率（mD）	含油饱和度（%）	取样点个数
数值	600	2.5	888.926	30.19	643.3	184.01	72.37	7

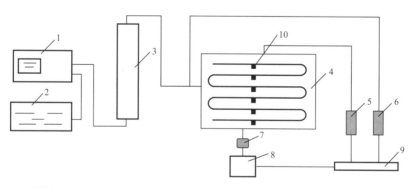

1—ISCO泵；2—模拟水；3—中间容器；4—物理模型；5，6，7—压力传感器；8—计算机；9—数据采集系统；10—取样点

图 5-68　长岩心实验装置图

将模型在 40℃恒温箱中老化一周，进行饱和模拟油至出口端量筒水体积 3h 内不再增加，记录饱和油体积，计算原始含油饱和度、束缚水饱和度；以 0.12346mL/min 进行水驱，采出液含水率大于 98% 时停止水驱，计算采收率；二元驱时，每注 0.1PV 的二元复合体系后，在采样点采集 3mL 的液体，按设计量共驱入二元体系 2.0PV，排除取样损失共注入二元体系 2.5PV。后续水驱阶段，每注入 0.1PV 的模拟水后，在各采样点采集 3mL 的液体，直到出口端含水达 98% 结束，计算总采收率，分析检测各取样点样品化学

剂浓度、黏度、乳状液粒径等参数。

（2）剪切作用对驱油体系黏度影响。

将现场 12 口井按照黏度分为三类：1～20mPa·s、40～60mPa·s、220～410mPa·s，分别对三类采出液作剪切速率与黏度关系曲线（图 5-69）。现场采出液性质差异较大，低速流动时，乳状液无序堵塞等现象严重，表现为视黏度大；较高移动速率时，乳状液所受剪切力大，表现出剪切变稀性，视黏度降低。

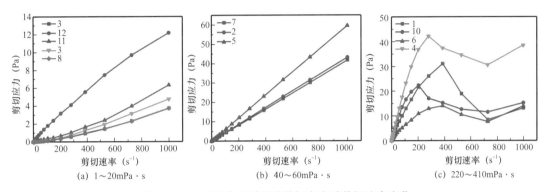

图 5-69　二元复合驱采出液剪切应力随剪切速率变化

由流变性分析可知，在较低剪切速率时，现场水包油乳状液损耗模量大于储能模量，乳状液表现出黏性，主要发挥调节流度比、扩大波及体积的作用；在低剪切速率下，油包水乳状液的黏性高于弹性，主要发挥扩大波及体积的作用，黏度在 40～60mPa·s 的乳状液剪切应力随剪切速率的变化展现出良好的线性关系，表现出牛顿流体的性质，在较高剪切作用下，水包油乳状液主要表现出弹性性质，主要发挥驱替作用。220～410mPa·s 黏度的乳状液其剪切应力随剪切速率变化则表现为假塑性流体。在高黏度乳状液中，由于乳化液滴数目较多，排列紧密，液滴自身有抵抗形变的能力，当剪切速率较小时，要破坏现有的结构所需的外力较大，表现为剪切应力较大；随着剪切速率增大，液滴被外力所剪切，液滴被分散成更小的液滴，剪切应力下降；在较高剪切速率时，低黏度乳状液的黏性会高于弹性，同时可以看出在较高剪切速率下时，40～410mPa·s 乳状液均表现出黏性，说明高黏度的油包水乳状液在剪切作用下黏性形变大，有利于堵塞水窜大孔道，调节吸水剖面，而乳状液在高剪切速率下的剪切变稀性也会增加其流动能力，对提高采收率有一定贡献。

（3）乳化作用对提高采收率影响。

①乳化综合指数。

乳化综合指数是定量表征驱油剂乳化性能的物理量，由乳化力和乳化稳定性乘积的开方得到，单位为 %。根据标准《二元复合驱用表面活性剂技术规范》（Q/SY 1583—2013）中的式（5-2）计算得到不含聚合物的驱油体系（行业标准中没有聚合物，另外聚合物会增大乳化稳定性，从而增大表面活性剂的实际乳化综合指数，因此在测定表面活性剂综合指数时，一般不加聚合物）乳化综合指数，结果见表 5-9。由表可见，驱油体系 0.3%KPS/TD-2+1.2%Na$_2$CO$_3$ 的乳化强度最大，远大于企业标准的最低要求

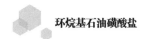

$$S_{ei} = \sqrt{f_e \times S_{te}} \qquad (5-2)$$

式中　f_e——乳化相中萃取出的油量与被乳化油总量的百分比；

　　　S_{te}——乳化稳定性；

　　　S_{ei}——乳化综合指数。

表 5-9　不同驱油体系的乳化强度综合指数

驱油体系	S_{te}（%）	f_e（%）	S_{ei}（%）
0.3%KPS/TD-2+1.2%Na$_2$CO$_3$	100.00	50.00	70.71
0.3%KPS/TD-2+0.2%Na$_2$CO$_3$	81.61	44.50	60.25
0.3%（KPS/TD-2：异构十三醇聚氧乙烯醚 =9：1）+1.2%Na$_2$CO$_3$	76.44	47.23	60.08

② 强乳化综合指数体系的驱油效果。

0.3% KPS/TD-2+0.15% HJ2500+1.2% Na$_2$CO$_3$ 的驱油效果如图 5-70 所示。该驱油体系的界面张力为 3.6×10^{-3}mN/m，乳化综合指数为 70.71%，具有较好的界面性能和乳化性能，但其提高原油采收率效果并不好，仅为 9.92%。该体系具有较高乳化强度的原因有两点：一是表面活性剂自身具有较强的乳化性能，二是碱的乳化作用，综合后的乳化综合指数为 70.71%。乳化性能强的体系一旦进入岩心，迅速将剩余油乳化，并在进口端富集，一般剩余油分布孔喉为 10nm～10.00μm，而乳化后的乳状液中值粒径在 100nm～50μm 之间。由于乳状液粒径较大，小孔喉被封堵，大孔道剩余油有限，驱油体系只能沿着高渗透通道运移而起不到扩大波及体积和提高洗油效率的目的，因此化学驱提高采收率效果并不明显。

将三元体系中的聚合物加量由 0.15% 增至 0.18%，体系界面张力增至 5.1×10^{-3}mN/m，黏度增至 44.39mPa·s。由图 5-71 可见，0.3% KPS/TD-2+0.18% HJ2500+1.2% Na$_2$CO$_3$ 驱油体系的采收率增幅为 12.22%，可见增大黏度对提高采收率作用有限，较强的乳化作用是影响原油采收率的主要原因。

③ 降低乳化综合指数对驱油效果的影响。

将碱加量由 1.2% 降至 0.2% 时，0.3% KPS/TD-2+0.2% Na$_2$CO$_3$ 的乳化综合指数为 60.25%，三元体系（0.3% KPS/TD-2+0.15% HJ2500+0.2% Na$_2$CO$_3$）的界面张力为 1.25×10^{-2}mN/m，黏度增至 62.71mPa·s，由图 5-73 的驱油实验结果可见，碱加量降低后的压力升幅是强乳化综合指数体系的 2 倍（图 5-72），最大可达 0.6MPa；采收率增幅（21.03%）明显大于强乳化综合指数体系，含水率降幅更明显，呈现深 "V" 形，说明驱油体系进入细小孔喉内部，扩大了波及体积。通过将驱油体系乳化综合指数由 70% 降至 60% 的方法实现了提高采收率的目的，说明高于 70% 的乳化综合指数对驱油效率是不利的。

在保持表面活性剂加量不变的前提下，在强乳化体系中加入异构十三醇聚氧乙烯醚，调整后的乳化综合指数为 60.08%，与降低碱加量后的乳化综合指数 60.25% 相当。由图 5-73 的驱油实验结果可见，界面张力和体系黏度相当的情况下，通过降低表面活性剂乳化作用的方法可以大幅提高采收率，采收率增幅为 29.64%，含水率曲线出现"锅底"形曲线。对比以上实验结果可知，降低表面活性剂乳化作用对提高采收率的影响大于降低碱加量的影响，说明适宜的乳化作用可以使驱油体系的波及体积和洗油效率同时发挥作用，进而实现了大幅度提高采收率的目的。

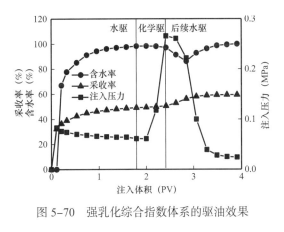

图 5-70　强乳化综合指数体系的驱油效果

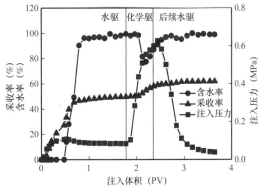

图 5-71　HJ2500 加量增加对体系驱油效果的影响

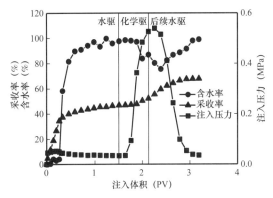

图 5-72　碱加量降低对体系驱油效果的影响

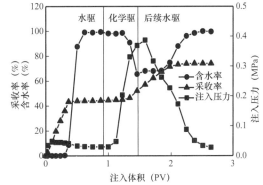

图 5-73　降低表面活性剂乳化作用对驱油效果的影响

　　四组驱油实验的结果见表 5-10。由表可见，并不是驱油体系的乳化综合指数越大驱油效果越好。新疆砾岩二中区弱碱三元复合驱先导性试验结果表明，好的驱油体系在近井地带不发生强的乳化作用，而是在中间地带发生乳化作用，此时可使驱油体系达到地层深远地带，起到增大波及体积和洗油效率的目的。

　　根据企业标准 Q/SY 1583—2013 中的乳化综合指数计算公式，测定二元体系乳化综合指数，实验结果见表 5-11。实验结果表明：相同条件下超低界面张力体系 + 低乳化强度体系提高采收率没有低界面张力体系 + 中等乳化体系高，说明在渗透率一定前提下，界面张力作用没有通过调节体系乳化作用提高采收率，相同界面张力条件下，通过调节乳化综合指数可以实现采收率继续增加，说明乳化对采收率极限贡献率在 8 个百分点。低界面张力体系乳化是砾岩油藏大幅度提高采收率重要机理，要实现砾岩油藏二元复合驱大幅度提高采收率，必须将驱油体系乳化控制在合理的范围内。

表 5-10　四组驱油实验结果

组号	岩心编号	孔隙体积（mL）	孔隙度（%）	饱和油量（mL）	含油饱和度（%）	气测渗透率（D）	注入速度（mL/min）	采收率（%）			
								水驱	化学驱	最终	提高
1	FZ-19-30	46.60	14.37	37.50	80.47	0.800	1.00	49.49	3.41	59.41	9.92
	FZ-38-23	47.10	13.90	38.00	80.68	0.805	1.00	44.37	6.47	57.66	13.29
2	FZ-7-10	43.40	13.02	34.70	79.95	0.694	0.50	49.71	6.94	61.93	12.22
	FZ-7-21	44.80	13.54	35.70	79.69	0.638	0.50	50.84	7.70	62.33	11.49
3	FZ-45-3	37.80	11.38	30.20	79.89	0.695	0.50	46.89	5.23	67.91	21.03
	FZ-45-6	37.20	11.12	29.80	80.11	0.676	0.50	42.48	6.44	64.13	21.64
4	FZ-45-11	38.40	11.56	30.60	79.69	0.720	0.50	44.51	7.58	74.15	29.64
	FZ-45-25	37.30	11.15	29.70	79.62	0.715	0.50	43.03	10.61	74.34	31.31

表 5-11　乳化综合指数对提高采收率影响

序号	KPS 体系	界面张力（mN/m）	气测渗透率（D）	采收率（%）		
				水驱	提高值	最终
1	超低界面张力 + 低乳化乳化综合指数 22%	5×10^{-3}	0.705	44.37	13.29	57.66
2	低界面张力 + 中等乳化乳化综合指数 45%	2×10^{-2}	0.695	46.89	21.03	67.92
3	低界面张力 + 中等乳化乳化综合指数 67%	2×10^{-2}	0.720	44.51	29.64	74.15
4	超低界面张力 + 超强乳化乳化综合指数 81%	3×10^{-3}	0.694	49.71	12.22	61.93

　　不同渗透率、不同乳化综合指数、不同含油饱和度对提高采收率影响如图 5-74 所示。结果表明：渗透率小于 100mD 时，随着乳化综合指数增加，提高采收率幅度先增加后降低，最佳乳化综合指数为 55%；渗透率大于 100mD 时，随着乳化综合指数增加，提高采收率幅度逐渐增加，最佳乳化综合指数为 88%；乳化贡献提高采收率幅度 8 个百分点。

　　（4）乳化对驱油体系黏度补偿作用。

　　6m 填砂管实验结果如图 5-75 所示，实验结果表明：地层条件产生的乳状液黏度在一定程度上依赖于聚合物浓度，但当聚合物浓度下降时乳状液能够保持驱替相对黏度的

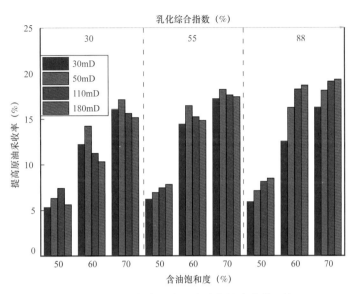

图 5-74 二元复合驱多因素乳化综合指数图版

稳定性。乳化消失时样品黏度迅速降低，所以乳化对于控制流度比有重要作用，在驱替过程中乳化对驱油体系黏度具有补偿作用，适当乳化有利于提高采收率。

① 乳状液运移规律研究。

各取样点不同注入孔隙体积下粒径分布图如图 5-76 所示。实验结果表明：前三个取样点 50cm，150cm 和 250cm 处乳化规律和前两点相同，乳化初期乳状液粒径分布较广，随着驱替的进行，逐渐以 3～6μm、6～9μm 的乳状液占到多数，到 1.54（1.7）PV 后乳状液粒径开始变小，以 0～3μm 粒径为主，在 0～12μm 范围内变化，直到乳化结束。在 250cm 处，采出液含水率比较稳定，有小幅波动，乳状液粒径变化主要由化学剂浓度变化决定，含水率波动会使乳状液历经产生一定波动。

350cm 处乳化初期乳状液粒径分布较广，乳状液粒径波动较大，0.86（1.0）PV 主要以 6～15μm 为主，0.95～1.04（1.1～1.2）PV 主要以 0～9μm 为主，1.12～1.29（1.3～1.5）PV 呈现出乳化初期粒径分布较广的趋势，说明此时的乳状液未达到稳定状态。1.29（1.5）PV 以后开始进入乳化中期，粒径分布较窄。在后续驱替过程中，1.81（2.1）PV 后乳状液以小粒径为主，而后粒径恢复正常，乳化消失前乳状液粒径以 0～6μm 为主。

针对各取样点的乳化情况，对二元驱阶段的乳化规律进行分析，将各点的乳化按照不同的乳状液粒径进行分类，分为乳化初期、乳化中期和乳化末期，在乳化中期根据乳状液粒径变化情况又分为中等乳化阶段和强乳化阶段。通过对各点的乳化规律分析，认为在乳化初期，由于化学剂浓度分布不均匀，乳化稳定性较差；乳化末期化学剂浓度较低，乳化液滴数目较少，乳化程度较弱；乳化初期和乳化末期的采出液与地层中的乳化真实情况有一定差异。乳化中期化学剂浓度较高，乳状液粒径变化规律性较好，能够反应地层中乳化的实际情况。取样点 450cm 处的黏度变化趋势与聚合物的浓度变化趋势一致，但该点的相对黏度明显高于聚合物相对浓度，原因是在乳化初期形成油墙，乳状液中含油量高，乳状液黏度大，而随着乳状液对多孔介质中的油膜进行有效地驱替剥

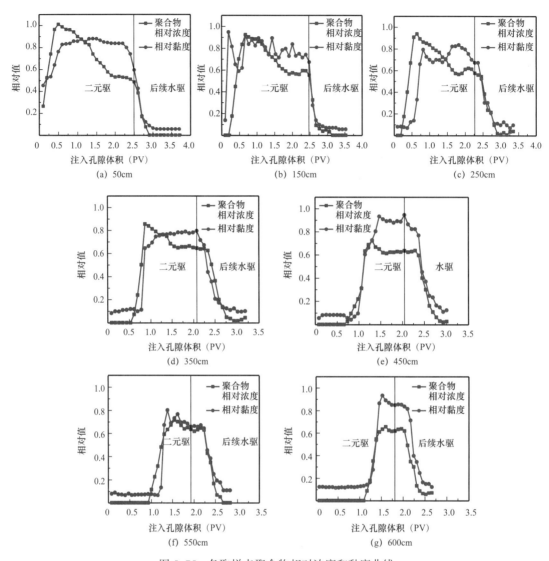

图 5-75　各取样点聚合物相对浓度和黏度曲线

离，能够保证在驱替过程中有效黏度保持在较高的水平上。600cm 处乳化产生于二元驱末期，说明在岩心中乳化产生后扩散速度依赖于注剂速度，乳化开始时表面活性剂浓度较低，随后持续增加但增加程度缓慢，此时取样点 600cm 处采出液黏度随乳化出现迅速上升并达到最大值，随后开始缓慢下降，在乳化期间黏度变化平稳。在聚合物黏度开始下降以后采出液黏度才开始下降，在乳化后期由于乳状液中含水率较高，在水驱 0.5PV后（3.0PV）含水率已接近 99%，此时乳状液黏度迅速下降，不能起到调节流度比的作用。在乳化中期，乳化中等阶段随着化学剂浓度逐渐升高，大粒径液滴占比逐渐减少，粒径以中小粒径为主；强乳化阶段化学剂浓度稳定，粒径分布均匀，变化稳定。从各点采出液的油水比变化来看，乳化中期含水率变化较大，同时能够保持在一定范围内稳定，不会出现含水率大幅度上升的现象，分析认为该阶段为乳化增油的主要阶段。乳化初期

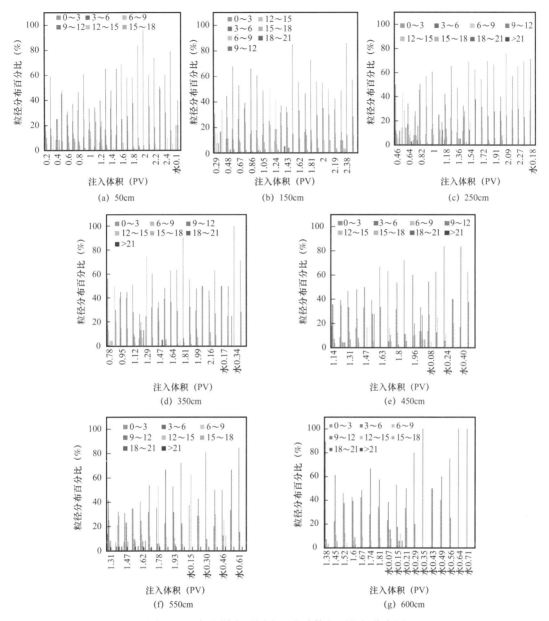

图 5-76　各取样点不同注入孔隙体积下粒径分布图

和乳化末期的乳化程度较弱，具有一定的增油效果，但没有乳化中期明显。从 50cm 至 600cm 表面活性剂浓度逐渐减小，达到最大值至稳定的时间逐渐延长，乳化初期和乳化中期的持续时间逐渐缩短，表面活性剂在二元驱乳化过程中扮演着重要的作用。同时，乳化过程的影响因素较多，各点的乳化主要受到表面活性剂浓度和含水率的共同影响。

　　② 化学剂运移规律研究。

　　表面活性剂为小分子，在多孔介质中运移受到储层、原油等相互作用，在不同位置的变化规律不同，图 5-77 为表面活性剂相对浓度变化曲线。

从图 5-78 中可以看出，注入 0.1PV 后在 50cm 处开始出现 KPS，其浓度随着注入体积开始逐渐上升，达到最高点后持续减小，最大相对浓度为 0.7，水驱后浓度持续降低。随着运移距离的增加，保留的 KPS 浓度逐渐降低，相对浓度最高点也依次降低，600cm 处在注入 1.38（1.9）PV 开始出现 KPS，相对浓度最大值仅为 0.24，说明表面活性剂在多孔介质中损失严重。同时水驱后从表面活性剂浓度变化也可以看出距注入端越近，表面活性剂浓度受注入体系的影响也越明显。

聚合物在二元驱过程中主要起到调节流度比、扩大波及体积、调整水窜大通道的作用。通过不同位置聚合物浓度的变化可以看出聚合物在多孔介质中的变化规律，确定聚合物有效作用的时间。聚合物相对浓度变化如图 5-78 所示。

从图 5-78 中可以看出，注剂 0.1PV 后，在 50cm 处可以检测出聚合物，随后在各点依次检测出聚合物，从图上可以看出除了前三点在注入相应体积后能够检测到聚合物外，后续各取样点之间都有明显的间隔，说明除了在取样点损失外，聚合物的吸附损失随着运移距离越远越明显。由于聚合物属于高分子化合物，会优先进入大孔道，随后吸附在孔隙表面，对大孔道进行调剖，其溶液具有黏弹性，随着大孔隙堵塞，压力上升，聚合物在小孔道会出现屈服流动，从而进行解堵。

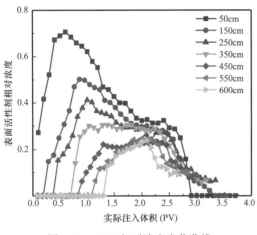

图 5-77　KPS 相对浓度变化曲线

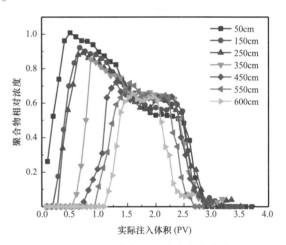

图 5-78　聚合物相对浓度变化曲线

三、小结

现场水包油乳状液在较低剪切速率下主要表现出黏性，起到扩大波及体积作用；较高剪切速率下水包油乳状液主要表现为弹性，发挥驱替作用。低黏度油包水乳状液作用机理与水包油乳状液类似，高黏度油包水乳状液在剪切作用下主要表现出黏性，主要起到堵塞水窜大孔道、调节吸水剖面、调节流度比、扩大波及体积的作用。长岩心驱油乳状液运移规律实验结果表明：在乳化初期，由于化学剂浓度分布不均匀，乳化稳定性较差；乳化中期化学剂浓度较高，乳状液粒径变化规律性较好，乳化中期存在乳化对驱油体系黏度补偿作用，有利于提高原油采收率。二元驱乳化综合指数实验结果表明：二元复合驱过程中渗透率小于 100mD 时，随着乳化综合指数增加，提高采收率幅度先增加后降低，最佳乳化综合指数为 55%；渗透率大于 100mD 时，随着乳化综合指数增加，提高采收率幅度逐渐增加，最佳乳化综合指数为 88%；乳化贡献提高采收率幅度 8 个百分点。

参 考 文 献

［1］Firozjaii A M, Derakhshan A, Shadizadch S R. Energy sources part A：Recovery［J］. Environ Eff, 2018, 40：2974-2985.

［2］邹耀洪，鱼维洁. 温度、氯化钠及乙醇对离子型表面活性剂临界胶束浓度的影响［J］. 常熟理工学院学报，2003，(17)，45-49.

［3］Kim H U and Lim K H. Colloid surf. a：physicochem［J］. Eng Asp, 2004, 235：121-128.

［4］Wang S S, Zhao K S. Dielectric analysis for the spherical and rodlike micelle aggregates formed from a gemini surfactant：driving forces of micellization and stability of micelles［J］. Langmuir, 2016, 32(30)：7530-7540

［5］Zana R. Dimeric and oligomeric surfactants, behavior at interfaces and in aqueous solution：a review［J］. Adv Colloid Interface Sci, 2002, (97)：205-253.

［6］Valero M, Grillo I, Dreiss C A. Two-dimensional polymeric carbon nitride：structural engineering for optimizing photocatalysis［J］J. Phys Chem B, 2012, (116)：1273-1281.

［7］Croce V, Cosgrove T, Dreiss C A. et al.Mixed spherical and wormlike Micelles：a contrast-mataing study by small-angle neutron scattering［J］.Langmuir, 2004, (20)：7984-7990.

［8］Flood C, Dreiss C A, Croce V, et al. Wormlike micelles mediated by polyelectrolyte［J］. Langmuir 2005, 21(17)：7646-7652

［9］Wattebled L, Laschewsky A, Moussa A, et al. Aggregation numbers of cationic oligomeric surfactants：a time-resolved fluorescence quenching study［J］. Langmuir, 2006, 22（6）：2551-2557.

［10］Rupp C, Steckel H, MUller B W. Mixed micelle formation with phos-phatidylcholines：The influence of surfactants with different molecule structures［J］. International Journal of Phannaeenties, 2010, 387：120-128.

［11］Gadelle F, Koros W J, Schechter R S. Solubilization isotherms of aromatic solutes in surfactant aggregates［J］J. Colloid Interface Sci, 1995, 170：57-64.

［12］Kwok D Y, Ng H, Neumann A W. Experimental study on contact angle patterns：Liquid surface tensions less than solid surface tensions［J］. J Colloid Interface Sci, 2000, 225：323-328.

［13］Lu X Y, Jiang Y, Cui X H, et al. NMR study of surfactant micelles transformation［J］. Colloids Surf：A, 2008, 324（1/3）：71－78

［14］Broens M, Unsal E. Bubble snap-off and capillary-back pressure during counter-current spontaneous imbibition into model pores［J］. Advances in Water Resources, 2018, 113：13-22.

［15］Thomas S. Enhanced Oil Recovery：An Overview［J］.Oil & Gas Science and Technology－Rev. IFP, 2008, 63, 9-19.

［16］Al-Anssari S, Barifcani A, Wang S, et al. Wettability alteration of oil-wet carbonate by silica nanofluid［J］. J. Colloid Interface Sci., 2016, 461：435-442.

［17］廖广志，王强，王红庄，等．化学驱开发现状与前景展望［J］．石油学报，2017，38（2）：196-207.

［18］刘卫东．聚合物／表活剂二元驱提高采收率技术研究［D］．北京：中国科学院研究生院，2011.

［19］刘卫东，罗莉涛，廖广志，等．聚合物–表面活性剂二元驱提高采收率机理实验［J］．石油勘探与开发，2017，44（4）：600-607.

［20］李杰瑞，王连刚，刘卫东，等．复合驱表面活性剂乳化研究现状［J］．油田化学，2018，35（4）：731-737.

［21］李杰瑞，刘卫东，周义博，等．化学驱及乳化研究现状综述［J］．应用化工，2018，47（9）：1957-1961.

［22］李星．乳化程度对三元复合驱提高采收率的影响［J］．化学工程与装备，2016（5）：54-57

［23］孙仁远，刘永山．超声乳状液的配制及其段塞驱油试验研究［J］．石油大学学报：（自然科学版），1997，21（5）：102-103.

［24］王克亮，皮彦明，吴岩松，等．三元复合体系的乳化性能对驱油效果的影响研究［J］．科学技术与工程，2012，12（10）：2428-2431.

［25］王涛，志庆，王芳，等．原油乳状液的稳定性及其流变性［J］．油田化学，2014，31（4）：600-604.

［26］王凤琴，曲志浩，孔令荣．利用微观模型研究乳状液驱油机理［J］．石油勘探与开发，2006；33（2）：221-224.

［27］王涛，志庆，王芳，等．原油乳状液的稳定性及其流变性［J］．油田化学，2014，31（4）：600-604.

［28］王玮，宫敬，李晓平．非牛顿稠油包水乳状液的剪切稀释性［J］．石油学报，2010，31（6）：1024-1026，1030.

第六章 新疆油田复合驱矿场应用

新疆油田是一个以砾岩为主要油气储层的大型油田，它和位于其东北方向的百口泉油田、乌尔禾油田、夏子街油田和南部地区的红山嘴油田、车排子油田组成一个带状油气区，统称为新疆油区，有着丰富的石油资源。新疆油田地质沉积类型较多，既有洪积相沉积，又有山麓河流相沉积，还有冲积扇—三角洲沉积；储层的年代从二叠系、三叠系到侏罗系，可称为是世界上这类砾岩油田的典型。新疆油田储层大多数属于山麓洪积相砾岩，这类储层具有储层相变快、小层间隔层发育、储层非均质性强等特点，这些特点导致水驱开发效率低，需要研究水驱后的提高采收率方式。

化学复合驱是20世纪80年代发展起来的提高原油采收率技术，主要包括聚合物驱、聚合物/表面活性剂两种组分组成的二元复合驱以及碱/聚合物/表面活性剂组成的三元复合驱，其中水溶性的聚合物可以增加驱替相的黏度，通过流度控制作用以及在孔隙中的吸附滞留来扩大波及体积；表面活性剂通过降低油水界面张力来动用残余油，最近也有研究表明表面活性剂与原油的增溶能力、乳化性能以及改变岩石润湿性的作用也有助于采收率的提高；在三元复合体系中加入的碱可以与原油中的活性物质发生皂化反应，生成的类表面活性剂物质可以进一步降低油水界面张力，同时碱可以起到牺牲剂的作用，减少表面活性剂的吸附。但碱使得设备和地层结垢，增加了检泵周期，伤害了储层。因此无碱的二元复合驱体系被认为是最具有前景的化学驱提高采收率技术。

目前国内化学复合驱油技术已进入工业化推广应用阶段，如大庆油田三元复合驱试验提高采收率20%以上，胜利油田二元复合驱提高采收率15.0%。20世纪90年代以来，新疆油田先后在砾岩油藏开展了二中区三元复合驱小井距先导试验、七东1三元复合驱工业试验、七中区二元复合驱工业试验（表6-1），取得了较好的矿场应用效果，并计划在"十四五"期间进行工业化推广应用。其中，1995—1998年在二中区克下组砾岩油藏开展了三元复合驱先导性矿场试验，综合含水最低下降了15个百分点，提高采收率25%，展现了砾岩油藏注水开发后期实施复合驱提高采收率的光明前景。该先导性矿场试验由于其井距小，规模小，试验结果还不能指导该技术在油田的大规模推广应用。为此2014年在七东1开展了三元复合驱工业试验，截至2019年底提高采收率13%，预计最终提高采收率20.5%。由于三元复合驱中的碱会带来注入系统结垢、地层伤害、产出液乳化破乳困难等问题，2007年在七中区开展了砾岩油藏无碱二元复合驱工业化试验，该试验设计提高采收率15.4%，截至2019年底提高采收率17.1%，预计最终提高采收率18%，由于无碱二元复合驱具有环保、廉价、高效的特点，将是今后砾岩油藏化学驱主要推广技术。

环烷基石油磺酸盐

表 6-1　砾岩油藏化学复合驱试验参数统计表

参数	二中区三元	七中区二元	七东 1 三元
地质储量（10^4t）	2.75	54	114
渗透率（mD）	674	94	1542.3
平均油藏深度（m）		1146	1041
地层压力（MPa）	8.84	16.07	16.8
地下原油黏度（mPa·s）	9.6	6.0	5.13
油藏温度（℃）		40	34.3
孔隙度（%）		17	19.6
渗透率变异系数			
井网	五点法	五点法	五点法
井距（m）	50	150	142
注入井（口）	4	18	9
采油井（口）	9	26	16

新疆油田在 20 世纪 60 年代开始了化学驱基础研究，20 世纪 80 年代合成了石油磺酸盐，1994 年建立了驱油用环烷基石油磺酸盐工业装置，该装置是中国石油投资建造的专门为国内各油田生产驱油用表面活性剂的工业生产装置，年生产环烷基石油磺酸盐 KPS（活性物含量 50% 的产品）3000t，生产的环烷基石油磺酸盐先后应用于二中区三元复合驱先导试验、七东 1 三元复合驱工业试验和七中区二元复合驱工业试验等矿场试验中。

第一节　二中区三元复合驱先导性试验

复合驱油技术是 20 世纪 80 年代发展起来的提高油田采收率的有效方法。在国内外已有成功的室内实验和矿场试验的例子。20 世纪 80 年代，美国、加拿大等国开展了碱 / 表面活性剂 / 聚合物驱油的室内及现场试验研究。美国的 Shell 公司进行过 ASP 复合驱的室内岩心驱油试验；Bell Creek 油田进行了注入表面活性剂及聚合物的驱油试验，Nelson 等人组织在 White Castle 油田进行了 ASP 驱油试验，都取得了较好的效果。在国内，"八五""九五"期间，中国石油天然气集团公司组织大庆、胜利、辽河、新疆油田进行了复合驱提高采收率试验研究，其中新疆油田利用自主研发的环烷基石油磺酸盐 KPS，在二中区进行三元复合驱先导性试验，取得了重大突破，提高采收率 25%，揭示了砾岩油藏开展复合驱的巨大潜力。

一、试验目的

（1）考察砾岩油藏复合驱可行性；
（2）完成复合驱试验过程的监测监控与调整；
（3）对复合驱过程进行数模跟踪研究以及预测；
（4）通过复合驱试验，使中心井采收率提高10%以上。

二、试验区概况

三元复合驱先导试验区位于二中区北部9-3井附近，试验区由4个完整的五点法井组组成（图6-1），13口三采井全部为当年新钻井。其中注入井4口，采油井9口，注采井距50m，生产井距70.7m，1口中心封闭井为试验评价井，8口油井为注采平衡井，试验区外围由6口井围成了六边形的定压注水边界（其中10-2为报废井），试验区井组内的9-3井作为内部观察井。三采试验区的目的层 S_7^{3+4} 层划分了 S_7^{3-1}、S_7^{3-2}、S_7^{3-3}、S_7^{4-1a}、S_7^{4-1b} 5个单层。在试验区范围内克下组沉积厚度为62～68m，目的层 S_7^{3+4} 层沉积厚度为19.5～24.5m，砂砾岩厚度为15.0～22.0m。

目的层岩心分析结果表明，孔隙度主要集中在16%～24%之间，平均渗透率为674mD，复合驱前地层压力为8.84MPa，油层温度为22℃。原始地面原油相对密度为0.8659，20℃时地面原油黏度为40mPa·s，酸值为0.35～1.50mg/g（以KOH计）；原始地层水 Ca^{2+} 浓度约为45mg/L，Mg^{2+} 浓度约为30mg/L，总矿化度一般在5000～10000mg/L范围内，地层水水型为 $NaHCO_3$ 型。在整个注水开发过程中，试验区油藏地下原油黏度、密度由原始状态下的9.07mPa·s、0.7935g/cm³上升至复合驱前的13.30 mPa·s、0.8312g/cm³。

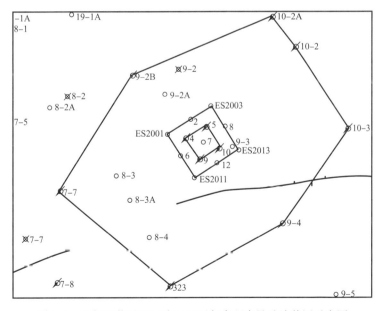

图6-1　克拉玛依油田二中区三元复合驱先导试验井网示意图

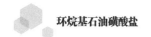

三、试验方案设计要点

根据二中区克下组油藏流体性质，通过大量筛选及物理模拟实验、数模研究等评价，确定了先导试验三元（ASP 即碱／表面活性剂／聚合物）复合驱的配方方案（表 6-2）。

表 6-2　二中区三元复合驱方案设计

段塞名称及顺序	段塞尺寸（PV）	配方			区日注（m³/d）	天数（d）
		化学剂名称	质量分数（%）	备注		
预冲洗（A 段塞）	0.40	NaCl 盐水	1.50	淡水配制	80	150
ASP 体系（B 段塞）	0.30	环烷基石油磺酸盐 碱 Na₂CO₃ 聚合物 三聚磷酸钠	0.30 1.40 0.13 0.10	淡水配制 μ_{ASP}=13.50Pa·s σ=2.3×10⁻³mN/m	60	200
聚合物保护（C 段塞）	0.30	聚合物	0.10	0.7% 盐水配制 μ_p=10.7Pa·s	60	200

四、试验取得阶段成果与认识

在复合驱先导试验研究的基础上，可以看出注入三元化学剂后砾岩油藏特高含水阶段的开采特征发生了明显变化，取得了显著开发效果，达到了复合驱试验的目的。

1. 矿场超低界面张力驱油评价

三元复合体系在监测中超低界面张力达标率为 90.9%，而在油层渗流过程中同样也形成了超低界面张力，因此，拓宽了油水两相流动范围。水驱时的相对渗透率曲线如图 6-2 所示，水驱残余油饱和度为 0.23，其最大驱油效率为 64.6%；室内 2 块油层岩心 ASP 驱的相对渗透率曲线如图 6-3 所示，ASP 驱的残余油饱和度为 0.11，其最大驱油效率为 83.1%。矿场中预冲洗结束时驱油效率为 50.14%，截至 1998 年 12 月底中心井的采出程度为 74.34%，剩余油饱和度为 0.18，则这阶段的驱油效率为 44.40%，由此看出矿场试验中油水两相流动范围得到了增加，总驱油效率可达 94.54%。

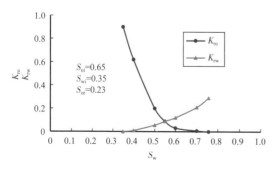

图 6-2　水驱相对渗透率曲线

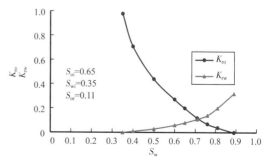

图 6-3　油层岩心 ASP 驱相对渗透率曲线

2. 复合驱油渗流特征评价

由平面渗流特征可知复合驱后平面波及状况得到了明显改善，从 Craig，F F，Jr 等人（1971）的研究可知，在五点法井网流度比为 1 的情况下，见水时的平面积波及系数达 68%～72%，三元先导试验驱替的流度比也为 1，但在小井距下见效后随着驱替剂的注入，其波及系数应能再提高 20%～30%，即在砾岩油藏最大的平面波及系数 60% 的基础上可提高到 90% 以上；试验区垂向驱油渗流特征中主段塞后期及聚合物保护段塞期间两者都达到了 100%。

3. 提高采收率评价

截至 1998 年 12 月底，由矿场试验结果预测，试验结束（含水 95%）时中心井采出程度为 75%，提高采收率 25%（OOIP）；试验区采出程度为 74%，提高采收率 24%（OOIP）；采出程度与含水率的关系曲线如图 6-4 和图 6-5 所示。中心井最低含水与 ASP 驱前相比下降了 20 个百分点（下降到 79%），月产油量由 6t 增加到 62t，是 ASP 驱前的 10.33 倍；试验区最低含水下降到 84%，下降了 15 个百分点，月产油量由 34t 增加到 355t，是 ASP 驱前的 10.44 倍；复合驱试验的开发曲线如图 6-6 所示。

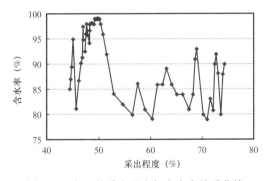

图 6-4　中心井采出程度与含水率关系曲线

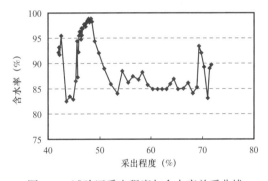

图 6-5　试验区采出程度与含水率关系曲线

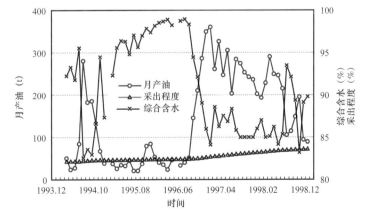

图 6-6　试验区开发曲线图

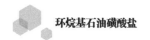

第二节　七东1三元复合驱工业化试验

为评价砾岩油藏复合驱大井距工业试验效果，2014年在七东1区西北部开辟一个9注16采弱碱三元复合驱试验区（图6-7）。

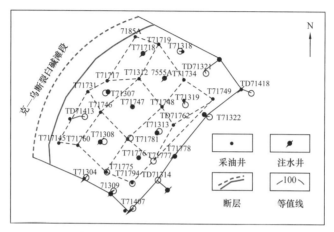

图 6-7　七东 1 区弱碱三元驱试验区井网部署图

一、试验目的

（1）考察砾岩油藏弱碱三元复合驱大井距适应性；
（2）评价砾岩油藏弱碱三元复合驱技术经济效果。

二、试验区概况

试验区位于油藏西北部，构造倾角3°～7°，平均地层厚度为67.8m，主力层位于辫流河道和片流砾石体相带。储层岩性主要以含砾粗砂岩、砂砾岩、砂质砾岩为主；储层矿物以石英、长石为主；黏土矿物绝对含量平均为3.71%，黏土矿物以高岭石为主（相对含量为60%）。孔隙类型以剩余粒间孔为主，喉道以点状喉道为主，其次是缩颈型喉道。孔隙结构主要为双模态特征，非均质性强。试验区以Ⅰ类储层为主，Ⅰ类储层占比91.2%，Ⅱ类储层占比4.1%，Ⅲ类储层占比2.3%，Ⅳ类储层占比2.4%。试验区目的层砂体厚度平均为26.6m，其中 S_7^2 砂体厚度为9.7m，S_7^3 砂体厚度为13.0m，S_7^{4-1} 砂体厚度为3.9m。试验区目的层平均孔隙度为19.6%，平均渗透率为1542.3mD；其中 S_7^2 平均孔隙度为19.7%，渗透率为1377.1mD；S_7^3 平均孔隙度为20.0%，渗透率为1962.3mD；S_7^{4-1} 平均孔隙度为17.2%，渗透率为651.7mD；剖面上各层物性差异比较大，主力层物性较好，尤其以 S_7^{2-3} 与 S_7^{3-1}、S_7^{3-2} 三层物性最好。受沉积相带和微观孔隙结构控制，扇中辫流水道物性较好，非均质性相对较弱；扇根片流砾石体物性相对较差，非均质性相对较强。层内变异系数为0.93，突进系数为3.1，层内级差为280.0；层间变异系数为0.70，突进系数为 1.4，层间级差为 2.6。S_7^{2-3} 以上小层个别井组发育泥岩隔层，厚度为 1.0～5.0m；S_7^{3-1} 以下小层不发育；S_7^{2-3}—S_7^{3-1} 间局部发育，厚度为 1.0～4.0m。试验区平均束缚水饱和度为 24.7%，残余油饱和度为 29.7%，无水期水驱油效率为 16.2%，可动油饱和度为 45.6%，最终水驱油效率为 60.6%。目前储层润湿为中性—弱亲油，弱—中等速敏，弱—强水敏。试验区克下组地质储量为 $126.1 \times 10^4 t$，其中目的层 S_7^{2-1}—S_7^{4-1} 地质储量为 $114 \times 10^4 t$，占克下组的 90.4%。

三、试验方案设计要点

设计注入量：1.0PV；

段塞组合：0.1PV 前置聚合物段塞 +0.7PV 主段塞 +0.2PV 保护段塞；

配方体系：0.3% KPS+1.2% Na_2CO_3 0.15% HPAM；

注入速度：0.12PV/a；

井网井距：五点法，142m；

设计阶段采出程度 26.1%，其中三元驱阶段提高采收率 20.5%，最终采收率 68.7%，中心井区阶段采出程度 30.1%，其中三元驱阶段提高采收率 23.7%。

四、试验取得阶段成果与认识

目前试验正处于主段塞注入阶段，截至 2019 年底，三元试验区累计注入 0.29PV，阶段采出程度为 13.0%，单井日产油 54.0t，含水 88.5%，预计 2023 年注完保护段塞进入后续水驱，最终可提高采收率 20% 以上。已形成配套技术：

（1）砾岩油藏弱碱三元复合驱段塞优化设计技术；

（2）小剂量多轮次连片调剖技术；

（3）三元复合驱综合分级调控技术。

第三节　七中区二元复合驱工业化试验

一、试验区概况

克拉玛依油田七中区克下组油藏位于克拉玛依市白碱滩区，在克拉玛依市区以东约 25km 处，区内地势平坦，平均地面海拔 267m，地面相对高差小于 10m。七中区克下组油藏处于准噶尔盆地西北缘克—乌逆掩断裂带白碱滩段的下盘。试验区位于七中区克下组油藏东部。复合驱工业化试验目的层为 S_7^{4-1}、S_7^{3-3}、S_7^{3-2}、S_7^{3-1}、S_7^{2-3}、S_7^{2-2} 六个单层，平均埋深 1146m，沉积厚度 31.3m。七中区克下组属洪积相扇顶亚相沉积，以主槽微相为主，储层主要由不等粒砂砾岩及细粒不等粒砂岩组成，孔隙度为 18.0%，渗透率为 94mD。

初始状态下，地面原油比重为 0.858，原油凝固点为 -20～4℃，含蜡量为 2.67%～6.0%，40℃原油黏度为 17.85mPa·s，酸值为 0.2%～0.9%，原始气油比为 120m³/t，地层油体积系数为 1.205。地层水属 NaHCO₃ 型，矿化度为 13700～14800mg/L。克下组油藏属于高饱和油藏。断块内为统一的水动力系统，原始地层压力为 16.1MPa，压力系数为 1.4，饱和压力为 14.1MPa，油藏温度为 40.0℃。目前试验区地层压力为 14.4MPa。七中区克下组油藏试验区评价面积为 1.21km²，目的层段平均有效厚度为 11.6m，原始地质储量为 120.8×10⁴t，储量丰度为 99.9×10⁴t/km²。七中区克下组砾岩油藏东部二元驱试验井区于 1959 年 3 月投产、1960 年 11 月以不规则四点法井网投入注水开发，其后该井区共进行过三次开发调整：（1）1980—1988 年扩边 6 口井；（2）1995—1998 年更新 3 口井、加密 1 口井；（3）2007 年进行整体加密调整，新钻 44 口井，包括 1 口水平井。调整后该区为 150m 井距反五点法二元驱试验井网，共有生产井 55 口，其中注水井 29 口（包括平衡区 11 口注水井），采油井 26 口（包括 1 口水平井）。二元驱前缘水驱通过系列调整措施，采液、采油速度大幅度提升，采液速度提高为 15.4%、采油速度提高为 1.47%，阶段含水上升率仅为 4.4%。阶段末综合含水 95.0%，采出程度为 42.9%，水驱开发已无经济效益。

二、地质特征

1. 构造特征

七中区克下组油藏处于准噶尔盆地西北缘克—乌逆掩断裂带白碱滩段的下盘。七中区西北部、东部、西部和南部分别被克—乌断裂白碱滩段、5054 井断裂、5075 井断裂以及南白碱滩断裂所切割。工区内构造形态简单，为东南倾向的单斜，西北部地层较东南部地层倾斜度小，西北部地层倾角约为 5°，东南部地层倾角为 8°，内部无断层发育（表 6-3）。

表 6-3　七中区构造断裂及其要素表

断层名称	断层基本特征						断开层位	钻遇井
	走向	倾向	倾角（°）	垂直断距（m）	延伸长度（km）	断层性质		
克—乌断裂白碱滩段	NEE-SWW	NNW	20°～70°	300～600	贯穿全区	逆断层	C—J₃q	7215、7283、7122A、7175、
南白碱滩断裂	NEE-SWW	NNW	40°～80°	100～600	贯穿全区	逆断层	P₃w—J₂x	J69、J53、8691
5054 井断裂	E-W	NS	±45°	±30m	2.1	逆断层	P₁j—T₃b	5059A
5075 井断裂	NNW	NE	±60°	±60m	1.9	逆断层	P₁j—J₁b	7306S

1）克—乌断裂白碱滩段

该断裂为一大型逆掩断裂，位于油藏北部，贯穿全区，在油藏西部与 5075 井断裂相交，并从 72104 井以北穿出，在研究区东部与南白碱滩断裂相交。走向北东东—南西西，断层面倾向北北西，呈上陡下缓躺椅状（由 70° 变为 20°）。克拉玛依组底部垂直断距 300～600m，断裂属沉积同生断裂，最高断开层位为侏罗系上统。

2）南白碱滩断裂

该断裂贯穿全区，位于油藏南部，在油藏东部出现分支断裂，走向北东东—南西西，断层面倾向北北西，断层倾角自西向东由 40° 增加到 80°。克拉玛依组底部垂直断距 100～600m，最高断开层位为中侏罗统。

2. 地层特征

克下组为一套以砂砾岩为主向上变细的沉积旋回，划分为 2 个砂组、6 个砂层、13 个小层（表6-4），这些地层单元构成了多个次级沉积旋回。从本质上讲，这些多级次的沉积旋回是在基准面旋回过程中，由可容空间与沉积物供给速率的变化所造成的。

表 6-4　七中、东区克下组地层划分表

砂层组	砂层	小层	层位代码	单砂层数
S_6	S_6	1	S_6^1	1
		2	S_6^2	1
		3	S_6^3	1
S_7	R_6	4		1
	S_7^1	5	S_7^1	1
	S_7^2	6	S_7^{2-1}	3
		7	S_7^{2-2}	
		8	S_7^{2-3}	
	S_7^3	9	S_7^{3-1}	3
		10	S_7^{3-2}	
		11	S_7^{3-3}	
	S_7^4	12	S_7^{4-1}	2
		13	S_7^{4-2}	

1）宏观对比原则

依据洪积扇沉积特征，首次针对性地提出了等时对比、旋回分析、厚度控制的细分层对比原则。

等时对比：选择较为稳定发育的泥岩作对等时界面。包括 S_7 上部的 S_6 底部的大段泥岩及 S_7^{4-1}、S_7^{3-1} 及 S_7^{2-1} 顶部的泥岩。

旋回分析：S_7 整体本身为一大套正旋回，在等时对比的大原则下，依据旋回特征进一步细分层。分层界面选定在泥岩、粉岩质泥岩顶部，砾岩底部（图6-8）。

厚度控制：在对比曲线出现变化、小层内旋回期变多或变少时，在考虑邻井，应用厚度过渡的控制方法进行划分。

2）小层对比原则

S_7^4 底部界线：（1）自然电位及自然伽马出现异常，自然电位表现为陡然变大，自然伽马陡然变小；（2）深侧向电阻率曲线表现为从上向下陡然变大，电阻率达 $400\Omega \cdot m$ 以上；（3）如果 S_7^4 底部出现另一个高阻曲线及自然电位、自然伽马异常曲线特征，可通过高阻曲线形态及与邻井高度过渡的对比原则判断，高阻曲线底部为一断截面样，表现为不整合面特征。

S_7^4 顶部界线：S_7^4 层组整体为一个正旋回，顶界为一由下向上过渡为泥质较纯的地方。电阻曲线表现为过渡至电阻度小于 $20\Omega \cdot m$。部分曲线在 S_7^4 内部出现电阻曲线二次旋回，这时判断 S_7^4 顶部界线的原则为电阻曲线要下降至较小的地方，也就是泥质较纯的地方。

S_7^4 内部 S_7^{4-2} 与 S_7^{4-1} 界线：通过密度和声波曲线判断，密度曲线一般大于 2.5 以上为 S_7^{4-2}。

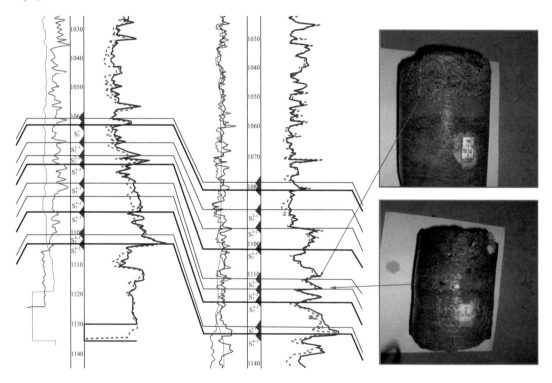

图 6-8　T72247、T7216 关键井砾岩、泥岩界限

S_7^3 顶部界线：（1）深侧向电阻率曲线表现为一套 4m 的泥岩或泥质粉砂岩，电阻率小于 $20\Omega \cdot m$，一般为 $7\Omega \cdot m$ 左右，与 S_7^3 内部泥质相比，顶部泥质较纯、较厚。（2）个别井出现泥岩变少、旋回变多时，可参考邻井泥岩变化规律、层内厚度相当、优选泥质较纯作为对比原则。

S_7^3 内部对比原则：由于 S_7^3 内部的三次沉积旋回清楚，电阻率曲线特征明显，大多数井可较好地对比。内部二个旋回或多个旋回时，可在旋回对比的大原则下，采用等厚的对比原则。

S_7^2 顶部界线：（1）从关键井来看，深侧向电阻率曲线表现为一套8m的泥岩或泥质粉砂岩，均小于6Ω·m，与 S_7^3 顶部泥质相比，泥质更纯（图6-9）。（2）个别井出现泥岩较厚度变小，可参考邻井泥岩变化规律、层内厚度相当、优选泥质较纯作为对比原则。

S_7^2 内部对比原则：S_7^2 内部的沉积旋回变化较大，有一个到三个旋回的，对对时还是以旋回对比为主要原则。同时，参考邻井厚度、层间厚度相当的对比原则。其中，S_7^{2-1} 多为一套泥岩，北部部分地区相变后有一套薄的细砂岩。

S_7^1 砂体界线：深侧向电阻率曲线表现为一套小于1m的砂砾岩或细砂岩，部分地区相变为粉砂岩特征。

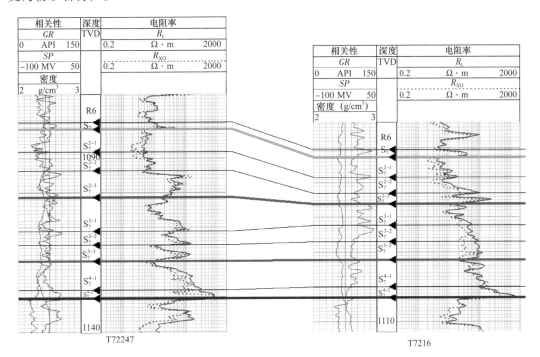

图6-9　取心井小层对比图

3）对比方法

小层划分和对比是从沉积成因出发，落脚于储层的开发地质特征，选择有取心资料、对比基础较好的井区，利用标志层控制旋回，结合拉平剖面—填平补齐、空间闭合的对比方法，建立多条地质骨干剖面，重点解决关键过渡井的对比界限，逐步扩大的方法。

（1）根据地层划分方案，T72247、T7216井为基准井，建立双十字骨架对比剖面。

（2）通过骨架剖面的井扩展成对比骨架网。

（3）反复对比，达到全区各小层界线统一、闭合。

依照该区目的层段沉积相带类型及特征，按山麓洪积相主要相带类型进行了划相，分别归纳出山麓洪积扇扇顶、扇中和扇缘沉积相组合与沉积模式。洪积扇与物源区之间流程短，因而向源方向常与残积、坡积相邻接。向沉积区与洪积平原相邻或与滨浅湖相沉积呈舌状交错接触。克拉玛依二叠、三叠系洪积扇多属上述沉积相组合类型。

七中区复合驱试验区克下组 S_7 砂层组平均沉积厚度为 46.8m，其中试验目的层段 S_7^{2-2}、S_7^{2-3}、S_7^{3-1}、S_7^{3-2}、S_7^{3-3}、S_7^{4-1} 沉积厚度范围在 21~44m 之间，平均沉积厚度为 31.3m。

七中区克下组属洪积相扇顶亚相沉积，以主槽微相为主。S_7^4、S_7^3、S_7^2 层主槽微相砂砾岩体沉积规模和范围都很大，总的趋势是向上砾岩岩比减小，主槽微相的沉积面积减小。试验区各层沉积厚度从北部向南部逐渐减小，这是因为北部靠近沉积物源。

S_7 砂层组属洪积扇沉积，剖面上自下而上沉积相由扇顶亚相向扇中亚相过渡，其中 S_7^4、S_7^3 层属扇顶亚相以主槽微相为主；S_7^2 层属扇中亚相以辫流带微相为主。

S_7^4 砂层沉积在古生界风化壳不整合面上，沉积厚度一般在 4~21m，岩性主要以灰绿色砾岩夹少量棕红色、杂色不纯泥岩为主，具有洪积扇上氧化特征标志，砾岩颗粒粗、分选差，分选系数大于 3，棱角状发育，泥岩的颜色反映了洪积扇上干热气候的强氧化环境。

3. 储层特征

1）岩性特征

储层岩性可分为泥质粉细砂岩、不等粒砂岩、含砾砂岩、不等粒砂砾岩、砾岩五大类，其中主要组成成分砾岩占 22.4%，不等粒砂砾岩占 28.3%，不等粒砂岩占 27.9%

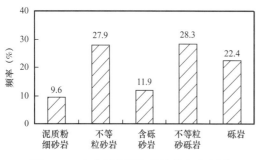

图 6-10　七中区克下组岩性分布直方图

（图 6-10）。砾石含量为 33%~65%，砾石成分以花岗岩为主。砾径变化范围较大，分选差—中等，颗粒磨圆度差，为次棱角状和棱角状。胶结类型以泥质胶结、碳酸盐胶结为主。

试验区储层的填隙物主要为黏土矿物、方解石和菱铁矿，填隙物含量平均 7.3%。黏土矿物主要以高岭石为主，平均含量达到 69.3%（表 6-5）。

表 6-5　试验区各小层填隙物及黏土矿物统计表

项目 层位	填隙物（%）	伊蒙混层（%）	伊利石（%）	高岭石（%）	绿泥石（%）	混层比（%）
S_7^{2-2}	4	33	14	45	8	20
S_7^{2-3}	9	3	5	77	15	20
S_7^{3-1}	8	11	10	70	9	25
S_7^{3-2}	8	5	9	72	14	20
S_7^{3-3}	8	2	9	78	11	15
S_7^{4-1}	7	7	10	74	9	15

2）物性特征

储层物性变化比较大，以中孔低渗透为主。表 6-6 为 7207、T7216、T72110、T72247 井岩石物性分析统计表。统计显示，有效孔隙度变化范围为 0.4%～27.0%，平均为 14.7%，渗透率变化范围为 0.01～3207.0mD，平均为 54.1mD。孔隙分布呈正态分布，而渗透率则呈偏态分布，小于 1.0mD 的占 50%（图 6-11）。

表 6-6　七中区克下组 S_7 段岩心分析物性统计表

井号	孔隙度（%）				渗透率（mD）				评价结果
	样品数	最大	最小	平均	样品数	最大	最小	平均	
7207	46	25.27	5.42	16.0	35	3207.02	0.040	117.57	中孔中渗
T7216	66	21.03	1.72	14.6	63	121.09	0.020	7.02	中孔低渗
T72110	50	27.00	3.10	12.7	50	1310.00	0.078	57.18	中孔中渗
T72447	103	23.80	0.40	13.4	103	559.00	0.010	9.70	中孔低渗
平均	—	—	—	14.7	—	—	—	54.10	中孔中渗

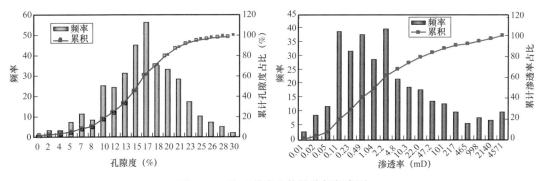

图 6-11　取心井岩心物性分析频率图

根据试验区 43 口新井测井解释各小层的物性数据统计，孔隙度主要分布在 14%～18% 之间（表 6-7、图 6-12）。

表 6-7　试验区岩心分析物性数据统计表

层位	孔隙度（%）			渗透率（mD）		
	最大	最小	平均	最大	最小	平均
S_7^{2-2}	21.3	11.6	17.0	386.0	4.9	98.9
S_7^{2-3}	20.9	6.0	16.3	398.4	3.7	84.1
S_7^{3-1}	22.1	12.5	16.5	684.7	4.2	91.6
S_7^{3-2}	20.7	11.0	15.8	295.1	1.3	67.3

续表

层位	孔隙度（%）			渗透率（mD）		
	最大	最小	平均	最大	最小	平均
S_7^{3-3}	19.3	11.7	14.6	136.4	0.5	30.6
S_7^{4-1}	17.9	11.0	14.2	447.5	1.1	44.0
S_7^{2+3+4}	20.4	10.6	15.7	391.4	2.6	69.4

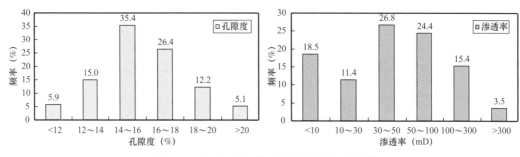

图 6-12　十中区克下组储层物性分布直方图

3）孔隙结构特征

砾岩储层的孔隙类型具有原生孔隙与次生孔隙并存的特点。一般受成岩后生变化影响较弱的储层，以原生的粒间孔为主；当受后生变化影响较强时，以次生的溶蚀孔为主。

根据铸体薄片鉴定资料，砾岩储集层的孔隙类型有以下 5 种：粒间孔、溶蚀孔、杂基或胶结物中微孔、砾缘缝、微裂缝（图 6-13）。

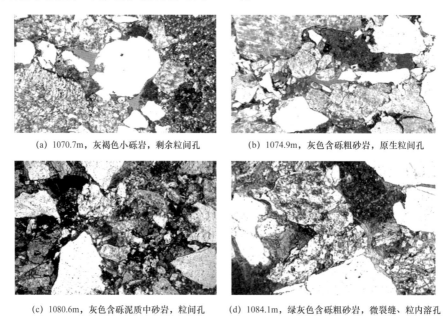

(a) 1070.7m，灰褐色小砾岩，剩余粒间孔　　　(b) 1074.9m，灰色含砾粗砂岩，原生粒间孔

(c) 1080.6m，灰色含砾泥质中砂岩，粒间孔　　(d) 1084.1m，绿灰色含砾粗砂岩，微裂缝、粒内溶孔

图 6-13　七中区克下组储层微观孔隙结构特征图

最大孔喉半径指排驱压力所对应的孔喉半径被称为岩石孔隙的最大连通喉道半径。统计研究区 100 个样品的最大孔喉半径值，最大孔喉半径的算术平均值为 15.14μm，几何平均值为 3.15μm，最大孔喉半径数值主要位于小于 20μm 的区间范围内，占 80%。饱和度中值半径 R_{50} 指与饱和度中值压力相对应的孔喉半径。统计 72 个样品的中值半径值，中值半径的算术平均值为 1.16μm，几何平均值为 0.23μm，中值半径数值主要分布小于 0.4μm 的区间范围内，占 82%（图 6-14）。

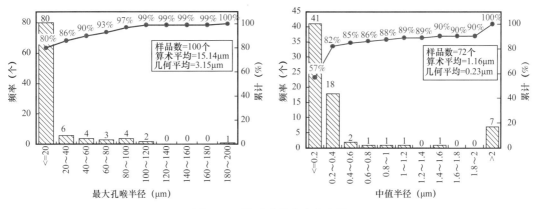

图 6-14　孔喉半径分布直方图

根据恒速压汞测试资料，试验区孔隙特征从形态上看主要有两种类型：第一类，孔隙大小分布基本趋于正态分布，有效孔隙半径分布范围和峰值集中，孔隙半径主要集中在 80~200μm 区间内；第二类，孔隙半径分布曲线形态呈双峰态，但峰值接近，孔隙半径主要集中在 100~200μm 区间内。从孔隙半径分布集中程度上看，两种分布没有明显的区别，主要孔道分布范围接近，孔隙半径分布随渗透率的变化不明显。而不同渗透率下喉道半径分布曲线形态不同，渗透率高的样品，平均喉道半径较大，喉道半径分布范围广，渗透率低的样品，平均喉道半径小，喉道半径分布范围变窄，且峰值集中于小喉道处（图 6-15）。说明控制七中区克下组砾岩储层岩样内流体渗流特征的主要因素是喉道特征，而不是孔隙特征。

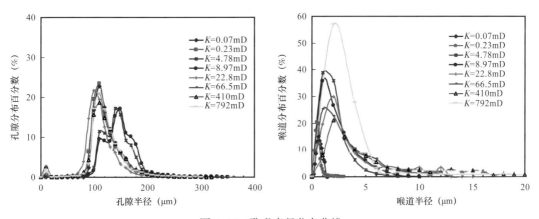

图 6-15　孔喉半径分布曲线

环烷基石油磺酸盐

4）储层敏感性特征

试验区目的层段的储层敏感性总体为中等偏弱。水敏指数在0.06～0.4之间，渗透率下降幅度介于6%～40%之间；速敏指数在0.04～0.18之间，若高于临界速度，渗透率下降幅度介于31.5%～47.9%之间；盐敏的临界盐度为6183.7mg/L，低于临界盐度，渗透率下降幅度介于51.2%～78.4%之间；随着注入孔隙体积倍数的增加，渗透率下降幅度不大（表6-8）。

表6-8 试验区各小层储层敏感性分析数据表

项目 层位	水敏		速敏		盐敏		体敏
	水敏指数	渗透率下降	速敏指数	渗透率下降（%）	临界盐度（mg/L）	渗透率下降（%）	渗透率下降（%）
S_7^{2-3}	0.06～0.4	6～40	0.18	33	6183.7～8245	51.2	10.3
S_7^{3-1}	0.15	14.9			6183.75	57.8	14.6
S_7^{3-2}	0.07	7.2	0.04	31.5	6183.75	78.4	
S_7^{3-3}							
S_7^{4-1}			0.06	47.9			
综合	弱—中等偏弱		弱—中等偏弱		中等—中等偏强		弱

5）储层润湿性特征

储层原始状况下，岩石表面润湿性特征显示中性。试验区不同时期的密闭取心井润湿性分析资料表明，储层润湿性有向强亲水转化的趋势。水洗程度越高即驱油效率越高，剩（残）余油饱和度越小时，润湿性参数V_w—V_o值就越高，储层亲水性越强。当含水饱和度小于0.50时，储层以弱亲水主；含水饱和度为0.5～0.7时，储层中亲水为主；含水饱和度大于0.7时，储层强亲水。目前试验区润湿性特征总体表现为中弱亲水。

6）储层相渗特征

试验区油水相对渗透率曲线，此类曲线原油性质起一定作用，可动油饱和度约小于40%，驱油效率小于55%，残余油饱和度达32%，残余油时水的相对渗透率低于0.1，属于中低渗透储层（图6-16）。

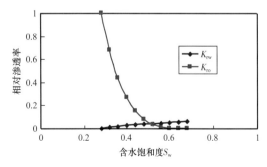

图6-16 七中区克下组相对渗透率曲线

7）储层电性特征

S_7段虽然井段不长，由于储层岩性变化比较大，对应电性特征变化亦较大，主要表现在以下方面。

电阻率曲线数值相对较高，且三电阻率曲线呈正差异，一般在20～200Ω·m之间，更高者达200～800Ω·m；低自然伽马，自然电位有一定幅度差，井径曲线为缩径；三

· 206 ·

孔隙度呈中等值；录井显示多为油斑级以上。

（1）致密层特征：电阻率曲线数值为中低值，八侧向（R_{xo}）电阻率与深感应（R_t）曲线呈负异常，增阻侵入特征明显；随着负异常增大其水淹程度增大。

（2）大砾岩致密层：电阻率值特别高，声波时差值呈低值，密度测井值较高，中子测井值较低；含油级别低。

（3）粉砂质泥岩致密层：电阻率值较低，自然伽马中高值，含油级别较低或不含油，一般电阻率值小于 $20\Omega \cdot m$。

七中区克下组 S_7 段储层岩性复杂，有砾岩、小砾岩、砂砾岩及细砂岩、极细砂岩、细粉砂岩等多种岩性。利用测井曲线识别岩性，主要采用测井曲线数值交会图方法，从电阻率（R_t）与补偿声波（AC）交会岩性识别图版、补偿中子（CNL）与补偿密度交会岩性识别图版中可以看出，岩性分布区域相对比较明显，部分岩性由于定名的不同或是差别不是很大，分布区域几乎重合，各种岩性测井响应数据见表6-9。

表6-9 七中区克下组 S_7 段岩性测井响应数据表

岩性	测井曲线数值范围			
	AC（$\mu s/m$）	CNL（%）	密度（g/cm^3）	R_t（$\Omega \cdot m$）
泥岩	285～370	27～44	2.2～2.50	≤10.0
粉砂岩	280～320	23～35	2.48～2.5	10～20
细砂岩	230～340	13～26	2.3～2.5	20～300
砂砾岩	240～310	16～28	2.45～2.54	40～500
小砾岩	250～355	10～28	2.3～2.54	40～500
砾岩	185～240	2.7～16	2.49～2.7	300～1500

8）储层参数计算模型

（1）孔隙度计算模型。

孔隙度是反映储层物性的重要参数，也是储量、产能计算及测井解释不可缺少的参数之一。声波测井、中子测井和密度测井的读数是地层的岩性孔隙度的综合反映，测井参数和孔隙度之间存在着基本的关系式，常用岩心分析孔隙度与对应段的声波、中子、密度建立交会图版，从而获得测井解释孔隙度。考虑到该区实际测井系列及相应资料情况，采用声波时差（Δt）进行计算和研究。

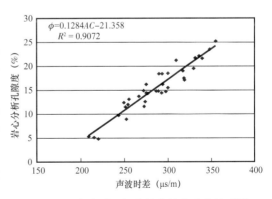

图6-17 声波时差与岩性分析孔隙度关系图

利用取心井岩石物性分析资料回归后，作孔隙度与声波时差关系图，利用建立的关系图求得孔隙度计算模型。图6-17为岩心分析孔隙度与声波时差关系图。

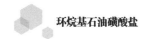

计算公式：

$$\phi=0.1284AC-21.358$$
$$R=0.95247$$

（6-1）

式中　ϕ——计算孔隙度，%；

　　　AC——测井曲线声波时差值；

　　　R——相关系数。

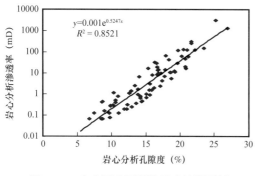

图6-18　七中区克下组渗透率计算图版

（2）渗透率计算模型。

根据物性分析资料研究，孔隙度与渗透率具有良好的相关关系，采用7207、T72247和T72110三口井岩石物性分析资料，利用孔隙度与渗透率进行回归，建立孔隙度与渗透率关系（图6-18），拟合出渗透率计算模型：

$$K=0.001^{0.5247\phi}$$

（6-2）

式中　ϕ——孔隙度，%；

　　　K——渗透率，mD。

（3）含油饱和度计算模型。

根据七中区油田砂砾岩油藏储层特点，选用阿尔奇公式计算储油层的含水饱和度。

$$S_{w}=\sqrt[n]{\frac{a\times b\times R_{w}}{\phi^{m}\times R_{t}}}$$

（6-3）

$$S_{o}=1-S_{w}$$

式中　S_{o}——含油饱和度；

　　　S_{w}——含水饱和度；

　　　R_{w}——地层水电阻率；

　　　R_{t}——地层电阻率；

　　　ϕ——孔隙度；

　　　m——孔隙结构指数，岩电实验值取1.8334；

　　　n——饱和度指数，岩电实验值取1.9113；

　　　a，b——岩性系数，岩电实验值分别取0.8212、1.0306。

m是根据七中区相对电阻率图版求取，n是根据电阻增大率图版求取。

R_{w}根据实际计算和处理情况选用。

（4）泥质含量计算模型。

在评价砂泥岩剖面地层时，储层的泥质含量是一项重要的地质参数，它不仅反映地层的岩性，而且储层的有效孔隙度、渗透率、含水饱和度和束缚水饱和度等储层参数均与泥质含量有密切关系，因此，准确地计算地层的泥质含量是测井评价中不可缺少的重要参数。

根据该区块所采用测井系列的实际情况，经考察补偿中子、电阻率都能较好地反映储层的泥质含量，取其最小值作为该层的泥质含量。

泥质含量计算公式为：

$$V_{sh} = (2^{GCUR \times \Delta x} - 1) / (2^{GCUR} - 1) \tag{6-4a}$$

$$\Delta x = (X - X_{min}) / (X_{max} - X_{min}) \tag{6-4b}$$

式中　V_{sh}——泥质含量；

　　　GCUR——地层经验系数，选2；

　　　X——储层的补偿中子、电阻率测井值；

　　　X_{min}——纯砂岩的补偿中子、电阻率测井值；

　　　X_{max}——纯泥岩的补偿中子、电阻率测井值。

利用上述模型对该储层段泥质含量评价后，油层泥质含量一般在5%～10%之间，平均为8.0%。用该计算结果与储层粒度分析资料进行对比，泥质含量计算绝对误差为4.1%，计算结果数值相近，说明该解释模型计算泥质含量较可靠。

9）储层非均质性特征

储层宏观非均质性分为三类：层内非均质性、层间非均质性、平面非均质性。将岩心资料和测井资料结合起来，以渗透率为主线，通过物性参数、砂砾岩体参数等来表现储层宏观非均质性在垂向和平面上的变化规律。

（1）层内非均质。

层内非均质性是指单砂砾层垂向上储层性质的变化，是控制和影响砂层组内一个单砂砾层垂向上注入剂波及体积的关键因素。常采用渗透率变异系数、突进系数和级差等参数来表征层内非均质性特征。

各单层层内非均质性比较强，单层平均渗透率变异系数为1.0～2.0，突进系数为3.3～7.3，级差为40～259，属中等—强非均质性储层（表6-10）。

表6-10　储层非均质性特征参数分层数据统计表

层位	孔隙度（%）		渗透率（mD）		变异系数	突进系数	级差
	范围	平均	范围	平均			
S_7^{2-1}	13.2～23.0	17.4	14.3～1076	192.5	1.5	5.6	75
S_7^{2-2}	12.6～21.0	16.2	9.9～476	121.6	1.1	3.9	48
S_7^{2-3}	10.1～20.8	15.6	2.7～297	89.5	1.0	3.3	110
S_7^{3-1}	11.2～22.5	16.5	5.3～1034	166.2	1.6	6.2	195
S_7^{3-2}	10.8～23.9	14.7	3.3～855	116.7	2.0	7.3	259
S_7^{3-3}	5.8～16.6	13.2	2.5～203	44.2	1.4	4.7	81
S_7^{4-1}	9.1～15.8	12.0	2～169	35.0	1.3	4.8	85
S_7^{4-2}	3.0～11.4	8.3	2～79.4	21.2	1.2	3.7	40

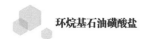

（2）层间非均质性。

砾岩储层物性非均质性的又一特点是层间渗透率的差异很大（表6-11）。试验区层间渗透率级差在2～7倍之间，各层渗透率从上到下减小，S_7^2层平均渗透率最大，为134.5mD，S_7^3层平均渗透率次之，为108.7mD，S_7^4层平均渗透率最小，为28.1mD。

表6-11　试验区砂层层间非均质性参数表

层位	渗透率（mD）			级差	变异系数	突进系数
	最大	最小	平均			
S_7^2	1076	2.7	134.5	399	1.2	4.3
S_7^3	1034	2.5	108.7	414	1.6	6.1
S_7^4	169	2.0	28.1	85	1.3	4.2

（3）平面非均质性。

渗透率在平面上的差异主要受沉积环境的影响，北部靠近物源，沉积厚度大，储层物性好，平均孔隙度为16.4%，平均渗透率为100.2mD，相反南部沉积厚度小，储层物性差，平均孔隙度为14.9%，平均渗透率为30.4mD（图6-19）。

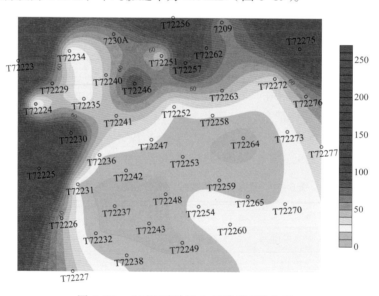

图6-19　二元驱试验区S_7层渗透率分布图

根据43口井的测井解释，平面上储层的非均质性比较强，平面渗透率变异系数为0.95～1.65，突进系数为3.9～10.2，级差为78.8～406.8，属强非均质性储层（表6-12）。

4. 油层特征

试验井区目的层油层厚度介于5.0～20.0m之间，平均油层厚度为11.6m，平面上油层厚度的变化较大，总体上试验区北部的油层厚度较中南部大。试验区单井各小层油层厚度分布频率（表6-13）和延伸长度统计结果（表6-14）表明，该区层间油层发育差异较大。

表 6-12 试验区平面非均质性参数表

层位	孔隙度（%）			渗透率（mD）			变异系数	突进系数	级差
	最大	最小	平均	最大	最小	平均			
S_7^{2-2}	21.3	11.6	17.0	386.0	4.9	98.9	1.02	3.9	78.8
S_7^{2-3}	20.9	6.0	16.3	398.4	3.7	84.1	1.20	4.7	107.7
S_7^{3-1}	22.1	12.5	16.5	684.7	4.2	91.6	1.37	7.5	163.0
S_7^{3-2}	20.7	11.0	15.8	295.1	1.3	67.3	0.99	4.4	227.0
S_7^{3-3}	19.3	11.7	14.6	136.4	0.5	30.6	0.95	4.5	272.8
S_7^{4-1}	17.9	11.0	14.2	447.5	1.1	44.0	1.65	10.2	406.8
S_7^{2+3+4}	20.4	10.6	15.7	391.4	2.6	69.4	1.20	5.6	150.5

表 6-13 试验区各小层有效厚度频率表　　　　　　　　　　单位：%

层位	<0.5m	0.5～1m	1～2m	2～3m	>3m
S_7^{2-2}	33.3	13.9	25.0	16.7	11.1
S_7^{2-3}	11.1	8.3	38.9	30.6	11.1
S_7^{3-1}	8.3	5.6	19.4	33.3	33.3
S_7^{3-2}	5.6	11.1	27.8	33.3	22.2
S_7^{3-3}	19.4	11.1	25.0	33.3	11.1
S_7^{4-1}	25.0	8.3	33.3	13.9	19.4

表 6-14 试验区各小层油砂体延伸长度

层位	古水流方向	油砂体延伸长度频率（%）			
		<200m	200～500m	500～1000m	>1000m
S_7^{2-2}	垂直水流	50	50	—	—
	平行水流	25	50	25	—
S_7^{2-3}	垂直水流	10	25	50	15
	平行水流	—	25	25	50
S_7^{3-1}	垂直水流	—	5		95
	平行水流	—	—	—	100
S_7^{3-2}	垂直水流	—	—	10	90
	平行水流	—	—	5	95

续表

层位	古水流方向	油砂体延伸长度频率（%）			
		<200m	200～500m	500～1000m	>1000m
S_7^{3-3}	垂直水流	—	10	10	80
	平行水流	—	—	10	90
S_7^{4-1}	垂直水流	25	25	50	—
	平行水流	15	35	50	—

S_7^{2-2} 油层呈条带状分布，中间油层不发育，油层厚度较薄，延伸距离较短。平均油层厚度为 1.1m，其中小于 0.5m 的油层厚度占 33.3%，0.5～1m 的油层厚度占 13.9%，1～2m 的油层厚度占 25.0%，2～3m 的油层厚度占 16.7%，3m 以上油层厚度占 11.1%。垂直古水流方向，油砂体的延伸长度小于 200m 约占 50%，200～500m 约占 50%；平行古水流方向，油砂体的延伸长度小于 200m 约占 25%，200～500m 约占 50%，500～1000m 约占 25%。

S_7^{2-3} 油层连片分布，部分井点油层不发育，油层厚度较厚，延伸距离较长。平均油层厚度为 1.7m，其中小于 0.5m 的油层厚度占 11.1%，0.5～1m 的油层厚度占 8.3%，1～2m 的油层厚度占 38.9%，2～3m 的油层厚度占 30.6%，3m 以上油层厚度占 11.1%。垂直古水流方向，油砂体的延伸长度小于 200m 约占 10%，200～500m 约占 25%，500～1000m 约占 50%，大于 1000m 约占 15%；平行古水流方向，油砂体的延伸长度 200～500m 约占 25%，500～1000m 约占 25%，大于 1000m 约占 50%。

S_7^{3-1} 油层连片分布，油层厚度大，延伸距离长。平均油层厚度为 2.8m，其中小于 0.5m 的油层厚度占 8.3%，0.5～1m 的油层厚度占 5.6%，1～2m 的油层厚度占 19.4%，2～3m 的油层厚度占 33.3%，3m 以上油层厚度占 33.3%。垂直古水流方向，油砂体的延伸长度在 200～500m 约占 5%，大于 1000m 约占 95%；平行古水流方向，油砂体的延伸长度都大于 1000m。

S_7^{3-2} 油层连片分布，部分井点油层不发育，油层厚度大，延伸距离长。平均油层厚度为 2.6m，其中小于 0.5m 的油层厚度占 5.6%，0.5～1m 的油层厚度占 11.1%，1～2m 的油层厚度占 27.8%，2～3m 的油层厚度占 33.3%，3m 以上油层厚度占 22.2%。垂直古水流方向，油砂体的延伸长度在 500～1000m 约占 10%，大于 1000m 约占 90%；平行古水流方向，油砂体的延伸长度在 500～1000m 约占 5%，大于 1000m 约占 95%。

S_7^{3-3} 油层连片分布，部分井点油层不发育，油层厚度较大，延伸距离长。平均油层厚度为 1.9m，其中小于 0.5m 的油层厚度占 19.4%，0.5～1m 的油层厚度占 11.1%，1～2m 的油层厚度占 25.0%，2～3m 的油层厚度占 33.3%，3m 以上油层厚度占 11.1%。垂直古水流方向，油砂体的延伸长度在 200～500m 约占 10%，500～1000m 约占 10%，大于 1000m 约占 80%；平行古水流方向，油砂体的延伸长度在 500～1000m 约占 10%，大于 1000m 约占 90%。

S_7^{4-1} 油层连片分布，部分井点油层不发育，油层厚度较薄，延伸距离较短。平均油层厚度为 1.5m，其中小于 0.5m 的油层厚度占 25.0%，0.5~1m 的油层厚度占 8.3%，1~2m 的油层厚度占 33.3%，2~3m 的油层厚度占 13.9%，3m 以上油层厚度占 19.4%。垂直古水流方向，油砂体的延伸长度小于 200m 约占 25%，200~500m 约占 25%，500~1000m 约占 50%；平行古水流方向，油砂体的延伸长度小于 200m 约占 15%，200~500m 约占 35%，500~1000m 约占 50%。

5. 隔夹层特征

试验区发育一定的隔层，厚度分布在 0~4.0m，平均厚度在 1.1m，部分井区连片分布，对流体的流动起到很好的分隔作用（表 6-15）。夹层厚度一般较小，约 0.2~1.0m，延伸不远，井间无法对比，仅在单井中可以划分出，夹层对流体基本起不到遮挡作用。

表 6-15　隔层频率表　　　　　　　　　　　　　单位：%

层位	<0.5m	0.5~1m	1~2m	2~4m	>4m
S_7^1—S_7^2	23.3	3.3	6.7	13.3	53.3
S_7^2—S_7^3	56.0	2.0	20.0	16.0	6.0
S_7^3—S_7^4	62.0	4.0	14.0	16.0	4.0

S_7^4 层底部与上乌尔禾组（P_3w）地层顶部为 15.0m 左右类似泥岩电性的风化壳，是区分它们的电性标志分界线。由于风化壳的存在，若 S_7^4 层底部射孔很可能造成水窜。S_7^{4-2} 层平均沉积厚度为 5.8m，平均渗透率为 8.3mD，可作为物性隔层，防止注入流体沿风化壳窜流。

6. 三维地质模型

建立三维模型一般利用地震、测井、岩心等综合资料，由于本区属于开发区，面积小、钻井密度大。为此，本次研究重点应利用测井资料。工区测井资料共计 86 口井，应用资料包括：井口大地坐标、井斜、井资料、小层测井分层等数据。七中区克下组（T_2k_1）主力油层为 S_7^2、S_7^3、S_7^4，依据可行性开发方案设计，目前开发 6 个单层：S_7^{2-2}、S_7^{2-3}、S_7^{3-1}、S_7^{3-2}、S_7^{3-3}、S_7^{4-1}。

建立一个好的地质模型，数据检查和质量控制是非常必要的。

（1）借助多种不同类型的统计图和表，发现与坐标、海拔、井斜测量、分层、测井曲线有关的数据质量问题，对所选的井和数据点进行数据检查。

（2）通过选择井测井曲线，选择多边形或限制数据范围的方法来删除数据。通过校验，修改有问题的个别井段、个别井数据，保障了建模的有效性。

求取空间变异函数，进行空间分析。

不同方向上的空间连续性通常用变差函数来表示，变差函数有助于充分利用数据资料，从而获得与原始数据拟合最好的二维模型（图 6-20）。

（1）垂直变差函数：沿井筒方向计算的垂直变差函数表示储层的平均厚度。

（2）井间变差函数：表示油藏平面上的连续程度，横向上储层各个方向的连通性可能不一致。此外，如果相距很近的两口井其方差相对较大，往往反映这两口井或其中一

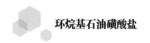

口井的测井数据、坐标或层位有问题。

（3）通过变异函数拟合求取建模所需参数，长宽比、宽厚比、最大变程走向等（图6-21）。

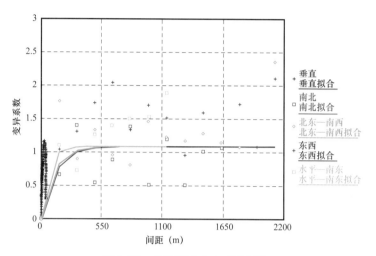

图 6-20　空间四个方向变差函数

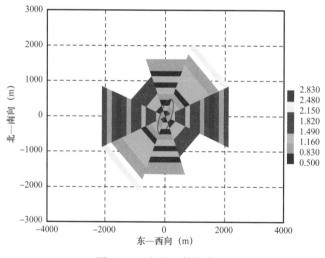

图 6-21　变差函数拟合图

确定网格单元大小为 50m×50m×0.125m，网格总数为 56×47×385=1013320 个；建立了克下组（T_2k_1）S_7^{2-2}、S_7^{2-3}、S_7^{3-1}、S_7^{3-2}、S_7^{3-3}、S_7^{4-1} 共 6 个单层砂组孔隙度、渗透率的三维立体模型。

三、二元驱控制程度

二元驱控制程度主要取决于油层地质条件和聚合物的性能，与水驱控制程度不同，而与聚合物驱控制程度一致。二元驱控制程度不仅要考虑油层平面上的连通状况和连通方向（程度），而且由于聚合物分子尺寸远大于水分子尺寸，油层中一部分较小的孔隙只允许水分了通过而不允许聚合物分子通过，从而减少了聚合物溶液实际控制程度，因此，还应考虑聚合物分子能够进入的孔隙体积大小。二元驱控制程度可以用聚合物驱控制程度计算公式计算。

以井组为单元的聚合物驱控制程度公式为：

$$\eta_{聚} = (V_{聚} / V_{总}) \times 100\% \qquad (6-5)$$

式中　$\eta_{聚}$——聚合物驱控制程度，%；

　　　$V_{聚}$——聚合物分子可波及的油层孔隙体积，m^3；

　　　$V_{总}$——总孔隙体积，m^3。

而聚合物分子可波及的油层孔隙体积可采用下式计算：

$$V_{聚} = \sum_{j=1}^{m}\left[\sum_{i=1}^{n}\left(S_{聚i} \cdot H_{聚i} \cdot \phi\right)\right] \qquad (6-6)$$

式中　$S_{聚i}$——第 j 层中第 i 井组聚驱井网可波及面积，m^2；

　　　$H_{聚i}$——第 j 油层中第 i 井组聚合物分子可波及的注采连通厚度，m；

　　　ϕ——孔隙度。

通过建立油藏地质模型可以计算出不同渗透率条件下的孔隙体积所占的比例。不同渗透率条件下储层孔隙体积可以理解为选择合适聚合物能够波及的范围，即聚合物驱控制程度。七中区二元驱试验区如果保持聚合物驱控制程度大于 70%，则选择的聚合物需要进入渗透率大于 10mD 以上的储层（图 6-22）。砾岩储层非均质性严重，各小层之间的差异较大，当主力层 S_7^{2-3}、S_7^{3-1}、S_7^{3-2} 聚合物驱控制程度大于 70%，选择的聚合物需要进入渗透率大于 30mD 以上的储层；当非主力层 S_7^{2-2}、S_7^{3-3} 聚合物驱控制程度大于 70%，选择的聚合物需要进入渗透率大于 10mD 以上的储层，而当 S_7^{4-1} 层聚合物驱控制程度大于 70%，选择的聚合物需要进入渗透率小于 10mD 以下的储层。

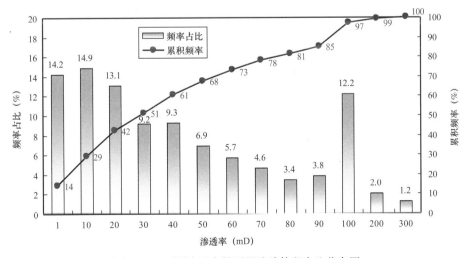

图 6-22　不同渗透率储层的孔隙体积占比分布图

四、油藏压力、温度及流体性质

1. 油藏压力、温度系统

七中区克下组砾岩油藏原始地层压力为 16.1MPa，饱和压力为 14.12MPa，压力系数为 1.4，地层温度为 40℃（表 6-16）。

表 6-16　七中区克下组砾岩油藏压力温度系统表

中部海拔（m）	油层中部深度（m）	原始地层压力（MPa）	油藏高度（m）	压力系数	饱和压力（MPa）	地饱压差（MPa）	饱和程度（%）	地层温度（℃）
-875	1146	16.1	240	1.40	14.12	1.98	87.9	40

2. 油藏流体性质

七中区克下组砾岩油藏地面原油密度为 0.858g/cm³，40℃时，地面原油黏度为 17.85mPa·s，酸值 0.2~0.90mg/g（以 KOH 计），含蜡量为 2.67%~6.0%（表 6-17）。

表 6-17　七中区克下组砾岩油藏地面原油性质表

地面原油密度（g/cm³）	黏度（mPa·s）				酸值（mg/g）（以 KOH 计）	含蜡量（%）	凝固点（℃）
	20℃	30℃	40℃	50℃			
0.858	80.3	24.57	17.85	15.98	0.2~0.9	2.67~6.0	-20~4

七中区克下组砾岩油藏天然气、原始地层水性质见表 6-18。

表 6-18　七中区克下组砾岩油藏流体性质表

地层水型	$NaHCO_3$
地层水矿化度（mg/L）	13700~14800
天然气相对密度	0.767
甲烷含量（%）	76

据目前七中区克下组二元驱试验区地层水水质分析，水型为 $NaHCO_3$ 型，矿化度为 8245.0mg/L，Cl^- 含量为 3511.0mg/L，Ca^{2+}、Mg^{2+} 含量较高，分别为 113.1mg/L、38.1mg/L（表 6-19）。

表 6-19　试验区地层水性质表

分析项目	HCO_3^-	Cl^-	SO_4^{2-}	Ca^{2+}	Mg^{2+}	$K^+ + Na^+$	矿化度	类型
含量（mg/L）	2912.4	3511.0	84.6	113.1	38.1	3023.3	8245.0	$NaHCO_3$

五、储量计算及评价

1. 石油地质储量

石油地质储量采用容积法计算，其公式为：

$$N = \frac{100Ah\phi S_{oi}\rho_{oi}}{B_{oi}} \qquad (6-7)$$

式中　N——石油地质储量，10^4t；

　　　A——含油面积；km^2；

　　　h——有效厚度，m；

　　　ϕ——有效孔隙度；

　　　S_{oi}——含油饱和度；

　　　ρ_{oi}——地面原油密度，g/cm^3；

　　　B_{oi}——地层原油体积系数。

试验区面积为 1.21km^2，有效厚度为 11.6m，原始地质储量为 120.8×10^4t。中心井区面积为 0.40 km^2，有效厚度为 13.3m，原始地质储量为 44.1×10^4t。水平井区面积为 0.13km^2，有效厚度为 7.2m，原始地质储量为 8.5×10^4t（表 6-20）。

表 6-20　七中区复合驱试验各区储量计算参数表

区域	面积（km^2）	有效厚度（m）	孔隙度（%）	含油饱和度（%）	原油密度（g/cm^3）	体积系数	地质储量（10^4t）
试验区	1.21	11.6	17.5	69	0.858	1.205	120.83
中心井区	0.40	13.3	17.0	69	0.858	1.205	44.11
水平井区	0.13	7.2	18.4	69	0.858	1.205	8.45

2. 储量分布及评价

试验区目的层段 S_7^{2-2}、S_7^{2-3}、S_7^{3-1}、S_7^{3-2}、S_7^{3-3}、S_7^{4-1} 六个单层为储量计算的基本单元，整个试验区目的层段的储量为各砂层储量之和。试验区地质储量为 120.83×10^4t，储量丰度为 99.9×10^4t/km^2，单储系数为 8.6×10^4t/（km^2·m），储量分布以 S_7^{3-1}、S_7^{3-2} 小层为主，占 51.5%（表 6-21）。

表 6-21　试验区各小层原始地质储量计算表

层位	面积（km^2）	有效厚度（m）	孔隙度（%）	饱和度（%）	原油密度（g/cm^3）	体积系数	地质储量（10^4t）	储量丰度（10^4t/km^2）	单储系数[10^4t/（km^2·m）]
S_7^{2-2}	0.75	1.4	18.1	68	0.858	1.205	9.20	12.3	8.8
S_7^{2-3}	1.12	1.9	17.0	69	0.858	1.205	17.77	15.9	8.4
S_7^{3-1}	1.19	3.0	18.6	69	0.858	1.205	32.62	27.4	9.1
S_7^{3-2}	1.18	2.8	18.2	69	0.858	1.205	29.54	25.0	8.9

层位	面积 （km²）	有效厚度 （m）	孔隙度 （%）	饱和度 （%）	原油密度 （g/cm³）	体积 系数	地质储量 （10⁴t）	储量丰度 （10⁴t/km²）	单储系数 ［10⁴t/（km²·m）］
S_7^{3-3}	1.11	2.1	16.9	68	0.858	1.205	19.07	17.2	8.2
S_7^{4-1}	0.94	1.7	16.3	68	0.858	1.205	12.61	13.4	7.9
合计	1.21	11.6	17.5	69	0.858	1.205	120.83	99.9	8.6

中心井区地质储量为 44.11×10^4t，储量丰度为 110.3×10^4t/km²，单储系数为 8.3×10^4t/（km²·m），储量分布以 S_7^{3-1}、S_7^{3-2} 小层为主，占 51.0%（表6-22）。水平井区设计目的层段为 S_7^{3-1}、S_7^{3-2}，地质储量为 8.45×10^4t，小层储量计算结果见表6-23。

表6-22 中心井区各小层原始地质储量计算表

层位	面积 （km²）	有效厚度 （m）	孔隙度 （%）	饱和度 （%）	原油密度 （g/cm³）	体积 系数	地质储量 （10⁴t）	储量丰度 （10⁴t/km²）	单储系数 ［10⁴t/（km²·m）］
S_7^{2-2}	0.25	1.4	18.1	68	0.858	1.205	3.07	12.3	8.8
S_7^{2-3}	0.38	1.9	17.0	69	0.858	1.205	6.03	15.9	8.4
S_7^{3-1}	0.40	3.1	18.6	69	0.858	1.205	11.33	28.3	9.1
S_7^{3-2}	0.39	3.2	18.2	69	0.858	1.205	11.16	28.6	8.9
S_7^{3-3}	0.36	2.0	16.9	69	0.858	1.205	5.89	16.4	8.2
S_7^{4-1}	0.35	2.4	16.3	68	0.858	1.205	6.63	18.9	7.9
合计	0.40	13.3	17.0	69	0.858	1.205	44.11	110.3	8.3

表6-23 水平井区各小层原始地质储量计算表

层位	面积 （km²）	有效厚度 （m）	孔隙度 （%）	饱和度 （%）	原油密度 （g/cm³）	体积系数	地质储量 （10⁴t）
S_7^{3-1}	0.13	3.3	18.6	69	0.858	1.205	3.92
S_7^{3-2}	0.13	3.9	18.2	69	0.858	1.205	4.53
合计	0.13	7.2	18.4	69	0.858	1.205	8.45

六、配方体系设计

1. 产品的性能评价

1）界面张力性能

通过原料油优选和生产工艺优化对三元驱用KPS进行性能改进，使KPS适合用于无碱二元驱，改进后的二元驱用产品KPS202与试验区原油界面张力可以达到小于 5×10^{-2}mN/m，不同批次产品性能稳定，有利于现场实施过程中界面张力性能的稳定（图6-23）。

2）耐盐性、耐钙性

由于 KPS202 是阴离子石油磺酸盐类表面活性剂，界面张力随体系中 NaCl 浓度的增加而降低（图 6-24），表现出阴离子表面活性剂的特点，有利于体系遇到高矿化度地层水时界面张力的降低。体系中 NaCl 浓度在 0.2%～1.0% 范围内界面张力满足小于 5.0×10^{-2}mN/m。体系中钙离子在 25～150mg/L 范围内界面张力满足小于 5.0×10^{-2}mN/m，良好的耐钙性能可以消除地层水中二价离子对体系界面张力的影响（图 6-25）。

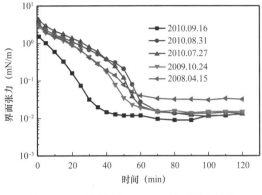

图 6-23　不同批次 KPS202 界面张力性能

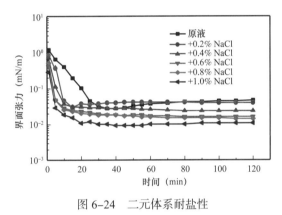

图 6-24　二元体系耐盐性

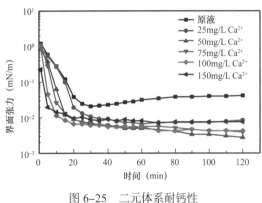

图 6-25　二元体系耐钙性

3）与油藏流体配伍性

二元体系在地层运移过程中，由于不断被地层水稀释、被地层岩心砂吸附，将会导致体系组成变化和体系浓度降低。因此，需要二元体系在较宽的化学剂浓度范围内具有较高的界面活性。KPS202 体系最佳浓度范围在 0.2%～0.4%（图 6-26）。从图 6-27 可以看出，二元体系被地层水稀释后随表面活性剂浓度的降低界面张力性能反而变好，体系被稀释至不同浓度后均达到超低界面张力，表明二元体系具有优良的耐地层水稀释性，与地层流体具有良好配伍性。

4）与聚合物配伍性

二元体系中聚合物在 0.05%～0.2% 浓度范围内界面张力均满足小于 5.0×10^{-2}mN/m（图 6-28），随体系黏度的增加，降低界面张力速度变慢，达到平衡界面张力时间延长，体系黏度的降低对界面张力是有利的，由于二元体系在地层中的黏度远低于注入液黏度，因此，体系在地层中的界面张力性能比注入液好。

5）与试验区原油普适性

由于试验区各单井原油的黏度和组成差异较大，需要考察二元体系与不同井原油的界面张力，测定结果如图 6-29 所示，KPS202 体系与试验区 80% 采油井原油界面张力小于 5.0×10^{-2}mN/m，对试验区原油适应性较强。

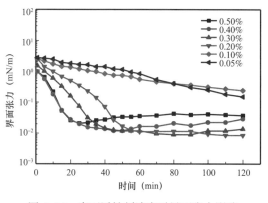

图 6-26　表面活性剂浓度对界面张力影响

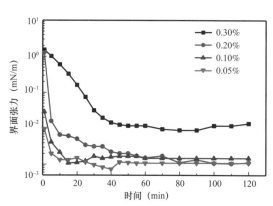

图 6-27　体系被地层水稀释至不同浓度后性能

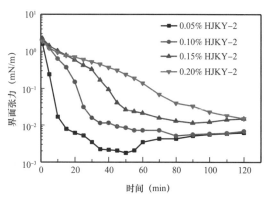

图 6-28　聚合物浓度对界面张力的影响

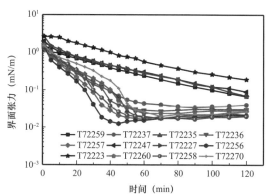

图 6-29　配方与试验区原油普适性

6）驱油效率

KPS202 体系驱油效果较好，室内岩心驱油结果提高采收率都在 20% 以上（表 6-24），满足二元驱技术规范中提高采收率指标。

表 6-24　体系驱油效率结果

岩心编号	配方名称	界面张力（mN/m）	水渗（D）	采收率（%）		
				水驱	二次水驱	提高值
1	KPS202/HPAM	1.97×10^{-2}	0.3792	43.09	71.28	28.19
2			0.3714	44.74	75.26	30.53
3			0.3373	42.01	67.62	25.61
4			0.2971	49.35	73.05	23.70

2. 形成的系列化 KPS 产品

砾岩油藏不同区块原油性质差别大，针对不同酸值原油，分别研发了相对应的表面活性剂，高、中、低酸值条件下，界面张力都可达到超低，形成了系列化 KPS 产品（表 6-25）。

表 6-25　针对不同酸值原油开发的表面活性剂

典型代表区块		地层原油黏度（mPa·s）	酸值（mg/g）（以 KOH 计）	界面张力（mN/m）	表面活性剂
I 类砾岩油藏	二中区	9.6	高酸值：0.35～1.5	2×10^{-3}	KPS100
	八 530 井区	8.2	中酸值：0.35～0.65	5×10^{-3}	KPS305
	七东 1 区	5.1	低酸值：0.09～0.15	5×10^{-3}	KPS304
	七中区	6.0		2×10^{-2}	KPS202

3. 二元驱油体系流度控制研究

选择了北京恒聚、大庆炼化、法国爱森三个聚合物生产厂家的高、中、低分子量聚合物产品进行评价（表 6-26），聚合物产品的选择要求如下。

表 6-26　聚合物常规参数测定

序号	代号	固含量（%）	水解度（%）	分子量（10^4）	特性黏数（mL/g）
高分子量	DQ2680	92.72	31.4	2680	3283
	HJKY-2	92.45	29.9	2647	2959
	FP3640D	88.60	24.7	2595	2918
中分子量	DQ2010	93.21	26.7	2004	2460
	FP3540D	89.93	25.7	1882	2363
	HJ1500	91.68	31.5	1873	2352
低分子量	DQ1450	93.41	23.8	1570	2094
	HJ1000	91.05	22.9	1526	2055

（1）生产工艺先进、成熟，性能稳定；

（2）已经在现场大规模应用并具有良好应用效果；

（3）生产能力大、货源充足，同时可生产系列化产品，满足不同需求选择。

配液分别用六九区及地层水两种水型，从各厂家聚合物产品初始黏度看，同一厂家产品，随聚合物分子量增大黏度增加（图 6-30），同一分了量情况下，大庆炼化聚合物具有黏度优势（表 6-27），从黏度稳定性数据看（表 6-28），北京恒聚聚合物具有明显优势。

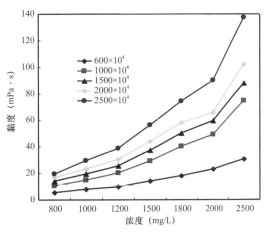

图 6-30　北京恒聚不同分子量产品黏浓曲线

环烷基石油磺酸盐

表 6-27 不同聚合物产品增黏性对比

2500×10⁴分子量聚合物		
体系	水质	相同浓度体系5个初始黏度点初始黏度排序
KPS/聚合物	六九区污水	DQ2680＞HJKY-2＞FP3640D
	地层水	DQ2680≌HJKY-2＞FP3640D
2000×10⁴左右分子量聚合物		
体系	水质	相同浓度体系初始黏度排序
KPS/聚合物	六九区污水	DQ2010≌HJ1500＞FP3540D
	地层水	DQ2010≌HJ1500＞FP3540D
1000×10⁴左右分子量聚合物		
体系	水质	相同浓度体系初始黏度排序
KPS/聚合物	六九区污水	HJ1000≌DQ1450
	地层水	DQ1450≌HJ1000

表 6-28 不同聚合物产品黏度稳定性对比

2500×10⁴左右分子量聚合物					
	水质	时间	5个黏度点平均保留率（%）		排序
			HJKY-2	DQ2680	
KPS/聚合物	六九区污水	1个月	92.40	87.14	HKKY-2＞DQ2680
		2个月	90.15	82.90	HJKY-2＞DQ2680
	地层水	1个月	94.42	92.40	HJKY-2≌DQ2680
		2个月	99.46	100.76	HJKY-2≌DQ2680
2000×10⁴左右分子量聚合物					
	水质	时间	五个黏度点平均保留率（%）		排序
			DQ2010	HJ1500	
KPS/聚合物	六九区污水	1个月	88.70	93.24	HJ1500＞DQ2010
		2个月	86.46	93.94	HJ1500＞DQ2010
	地层水	1个月	96.92	97.26	HJ1500≌DQ2010
		2个月	103.8	102.6	HJ1500≌DQ2010

续表

KPS/聚合物	水质	时间	5个黏度点平均保留率（%）		排序
			DQ1450	HJ1000	
	六九区污水	1个月	85.56	86.08	HJ1000＞DQ1450
		2个月	82.14	85.64	HJ1000＞DQ1450
	地层水	1个月	95.68	96.16	HJ1000≌DQ1450
		2个月	99.58	100.84	DQ1450≌HJ1000

（表头：1000×10⁴左右分子量聚合物）

七、二元体系在砾岩储层中流动性研究

1. 水动力学特征尺寸研究

二元体系的水动力学特征尺寸指的是二元体系中包裹着聚合物及表面活性剂分子的水化分子层的尺寸。由于驱替液从注入地层开始至采出往往需要数月或更长时间，因此要求二元体系的物理、化学性能要稳定。二元体系在通过多孔介质的时候，会经受地层孔喉尺寸的选择，如果二元体系的水动力学特征尺寸过大，会导致聚合物体系在多孔介质中渗流困难。

从表6-29可以看出，二元体系的水动力学特征尺寸大小受表面活性剂的影响较小，主要是受聚合物的浓度影响，随着聚合物浓度的增大而增大。这是因为在稀溶液中，聚合物分子线团是相互分离的，溶液中的链段分布不均一，当浓度增大到某种程度后，高分子线团相互穿插交叠，这时候溶液中的高分子链的尺寸不仅与相对分子质量、聚合物结构有关，而且与溶液的浓度有关，浓度越大，分子链之间的穿插交叠的机会越大，分子尺寸越大。

表6-29 二元体系水动力学特征尺寸测定结果

聚合物分子量（10⁴）	聚合物浓度（mg/L）	表面活性剂浓度（%）	水动力学特征尺寸（μm）		
			保留率100%	保留率50%	保留率35%
H2500	1500	0.3	1.28	0.85	0.63
	1000		0.91	0.54	0.45
2000	1500	0.3	1.05	0.7	0.51
	1200		0.93	0.6	0.41
	1000		0.93	0.55	0.36
	800		0.91	0.45	0.28

聚合物分子量 （10⁴）	聚合物浓度 （mg/L）	表面活性剂浓度 （%）	水动力学特征尺寸（μm）		
			保留率100%	保留率50%	保留率35%
1500	1500	0.2	0.84	0.56	0.41
	1500	0.3	0.85	0.55	0.4
	1500	0.4	0.84	0.54	0.41
	1000	0.2	0.87	0.51	0.34
	1000	0.3	0.84	0.50	0.34
	1000	0.4	0.79	0.45	0.30
	800	0.2	0.78	0.38	0.24
	800	0.3	0.80	0.40	0.27
	800	0.4	0.76	0.36	0.22
1000	1500	0.3	0.83	0.52	0.41
	1000		0.70	0.42	0.28

2. 二元体系在岩心中的流动性研究

利用恒压驱替方式开展流动性实验，研究不同体系在不同渗透率（有效渗透率分别为50mD、100mD、120mD、170mD、300mD）岩心中的流动性，恒压压力选取地层压力梯度（0.1MPa/m）对应到岩心为0.01MPa，实验通过在不同注入时刻出口端接液计算该条件下对应地层内部体系流动速度。

不同浓度不同分子量聚合物所配制的二元体系在不同渗透率岩心中流动速度差别较大，基本规律是在同一岩心渗透率条件下，随着聚合物分子量和浓度的增大，流动速度越慢，而随着岩心渗透率的降低，同一体系的流动速度也变慢（图6-31至图6-33）。

通过将体系在地层中流动速度、聚合物分子量、浓度和储层渗透率相互关联，建立了二元驱驱油体系与油藏渗透率关系图版（图6-34）。

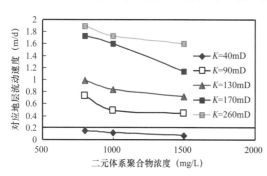

图6-31　二元体系在不同渗透率岩心中注入性
（1000万分子量聚合物）

实验结果显示：二元体系（2500万分子量）的油藏配伍有效渗透率下限为90～130mD，二元体系（1500万分子量）的油藏配伍有效渗透率下限为40～90mD，在低于对应渗透率的油藏中会出现可注入但不可流动的现象。七中区克下组油藏渗透率较低，渗透率级差大，需要进行个性化设计，配方方案中聚合物分子量、浓度范围驱油配方设计中拓宽聚合物分子量及浓度范围以应对复杂的油藏状况。

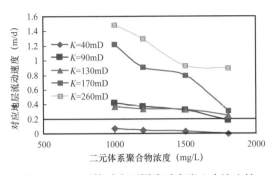

图 6-32　二元体系在不同渗透率岩心中注入性
（1500×10⁴ 分子量聚合物）

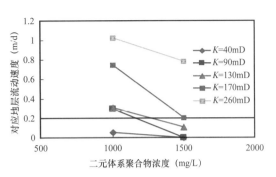

图 6-33　二元体系在不同渗透率岩心中注入性
（2500×10⁴ 分子量聚合物）

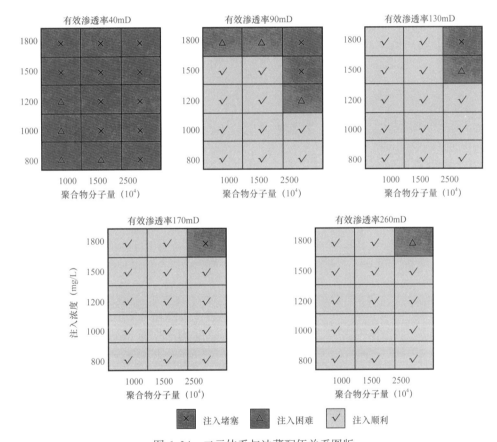

图 6-34　二元体系与油藏配伍关系图版

（注入困难：对应地层流动速度小于 0.2m/d；注入顺利：对应地层流动速度大于 0.2m/d）

3. 二元体系最小流度控制

流度控制是化学驱方案设计的一项重要内容。流度控制不利会导致化学剂段塞的窜流和指进，化学剂利用率降低，开发效果变差。复合驱体系中由于加入或反应生成的表面活性物质降低了油水界面张力，油水的渗流能力都相应提高，使得复合驱对其段塞的

流度控制提出了更高的要求。

从流度控制基本思想出发，利用复合驱相对渗透率曲线的处理和聚合物的描述方法，建立复合驱流度设计模型，计算有效驱替所需最小黏度。

段塞前缘油水混合带的总流度可表示为：

$$\lambda_{m} = \frac{KK_{rw}}{\mu_{w}} + \frac{KK_{ro}}{\mu_{o}} \qquad (6-8)$$

式中 λ_{m}——段塞前缘油水混合带总流度，mD/（mPa·s）；

K——绝对渗透率，mD；

K_{rw}，K_{ro}——水相和油相的相对渗透率；

μ_{w}，μ_{o}——水相和油相的黏度，mPa·s。

复合驱段塞中聚合物的吸附滞留会导致水相渗透率的下降，此时复合驱段塞的流度表示为：

$$\lambda_{p} = \frac{KK_{rw}}{R_{k}\mu_{c}} \qquad (6-9)$$

式中 λ_{p}——段塞流度，mD/（mPa·s）；

R_{k}——渗透率下降系数；

μ_{c}——段塞的黏度；mPa·s。

根据流度控制的基本思想，驱替段塞的流度与其前缘油水混合带的流度之比应不大于 1，即：

$$\frac{\dfrac{KK_{rw}}{R_{k}\mu_{c}}}{\dfrac{KK_{rw}}{\mu_{w}} + \dfrac{KK_{ro}}{\mu_{o}}} \leqslant 1 \qquad (6-10)$$

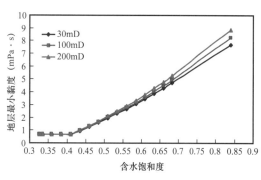

图 6-35 地层最小黏度随含水饱和度变化关系图

随含水饱和度上升，二元体系流度控制所需黏度增加，在 60% 含水饱和度条件下，不同渗透率岩心所需体系流度控制最小黏度约为 3～4mPa·s（图 6-35）。

八、二元驱油体系方案设计

1. 表面活性剂浓度与界面张力设计

根据化学驱提高采收率原理，由于贾敏效应的存在，无论是亲水地层还是亲油地层，液珠或气泡通过孔喉时由于界面形变都会产生阻力效应，驱替液要克服贾敏效应从孔喉中驱替出残余油，必须降低其与原油之间的油水界面张力。应用毛细管压力来计算启动孔喉中残余油所需的界面张力。

1）储层的孔隙结构特征

砾岩油藏储层有效孔隙半径主要在 80～200μm 区间内，孔隙半径分布随渗透率的变化不明显，说明控制砾岩储层流体渗流特征的主要因素是喉道特征，而不是孔隙特征；渗透率较高的储层平均喉道半径较大，喉道半径分布范围广；渗透率越低，平均喉道半径小，喉道半径分布范围变窄，且峰值集中于小喉道处（图6-36）；七中区克下组油藏喉道半径大小分布在 0.2～7.2μm 之间，平均约为 4.1μm（表6-30）。

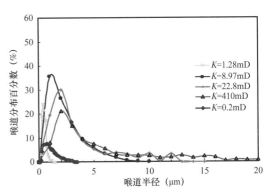

图6-36 不同渗透率所对应喉道半径分布曲线

表6-30 七中区克下组恒速压汞实验结果统计表

井号	渗透率（mD）	孔隙度（%）	平均喉道半径（μm）	主流喉道半径（μm）	平均孔隙半径（μm）
T72247	0.315	16.00	1.77	3.52	121.18
	0.875	11.70	0.60	0.80	155.12
	2.12	15.60	1.95	4.40	113.11
	4.9	17.10	1.07	1.49	145.89
	8.97	20.40	2.48	4.62	147.64
T7216	0.07	17.3	0.72	0.87	125.19
	0.2	16.90	1.23	1.76	120.68
	0.23	10.70	0.64	0.82	120.61
	1.2	22.40	2.68	3.92	118.80
	9.73	10.60	1.99	7.17	115.24
	11.26	16.70	3.04	6.50	119.22
T72110	0.324	16.80	0.29	0.35	112.23
	4.78	11.70	1.93	3.41	144.55
	7.9	22.10	1.47	5.35	162.97
	33.2	12.30	0.90	1.32	151.39

2）七中区地层深部压力梯度计算

为了研究二元体系在地层深部的运移情况，对二元体系在地层运移过程及压力分布应该有清楚的认识。根据经典渗流理论 Water Flooding 阐述，均质储层条件下，在产油井和生产井周围大约为 23％的井网面积上，渗流是径向的，大约有 90％压力降发生在

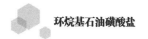

这一区域。

从解析的角度分析，流体在油、水井底具有不同的流向，油井可以认为是汇，水井可以认为是源，地层中任一点的压力梯度的表达式为：

$$\frac{\mathrm{d}p}{\mathrm{d}r} = \frac{p_\mathrm{e} - p_\mathrm{wf}}{\ln\dfrac{r_\mathrm{e}}{r_\mathrm{w}}} \frac{1}{r} = \frac{p_\mathrm{e} - p_\mathrm{wf}}{r\ln\dfrac{r_\mathrm{e}}{r_\mathrm{w}}} \tag{6-11}$$

根据解析法以及各油田的生产参数，可计算出不同的井间压力梯度分布图（图 6-37）。从计算结果可以看出，解析方法与经典渗流理论的定性认识一致，压力梯度曲线呈现两端弯曲，中间平缓的形态，大部分压力降消耗在近井地带，无论井距和生产压差如何变化，压力梯度曲线的拐点基本不变。距离井底 10m 以内的区域，压力梯度数值较大，压力降落速度较快，距离井底 10m 以外的区域，压力梯度曲线较平缓。

根据七中区二元试验区的生产参数（注聚压力：12.1MPa；油井井底流压：3MPa；井距：150m；井深：1150m），可计算出试验区的井间压力梯度分布图（图 6-38），从计算结果可知，七中区克下组油藏地层深处（20~130m）的压力梯度非常小，约为 0.12MPa/m。

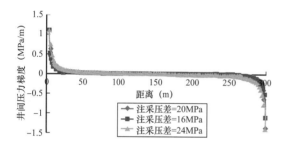

图 6-37 不同注采压差下的井间压力梯度分布
（井距 300m）

图 6-38 井间压力梯度分布
（井距 150m）

3）水驱时启动孔隙中残余油所需毛细管压力梯度

七中区克下组油藏储层喉道半径大小分布在 0.2~7.2μm 之间，平均约为 4.1μm，通过计算可知，水驱时要使孔隙中的残余油产生运移，毛细管压力梯度最小需要 100MPa/m，远高于七中区地层深部压力梯度（0.12MPa/m）。

水驱 0.2μm 喉道毛细管压力梯度：

$$\frac{\mathrm{d}p_\mathrm{c}}{\mathrm{d}L} = \frac{2\sigma}{rL} = \frac{2 \times 36 \times 10^{-3}}{0.2 \times 10^{-6} \times 1 \times 10^{-4}} = 3.60 \times 10^{9}\,\mathrm{Pa/m}$$

水驱 7.2μm 喉道毛细管压力梯度：

$$\frac{\mathrm{d}p_\mathrm{c}}{\mathrm{d}L} = \frac{2\sigma}{rL} = \frac{2 \times 36 \times 10^{-3}}{7.2 \times 10^{-6} \times 1 \times 10^{-4}} = 1.0 \times 10^{8}\,\mathrm{Pa/m}$$

水驱 4.1μm 喉道毛细管压力梯度：

$$\frac{\mathrm{d}p_c}{\mathrm{d}L} = \frac{2\sigma}{rL} = \frac{2 \times 36 \times 10^{-3}}{4.1 \times 10^{-6} \times 1 \times 10^{-4}} = 1.76 \times 10^8\,\mathrm{Pa/m}$$

计算条件：假设油滴的长度为 100μm，即 1×10^{-4}m；水驱时，油/水界面张力约为 36mN/m。

4）二元驱时启动孔隙中残余油所需界面张力

二元驱时，要启动平均喉道半径为 4.1μm 的孔隙中残余油，需要体系界面张力达到 2.46×10^{-2}mN/m，而当界面张力达到超低时（$<1 \times 10^{-2}$mN/m），即可活化大部分孔隙中残余油，从而大幅度提高驱油效率。

启动 0.2μm 孔隙中残余油界面张力：

$$\sigma = \frac{\mathrm{d}p}{\mathrm{d}x} \times L \times \frac{r}{2} = 0.12 \times 10^6 \times 10^{-4} \times \frac{0.2 \times 10^{-6}}{2} = 1.2 \times 10^{-3}\,\mathrm{mN/m}$$

启动 7.2μm 孔隙中残余油界面张力：

$$\sigma = \frac{\mathrm{d}p}{\mathrm{d}x} \times L \times \frac{r}{2} = 0.12 \times 10^6 \times 10^{-4} \times \frac{7.2 \times 10^{-6}}{2} = 4.32 \times 10^{-2}\,\mathrm{mN/m}$$

启动 4.1μm 孔隙中残余油界面张力：

$$\sigma = \frac{\mathrm{d}p}{\mathrm{d}x} \times L \times \frac{r}{2} = 0.12 \times 10^6 \times 10^{-4} \times \frac{4.1 \times 10^{-6}}{2} = 2.46 \times 10^{-2}\,\mathrm{mN/m}$$

KPS202 最佳浓度范围为 0.2%～0.4%，最佳浓度为 0.3%，体系界面张力指标为小于 1×10^{-2}mN/m。

根据七中区地层深部毛细管压力梯度计算，驱替液与原油间界面张力小于 1×10^{-2}mN/m 时才能活化大部分孔隙中残余油；中国石油企业标准 Q/SY 1583—2013 中要求二元驱体系界面张力小于 1×10^{-2}mN/m；KPS202 体系在 0.2%～0.4% 浓度范围内可以实现超低界面张力，被地层高矿化度污水稀释后，界面张力进一步变好，浓度被稀释至 0.05% 后，界面张力仍然可以达到超低界面张力，同时该体系具有良好的耐盐耐二价离子性能，与聚合物兼容性好，对试验区不同油井原油适应性好；室内物理模拟驱油实验结果显示，KPS202 体系提高采收率大于 20%。

2. 聚合物分子量、浓度与黏度设计

注入系统黏损保持较低水平，黏损在 12% 左右（图 6-39）。

返排目的主要是了解聚合物溶液在井筒以及地层中的黏度损失情况。从返排结果看（表 6-31），二元驱油体系经过井筒和炮眼两次剪切后黏损率为 41.4%，换算为一次剪切，则由井口经井筒、炮眼进入地层后黏损为 23.5%。对比七东 1 聚合物驱结果可知，二元液配液用水为六九区稠油污水，矿化度在 3000mg/L 左右，压缩了聚合物分子线团，因此二元污水驱油体系黏度受炮眼剪切和地层水稀释的影响较清水驱油体系更小。

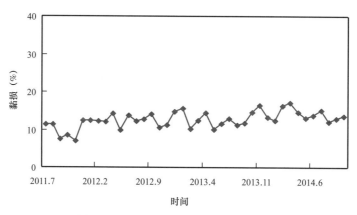

图 6-39　二元驱注入时间系统黏损情况

表 6-31　七东 1 聚合物驱与七中区二元驱返排对比

指标 ＼ 井号	七东 1 聚合物驱试验区注入井 ES7015		T72273	T72241
	第一次（2007.4）	第二次（2009.7）	2012.3	2012.4
配液用水	清水	清水	六九区污水	六九区污水
注入速度（m³/h）	4.38	3.33	2.08	2.5
返排速度（m³/h）	4	1	1.15	0.863
注入液浓度（mg/L）	1000	1200	1500	1500
注入液井口黏度（mPa·s）	68.2	73	66.9	70.2
返排液井筒黏度（mPa·s）	60	64.2	53.4	60.3
井筒黏损率（%）	11.3	12.1	20.2	14.1
地层液黏度（mPa·s）	23.5	27.6	39.2	39.4
地层液黏损率（%）	65.6	62.2	41.4	43.9
井口压力变化（MPa）	11.4～9.2	13.5～12.5	13.5～9.4	14.5～0.0
平均渗透率（mD）	407		31.7	44.9
孔隙度（%）	15		14	15.8
设计返排量（m³）	42（要求≥10）	42（要求≥10）	35	55
实际返排量（m³）	32	11.4（要求≥10）	35.1	20.7
注入 / 返排方式	笼统 / 笼统	笼统 / 笼统	四级四分 / 笼统	三级三分 / 分层
地层原油黏度（mPa·s）	5.13	5.13	6.0	6.0
驱替液 / 原油黏度比	4.6	5.4	6.5	5.5（6.9）
返排样品黏度稳定性		27.6～15（20d，54.3%）	44.1～26.1（50d，59.2%）	

1）二元体系／原油黏度比对提高采收率影响

利用砾岩微观模型研究和分析二元体系在多孔介质中的驱油机理，二元驱采收率提高值随体系与原油黏度比值的增大而增加，体系与原油黏度比大于一倍后，采收率增加减缓（图 6-40）。

填砂管模型实验表明（图 6-41），采收率提高值随二元体系与原油黏度比值的增大而增加，体系与原油黏度比大于两倍后，随黏度比的继续增加，驱油效率增加开始减缓，虽然继续增加黏度比仍能采出一部分原油，但经济效益相对下降。

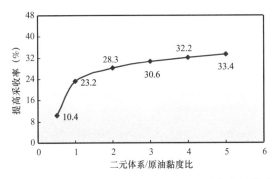
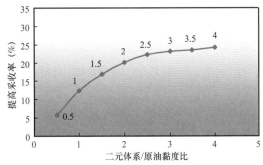

图 6-40　二元体系／原油黏度比对微观采收率的影响　图 6-41　二元体系／原油黏度比对采收率的影响

2）聚合物特征参数设计

根据二元体系与储层配伍图版，二元试验区平均气测渗透率为 69.4mD，二元体系中聚合物分子量对应为 700 万～1000 万之间，试验区北部平均气测渗透率为 100.2mD，可以使用 1000 万分子量聚合物（表 6-32）。

表 6-32　二元体系中聚合物配伍关系表

气测渗透率（mD）	有效渗透率（mD）	理论聚合物分子量上限（万）	实验聚合物分子量上限（万）
50	24	750	700
100	60	1100	1000
150	85	1300	1200
220	92	1800	1500
300	100	3000	2500

二元驱油体系流度控制地层最小黏度需求约为 3～4mPa·s，系统剪切按 36% 计算，则对应熟化罐体系黏度为 4.6～6.2mPa·s。考虑二元体系在储层中的可流动性，聚合物分子量为 1000 万时，浓度设计为 1000mg/L，注入黏度为 10mPa·s，二元驱段塞与油水混合带流度比为 0.5，达到复合驱合理流度控制需求。

设计依据：二元试验区北部气测渗透率为 100.2mD，适合注入 1000 万分子量；二元体系流度控制地层最小黏度需求约为 3～4mPa·s；熟化罐至炮眼后二元体系黏损为 36%；复合驱合理流度比在 0.5～0.25。

3）二元和三元体系不同表面活性剂对原油在疏水石英矿片上接触角的影响

采用 Normal Sessile Drop 测试方法，测定二元和三元复合体系不同表面活性剂对原油在疏水石英矿片上接触角的影响（表 6-33），由该表可见：在界面张力较高的 0.3% KPS-0.12% KYPAM❶ 二元体系中，原油在疏水石英矿片上接触角在较长的时间内保持在 41.1°，表明其启动亲油表面残余油膜的能力较差。油水界面张力接近或达到超低，特别是含碱的复合体系，原油与矿片接触后，接触角即随接触时间增加而迅速增大，并从油相主体分离出小油滴上浮，即其更易于有效启动亲油表面油膜。化学复合驱体系的组成和界面张力性质对原油在疏水石英矿片表面上的接触角影响较大；油水界面张力接近或达到超低，特别是含 KPS 石油磺酸盐的复合体系更易于有效启动亲油表面油膜，油滴剥离的时间显著减小。

表 6-33　不同表面活性剂的复合体系中原油在疏水石英矿片上接触角

表面活性剂样品	Normal Sessile Drop		IFT（mN/m）
	接触角 θ（°）	小油滴脱离时（s）	
0.3% KPS-0.12% KYPAM	41.1	—	5.4×10^{-2}
0.3% OP6-0.12% KYPAM	原油与矿片接触后，接触角即随接触时间增加而迅速增大，并从油相主体分离出小油滴上浮	1475	3.8×10^{-2}
0.3% LS-0.12% KYPAM		415	1.6×10^{-3}
0.3% SP-927-0.12% KYPAM		390	3.2×10^{-3}
0.3% KPS-1.0% Na$_2$CO$_3$-0.15% KYPAM	油滴附着于矿片表面后即呈拉丝状上浮	3	2.0×10^{-3}

在研究过程中发现将油滴滴在表面活性剂溶液上，在不同的表面活性剂溶液上油滴扩散行为差异性极大，对比 SP-927 和 KPS 两种表面活性剂，前者几乎没有观察到油滴扩散现象，即使在试验室放置 24h 也是如此。

图 6-42 为油滴在二元配方 0.3% KPS+0.12% HJKY-2 溶液上的扩散，测量其在不同时间油滴扩散成膜的油膜直径，其径向扩散速度满足下面方程，油膜半径增大的速度与时间呈线性关系，这个结果与油滴在矿片上的剥离速度的结果相一致。

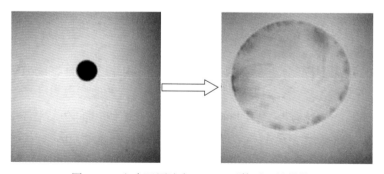

图 6-42　七中区原油在 KPS 二元体系上的扩散

---

❶　KYPAM 为抗盐聚合物。

$$v = \frac{\partial r}{\partial t} = 131.23t + 396.62$$

式中　v——扩散速度，mm/h；

$\quad\quad r$——油膜半径，mm；

$\quad\quad t$——时间，h。

九、现场实施效果

1. 试验内容

"八五"期间，克拉玛依油田在二中区开展了三元复合驱先导性矿场试验，试验区提高采收率24%，展示了良好的应用前景。

根据新疆油田公司开发规划，"十一五"以水驱整体调整为主，积极开展提高采收率的室内研究和矿场试验，为今后大规模的推广应用采收率技术做准备。按照"室内研究—先导试验—工业试验—推广应用"的重大技术项目应用基本程序，开展"克拉玛依油田七中区克下组油藏复合驱工业化试验研究"项目，进一步完善复合驱驱油机理和配套技术，为全面推广积累经验。

主要试验内容。

（1）考察砾岩油藏复合驱井网井距适应性；

（2）优化高效廉价化学驱油体系；

（3）评价砾岩油藏复合驱技术经济效果；

（4）比较砾岩油藏复合驱与聚合物驱提高采收率的幅度；

（5）探索和评价水平井在化学驱过程中的应用效果。

试验区面积为 $1.21km^2$，原始地质储量为 120.8×10^4t，共有生产井44口，其中注入井18口，采油井26口（含1口水平井）。

确定二元驱驱油方案中的配方体系为：采用聚合物为KB2，分子量 2500×10^4，表面活性剂KPS202。

前置聚合物段塞：0.06PV［1500~2000mg/L（P）］；

二元主段塞：0.62PV［0.3%（KPS202）+1000~1500mg/L（P）］，界面张力≤5.0× 10^{-2}mN/m；

聚合物保护段塞：0.1PV［1000~1500mg/L（P）］；

后续水驱：注水到区块综合含水95%。

注入速度：注入速度0.1PV/a，注入化学剂溶液体积0.78PV，用7.8年完成段塞注入工作。

指标预测：整个试验项目周期约为14.5a，试验结束后预计提高采收率19.4%，其中前缘水驱4.0%，二元驱15.4%。

2. 现场实施情况

"克拉玛依油田七中区克下组油藏复合驱工业化试验"是中国石油天然气股份公司2007年重大开发试验项目之一。2007年采用150m五点法注采井网，优选油层连通性较

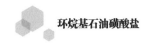
好的 S_7^{2-2}、S_7^{2-3}、S_7^{3-1}、S_7^{3-2}、S_7^{3-3}、S_7^{4-1} 六个单层为二元驱开发层系进行井网调整。2007年11月完成井网调整，并进入二元驱前缘水驱阶段，截至2010年6月底水驱阶段结束，累计产油 4.8×10^4t，阶段采出程度为4.0%，综合含水95.0%，试验区采出程度达到42.9%，开发效果显著，达到了二元驱前缘水驱高效开发的目的。

2014年根据"克拉玛依油田七中区克下组砾岩油藏二元驱工业化试验调整方案"，选择北部储层物性好、剩余潜力富集，且井网完善的8注13采井组继续注二元体系，其余注水。调整后二元驱试验区含油面积为 $0.44km^2$，平均有效厚度为14.6m，目的层渗透率为94.8mD，目的层段地质储量为 54.0×10^4t。二元驱油体系为：聚合物分子量1000万，浓度1000mg/L，表面活性剂浓度0.2%，井口黏度为 $10mPa \cdot s$。采油井单井日配产液20t，注入井单井日配注 $30m^3$，预测含水95%，试验阶段采出程度21.4%，其中前缘水驱提高5.9%，二元驱提高15.5%。

截至2017年5月，先导试验区累计注入二元驱油体系溶液 $66.37 \times 10^4 m^3$（0.534PV），完成设计注入量的68.4%，预计2019年12月化学剂注完。自2010年7月注化学剂以来，已累计产油 7.39×10^4t，阶段采出程度为13.7%（OOIP），完成方案设计的88.4%，含水下降了近40个百分点；中心井区累计产油 1.29×10^4t，阶段采出程度为13.3%（OOIP），完成方案设计的88.7%。

3. 试验结果

注入液性能达标、运行稳定。

1）注入液黏度与界面张力达标、运行稳定

自2011年11月25日正式注入二元主段塞以来，注入液中聚合物浓度、表面活性剂浓度及溶液黏度、界面张力均符合方案要求，性能稳定（图6-43、图6-44）。

2）配液水水质及注入系统黏损情况

二元站注入水水质稳定，水中未检出硫、铁、细菌等降黏物质，达到指标要求（表6-34、表6-35）；注入系统黏损保持较低水平，黏损在12%左右（表6-36）。

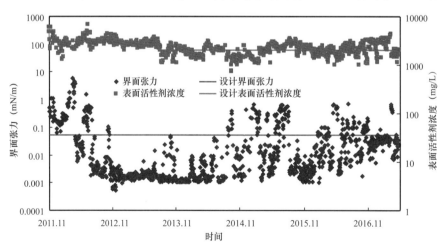

图6-43　注入液表面活性剂浓度、界面张力监测图

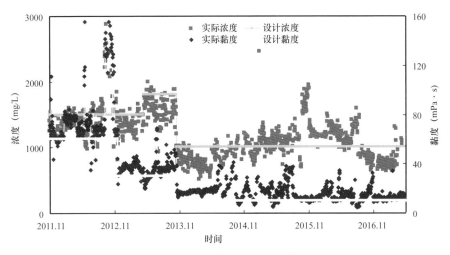

图 6-44 注入液聚合物浓度、黏度监测图

表 6-34 七中区配液用水水质检测结果

控制指标名称	悬浮固体含量（mg/L）	悬浮物颗粒直径（μm）	硫化物（mg/L）	总铁（mg/L）	含油量（mg/L）	SRB（个/mL）	TGB（个/mL）	铁细菌（个/mL）
水质指标要求	<2.0	<5.0	检不出	检不出	<5.0	<10	<10^3	<10^3
七中区配液用水	2.0	检不出	检不出	检不出	<5.0	检不出	检不出	检不出

表 6-35 六九区污水曝气曝氧前后含铁含硫检测结果　　　　单位：mg/L

测定日期	曝氧前水中含硫	曝氧后水中含硫	曝氧前水中总 Fe	曝氧后水中总 Fe	曝氧前水中含 Fe^{2+}	曝氧后水中含 Fe^{2+}
2012/6	0.3	未检出	0.2	未检出	0.2	未检出
2012/10	0.1	未检出	0.3	未检出	0.3	未检出
2013/4	0.1	未检出	0.2	未检出	0.2	未检出

表 6-36 配注系统黏损跟踪统计表

井号	不同时间下的黏损（%）							平均
	2011.12	2012.01	2012.02	2012.03	2012.04	2012.05	2012.06	
T72229	11.7	11.1	10.9	6.7		5.4	13.6	9.9
T72230	10.6	10.7	11.8	14.1		7.7	15.4	11.7
T72231	12.2	19.5	10.8	11.5	14.6		8.9	12.9
T72232	12.9	13.1	12.1	14.2	15.6		13.4	13.6

续表

井号	不同时间下的黏损（%）							平均
	2011.12	2012.01	2012.02	2012.03	2012.04	2012.05	2012.06	
T72240	10.8	11.6	13.8	14		7.2	12.1	11.6
T72241	12.4	13.8	11.7	11.9	15.8	7.9	12.9	12.3
T72242	13.9	13.8	15	11.7	15.5		13.8	14.0
T72243	14	10.2	11.2	7.4	10	13.7	10.7	11.0
T72251	13	6.8	12.8	13			19.4	13.0
T72252	14	12.6	13.6	15.3	16.1			14.3
T72253	12.5	16.4	15.2	13.9	15.7		12.7	14.4
T72254	11.4	12.8	9.1	6.9	11.4		7.7	9.9
T72262	12.3	11.1	11.8	6.9		12.4	15.7	11.7
T72263	9.9	9.2	9.7		15.8		16.8	12.3
T72264	14.5	16.2	16.9	14.2	15.3		10.2	14.5
T72265	6.5	7.5	8.6		8.7	12.7	15.5	9.9
T72273	16.6	16.6	16	15.6	17		14.5	16.0
T72272	13.9	10.8	11.1	15.5	13.9	12.9	18.9	13.9
平均	12.4	12.4	12.3	12.1	14.3	10.0	13.7	12.6

3）化学剂产出情况

2011 年 8 月前置聚合物段塞注入后，试验区月平均产聚浓度快速上升（图 6-45），2011 年 11 月产聚浓度进入高峰期，试验区正常生产的油井全部见聚，单井见聚浓度差异较大，平均产聚浓度高于 1000mg/L 的 4 口油井集中于试验区北部，产聚浓度在 500～1000mg/L 之间的油井集中于试验区西南部（图 6-46），产表情况与产聚情况基本一致。

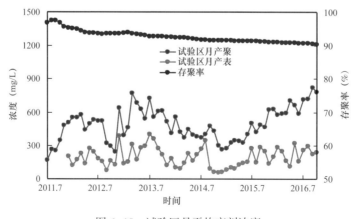

图 6-45　试验区月平均产剂浓度

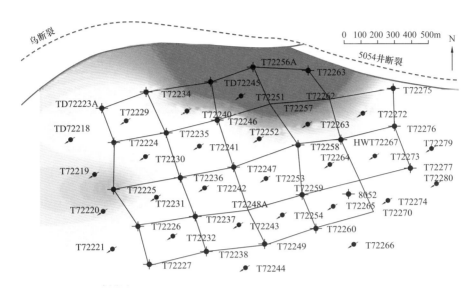

图 6-46 试验区产聚浓度分布图

4）高产聚井产出液黏度情况

产出液黏度长期跟踪结果显示：2011.11—2012.11 注入液黏度为 60mPa·s 时，高产聚井采出液平均黏度在 10mPa·s 以上；2012.11—2013.11 注入黏度为 30mPa·s 时，采出液平均黏度在 5mPa·s 以上，表明二元体系黏度在油藏中能得到保障（图 6-47 至图 6-49）。

5）产表井产出液界面张力情况

设计的二元驱油体系具有优良耐地层水稀释、耐吸附性能，在油藏中表面活性剂被吸附稀释到 300mg/L 时，界面张力性能仍然达到超低，符合复合驱方案设计的要求。油井采出液界面张力规律如下（表 6-37）。

油井产表浓度＜100mg/L 时，采出液界面张力＞1mN/m；

油井产表浓度在 100～300mg/L 之间时，采出液界面张力介于 10^{-1}～10^{-3}mN/m；

油井产表浓度＞300mg/L 时，采出液界面张力介于 10^{-2}～10^{-3}mN/m。

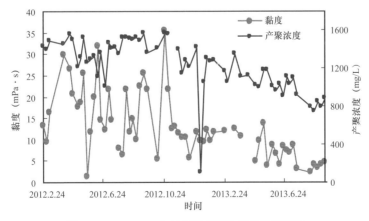

图 6-47 T72237 井产出液产聚浓度和黏度情况

（位置：试验区南部低渗透区）

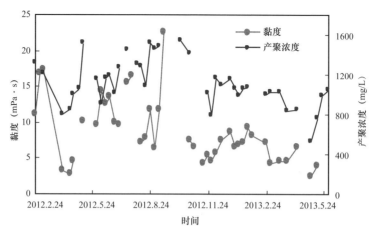

图 6-48　T72257 井产出液产聚浓度和黏度情况
（位置：试验区北部中低渗透区）

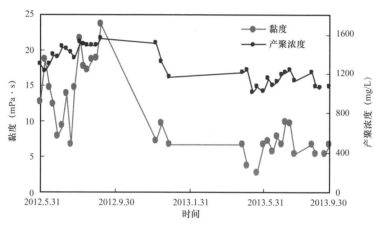

图 6-49　TD72245 井产出液产聚浓度和黏度情况
（位置：试验区北部中低渗透区）

表 6-37　油井采出液界面张力统计

2012 年 5 月	井号	T72235	T72226	T72257	T72270
	产表浓度（mg/L）	0	291	539	757
	界面张力（mN/m）	2.79	0.49	0.0157	0.0115
2012 年 6 月	井号	T72259	T72256	T72270	T72237
	产表浓度（mg/L）	0	176	427	586
	界面张力（mN/m）	4.31	0.15	0.0123	0.00666
2012 年 8 月	井号	T72226	T72258	T72270	T72237
	产表浓度（mg/L）	45	216	780	702
	界面张力（mN/m）	7.95	0.00271	0.0207	0.0167

续表

2012 年 12 月	井号	T72249		T72270	T72257
	产表浓度（mg/L）	27.4		102	400
	界面张力（mN/m）	0.79		0.0858	0.0183
2013 年 6 月	井号	T72258	T72261	T72270	T72237
	产表浓度（mg/L）	0	386	504	972
	界面张力（mN/m）	4.84	0.0079	0.0148	0.0823

6）原油族组分变化情况

胶质和沥青质增加是复合驱注入后见效的典型现象，由于二元体系黏度与界面张力具有提高波及系数和驱油效率双重作用，可以驱动水驱难以驱动的含胶质、沥青质较多的重质油。从表 6-38、表 6-39 可以看出，相对于 2007 年数据，2013 年原油的胶质含量上升 38%，沥青质上升 57%。

表 6-38 试验区原油族组分分析（2007 年）

井号	含量（%）			
	饱和烃	芳烃	胶质	沥青质
5050A	78.54	8.62	7.82	2.14
T7216	71.97	7.14	7.11	2.23
5047A	82.31	12.08	6.89	1.15
7209	78.06	11.44	6.05	1.2
7286	77.76	9.06	6.2	1.1
平均	77.73	9.67	6.8	1.6

表 6-39 试验区原油族组分分析（2013 年）

井号	含量（%）			
	饱和烃	芳烃	胶质	沥青质
T72226	63.43	10.86	9.71	2.86
T72234	65.68	10.19	9.38	2.14
T72247	66.37	10.71	8.93	2.38
T72260	65.28	10.39	9.5	2.67
平均	65.19	10.54	9.38	2.51

7）产出液乳化情况

对二元驱试验区进行了油井产出液乳化情况普查，结果显示 7 口井采出液含乳化层，乳化层在采出液中体积占比平均为 41.7%（表 6-40），主要分布在低含水油井中，其中 4 口井采出液中不产表面活性剂，3 口井产表面活性剂浓度在 100mg/L 左右。

表 6-40 油井产出液乳化情况

乳化情况	井号	乳化层在采出液中占比（%）	井口含水（%）	产表浓度（mg/L）	日产液（t）
采出液中含乳化层油井	T72223	83.33	17	105.707	5.8
	T72234	56.52	39.4	157.026	15
	T72260	52.17	88.6	0	7.7
	T72247	43.48	55.8	0	14.1
	T72235	23.74	69.7	111.629	0.6
	T72259	21.74	54.2	0	1.8
	T72224	10.87	90.7	0	1.4
	平均	41.69	59.34	53.48	
采出液中不含乳化层油井	T72257	0	98	1128.634	1.9
	T72270	0	97.6	44.565	6.1
	TD72245	0	97.1	423.644	9.1
	T72276	0	96.5	0	2.5
	T72237	0	95.9	0	42.4
	T72261	0	94.8	279.445	4.9
	T72236	0	94.2	876.421	24
	T72249	0	85.9	0	4
	T72248	0	79.2	0	10.3
	T72226	0	75	114.573	16.2
	T72246	0	69.3	0	16.2
	平均	0	87.97	238.94	

室内模拟现场乳化实验结果显示：在合适的油水比条件下，地层水与原油经过乳化机高速搅拌后形成油包水型乳状液，其稳定性、乳化程度与二元驱现场油井产出液中乳化层相似（图 6-51、图 6-52），而二元体系与原油经过高速搅拌后形成水包油型乳状液，乳化程度较弱（表 6-41、图 6-50）。

表 6-41　室内模拟乳化实验结果

名称	水相表面活性剂浓度 （mg/L）	乳化条件	溶液状态	乳化程度 （10000r/min 离心）
二元体系：原油 =1：1	3000	乳化机高速搅拌 10min	水包油型乳状液	较弱 （乳化层完全破乳）
二元体系：原油 =1：1	3000	轻微振荡 24h	不形成乳状液	—
地层水：原油 =1：1	0	乳化机高速搅拌 10min	油包水型乳状液	强（乳化层不破乳）
地层水：原油 =1：1	0	轻微振荡 24h	不形成乳状液	—
二元驱含乳化层产出液	53.48	—	—	强（乳化层不破乳）
七东 1 含乳化层产出液	0	—	—	强（乳化层不破乳）

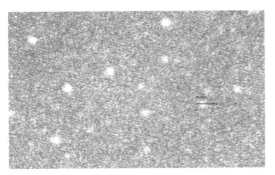

图 6-50　地层水与原油乳化机高速搅拌 10min 后乳化情况

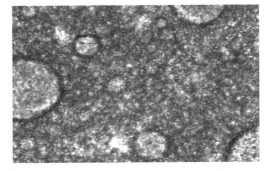

图 6-51　二元体系与原油乳化机高速搅拌 10min 后乳化情况

在二元驱驱油过程中，观察到的油包水强乳化主要出现在表面活性剂浓度很低、含水也比较低的井，在地层深部，由于压力梯度较小，驱替液的运移速度很慢，导致能量也很低，低能量输入很难产生强乳化，产出液中油包水型强乳化层产生原因可能是原油和地层水高速通过炮眼、油嘴、阀门时经受剧烈的机械剪切而形成。

8）试验区存聚率较高，产剂浓度平稳

2011 年 8 月至 2014 年 8 月试验区存聚率大于 85%，2014 年 9 月试验调整后产剂浓

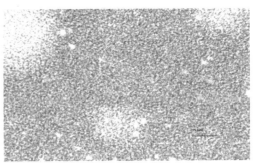

图 6-52　二元驱试验区油井采出液乳化层
（T72260）

度稳步下降。2015 年 9 月受压裂影响，产剂浓度有所上升，目前产聚浓度 162.0mg/L，产表浓度 450.4mg/L（图 6-53、图 6-54）。

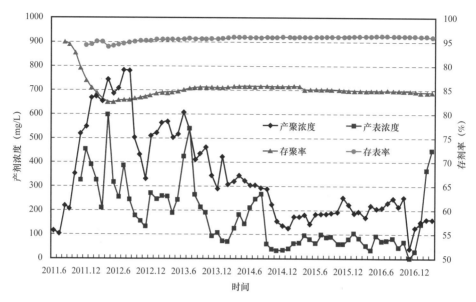

图 6-53　二元驱试验区存聚率和产聚产表

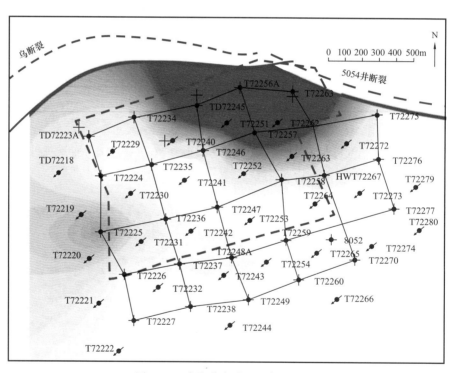

图 6-54　产聚分布（2016 年 12 月）

　　调整后产表浓度保持平稳，一直维持在 150mg/L 左右，2016 年 6 月区块产表浓度上升明显（由 151mg/L 升到 155.9mg/L），主要是压裂井 TD72245 和 T72257 的产表浓度快速上升引起的（图 6-55、图 6-56）。

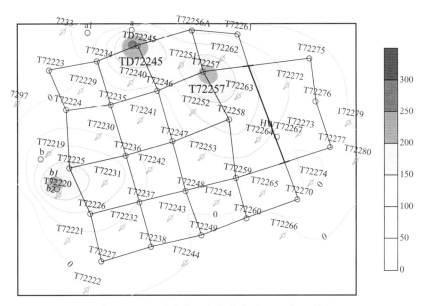

图 6-55　二元试验区产表分布（2015 年 6 月）

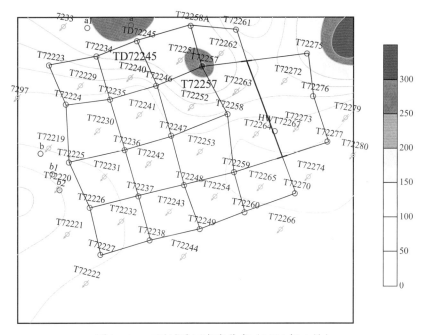

图 6-56　二元试验区产表分布（2016 年 6 月）

4. 生产现状

截至 2017 年 5 月，先导试验区日配注 232.5m³，日产液 58.1t，日产油 25.6t，综合含水 55.9%（图 6-57）；累计注入化学剂溶液 0.534PV，累计产油 11.7×10⁴t，其中二元驱阶段采出程度 13.7%，目前采出程度 60.6%。

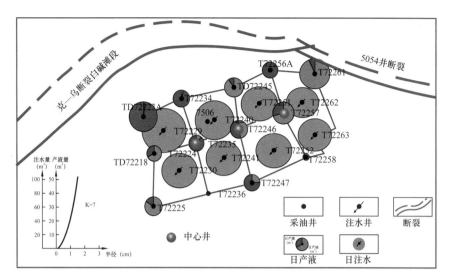

图 6-57　试验区及中心井开采现状图（2017 年 5 月）

截至 2017 年 5 月，试验区中心井 3 口，日产液 11.8t，日产油 5.2t，综合含水 55.8%；累计产油 2.12×10^4t，阶段采出程度 21.8%，其中二元驱阶段采出程度 13.3%，日前采出程度 60.7%（图 6-58）。

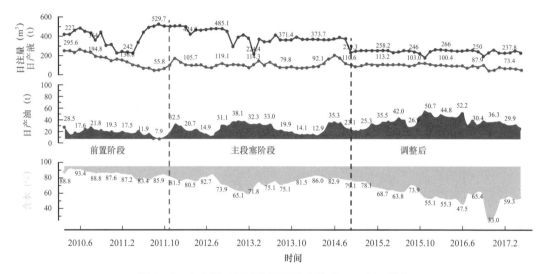

图 6-58　七中区二元试验区开发曲线（2017 年 5 月）

油井见效率 100%。单井产量显著提高，高峰期平均单井日产油 5.1t，含水 51.0%；目前单井日产油 2.4t，含水 55.9%（表 6-42）。

1）单井累计产油

截至 2017 年 5 月，试验区单井累计产油差异大，其中有 4 口井累计产油超过 1×10^4t；（0.5~1.0）$\times 10^4$t 的井有 8 口，包括 3 口中心井，其中中心井 T72246 井二元驱阶段采出程度达到了 17.9%（表 6-43、图 6-59）。

表 6–42　七中区二元驱试验区开采现状（2017 年 5 月）

序号	井号	空白水驱末（201006）			见效高峰期效果			目前试验现状			高峰期日期
		日产液（t）	日产油（t）	含水（%）	日产液（t）	日产油（t）	含水（%）	日产液（t）	日产油（t）	含水（%）	
1	T72224	6.6	1	84.8	15.9	3.7	76.7	1.3	1.1	75.2	2015 年 11 月
2	T72234	17	0.7	95.9	7.4	6.5	12.2	3.4	3.2	5.5	2015 年 11 月
3	T72235	16.3	0.3	98.2	7.1	3.2	54.9	4.1	2.7	33.3	2016 年 6 月
4	T72246	34.6	4	88.4	7.3	5.5	24.7	3.4	2	41.8	2015 年 11 月
5	T72247	12.8	0.6	95.3	4.8	3.2	33.3	3.9	2.9	25.4	2016 年 6 月
6	T72256A	51.6	0.5	99	7.9	6	24.1	2.8	2.8	1.1	2016 年 6 月
7	T72257	41	0.4	99	18.3	2.5	86.3	4.3	0.5	88.8	2015 年 11 月
8	T72258	19.7	0.4	98	9.4	2.4	74.5	1	0.4	63.3	2015 年 11 月
9	T72261	15	0.2	98.7	5.5	4.2	23.6	14.8	0.3	97.8	2015 年 11 月
10	TD72223A	15.7	5	68.2	15.9	14	11.9	11.5	11.1	3.5	2015 年 11 月
11	TD72245	35.8	0.4	98.9	16.5	2.5	84.8	4.9	0.4	90.9	2015 年 11 月
12	T72225	11.7	1.1	90.6	8.8	7.5	14.7	3.7	0.8	78.8	2016 年 8 月
13	T72236	21.9	0.4	98.2	7	1.6	73	—	—	—	2015 年 12 月
合计		23.1	1.2	95.1	10.4	5.1	51	4.9	2.4	55.9	

表 6–43　七中区二元调整区单井累计产油（截至 2017 年 5 月）

区块	类型	井号	前缘水驱		二元复合驱（截至 2016 年 6 月）		试验总效果	
			累计产油（t）	阶段采出程度（%）	累计产油（t）	阶段采出程度（%）	总累计产油（t）	总采出程度（%）
调整区	边井	T72234	5362	8.1	13781	20.8	19143	28.8
		TD72223A	7038	11.8	13356	22.4	20394	34.2
		T72258	3874	7.7	6374	12.6	10248	20.3
		T72256A	5931	11.7	5649	11.1	11580	22.8
		T72247	1507	4	5058	12.3	6565	15.9
		T72224	3962	9.5	4978	12	8940	21.5

续表

区块	类型	井号	前缘水驱		二元复合驱 （截至 2016 年 6 月）		试验总效果	
			累计产油 （t）	阶段采出 程度 （%）	累计产油 （t）	阶段采出程度 （%）	总累计 产油 （t）	总采出 程度 （%）
调整区	边井	T72236	1626	3.7	3423	8.5	5049	12.5
		T72225	2334	7.4	2891	9.2	5225	16.7
		T72261	1509	4.3	3672	10.6	5181	14.9
		TD72245	2085	8	1811	6.9	3896	14.9
	中心井	T72246	2297	5.8	7161	17.9	9458	23.7
		T72257	3743	13.4	2353	8.4	6096	21.8
		T72235	2183	7.4	3427	11.7	5610	19.1
区块合计			43451	8	73934	13.7	117385	21.7

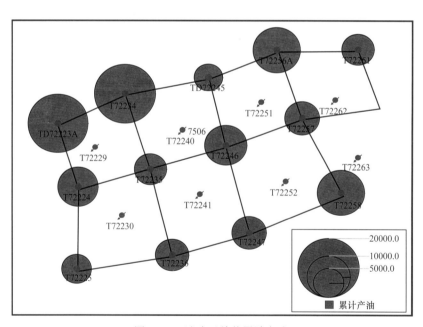

图 6-59　试验区单井累计产油

2）单井累计产油与地层系数相关性强

单井累计产油差异大（$0.4 \times 10^4 \sim 2.0 \times 10^4$t），单井累计产油与地层系数相关性强，呈正相关。截至 2017 年 5 月，试验区二元驱阶段采出程度 13.7%，累计产油 11.7×10^4t。中心井由于储层物性差，地层系数低，注采连通率低，采出程度低于边部井（图 6-60、图 6-61 和表 6-44）。

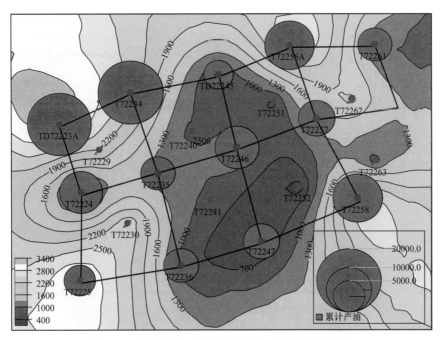

图 6-60　单井累计产油与地层系数 Kh 平面分布叠合

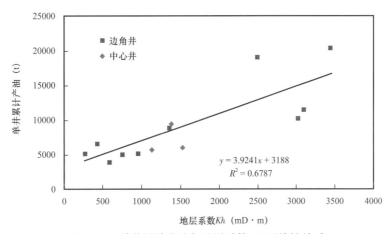

图 6-61　单井累计产油与地层系数 Kh 呈线性关系

表 6-44　中心井与边角井累计产油与 Kh 数据

井号	累计产油（t）	Kh（mD·m）
中心井平均	7054.7	1344.6
边角井平均	9622.1	1639.6

3）注入压力

通过系列调整后，试验区注入压力稳步下降，液量稳步上升，堵塞得到缓解，含水呈现阶梯式下降，二元复合驱试验步入正常轨道（图 6-62、图 6-63）。

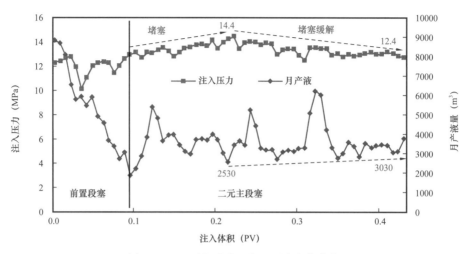

图 6-62　二元驱试验区注入压力变化曲线

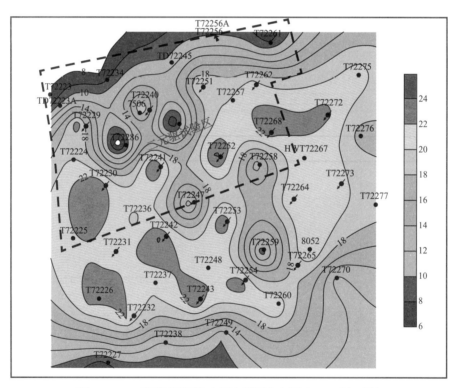

图 6-63　二元驱试验区注入压力平面分布图（2017 年 5 月）

4）地层压力平稳上升

调整后试验区地层压力略有上升（0.7MPa），低渗透区域注采井地层压力差异大，平面分布依然不均衡。2016 年，试验区地层压力为 15.1MPa，较 2015 年下半年上升 1.3MPa（图 6-64、图 6-65）。

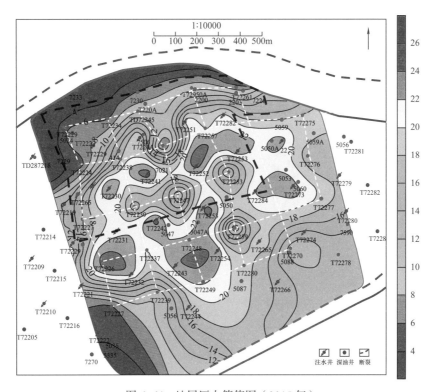

图 6-64 地层压力等值图（2015 年）

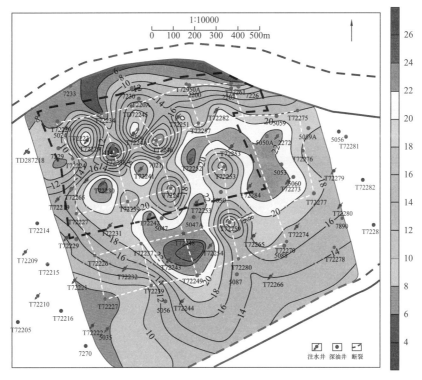

图 6-65 地层压力等值图（2016 年）

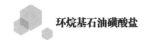

5）含水变化

前置段塞含水最大降幅 17.7%，阶段末含水下降 10.5%；主段塞前期含水最大降幅 35.8%，阶段末含水下降 18.2%；高峰期含水最大降幅 47.5%，目前含水下降 39.1%，处于低含水稳定生产阶段（图 6-66 和表 6-45、表 6-46），但目前平面上仍然存在不均衡（图 6-67）。

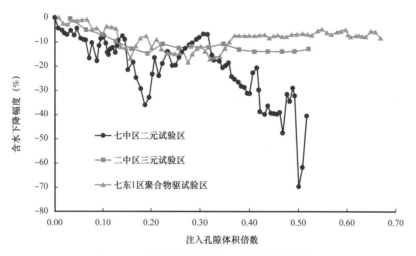

图 6-66　不同化学驱试验含水下降幅度对比

表 6-45　不同试验初期含水对比表

试验项目	初期含水（%）	Kh（mD·m）
二元驱试验	95.0	1707.6
聚合物驱试验	97.0	7143.2
三元驱试验	98.0	4095.5

表 6-46　试验区不同阶段含水变化情况

试验阶段	初期含水（%）	最低含水		末期含水	
		含水（%）	下降幅度（%）	含水（%）	下降幅度（%）
前置段塞	95	77.3	17.7	84.5	10.5
主段塞前期	84.5	59.2	35.8	76.8	18.2
高峰期	76.8	47.5	47.5	55.9	39.1

6）液量变化

高强度前置段塞注入后，造成驱油体系在地层运移过程中，地层深部渗流阻力大，月产液下降幅度较大（52.5%），超过二中区三元驱和七东 1 区聚合物驱（22.5%）；二元驱初期注入中等强度二元驱油体系后，产液得到一定恢复；高峰期注入低强度二元驱油体系产液能力进一步提升（32.6%），与二中区三元驱和七东1区聚合物驱相当（图6-68）。

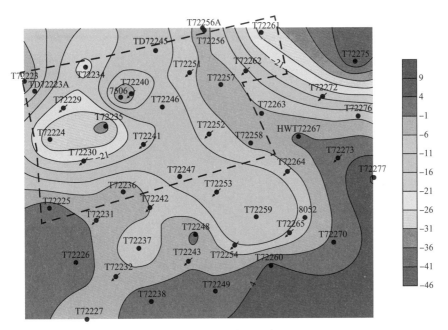

图 6-67　试验调整前后含水对比图

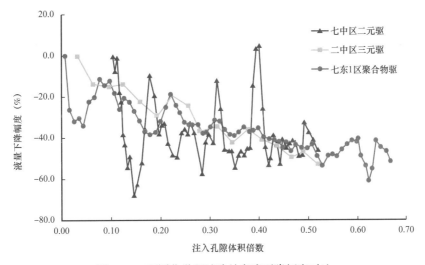

图 6-68　不同化学驱试验月产液下降幅度对比

注剂初期地层深部流动困难，月产液下降幅度较大，超过二中区三元驱和七东1区聚合物驱。经过调整后，产液下降幅度减缓。考虑到七中区二元先导试验区的储层流动系数较低的情况（表6-47），二元驱试验月产液下降幅度处于合理范围，符合二元复合驱的规律，但平面上仍然存在不均衡（图6-69）。

表 6-47　不同试验注剂初期月产液量

试验	初期月产液（t）	Kh（mD·m）
二元驱试验	5127.3	1707.6
聚合物驱试验	24813.0	7143.2
三元驱试验	2600.0	4095.5

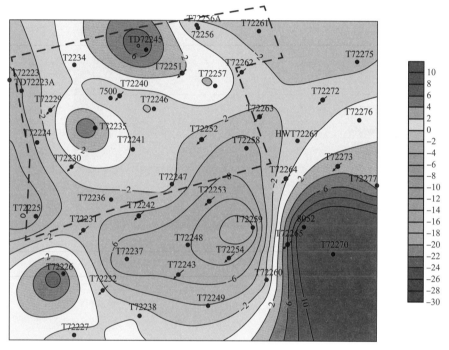

图 6-69　试验调整前后日产液对比

7）注采能力变化

分段塞注入二元驱油体系后，试验区产吸指数稳步提高。2017 年下半年，比吸水指数为 2.0m³/（d·MPa·m），比产油指数为 0.07t/（d·MPa·m）（图 6-70）。

8）产吸剖面动用

见效高峰期吸水厚度动用程度达到 75.6%，较注入初期提高 27.6%；产液厚度动用程度 63.4%，较注入初期上升 12.2%（图 6-71）。

注入前置段塞主要动用中上部高渗透储层，二元驱油体系注入初期主要动用中部中渗透储层，见效高峰期主要动用中低渗透储层（图 6-72、图 6-73）。

9）产出氯离子浓度

试验区产出氯离子浓度具有"双峰"特征，主段塞注入后开始见效，氯离子浓度迎来第一个峰值（3366mg/L），但较为短暂；试验调整后，二元驱油体系储层适应性进一步增强，见效高峰期来临，氯离子浓度出现第二个峰值（3825mg/L）（图 6-74）。中心井氯离子浓度同样具有"双峰"特征（图 6-75）。

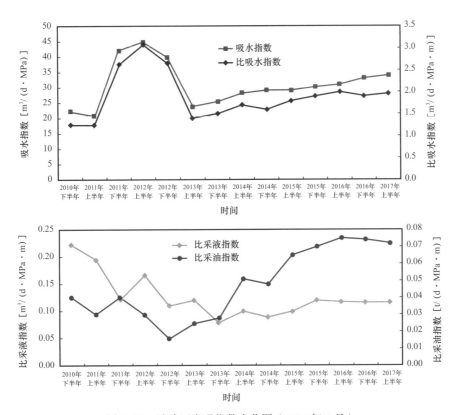

图 6-70　试验区产吸指数变化图（2017 年 5 月）

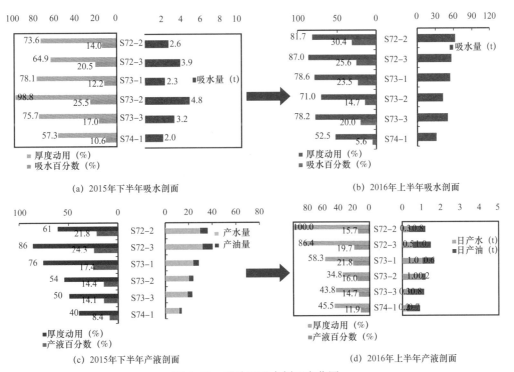

图 6-71　试验区吸水剖面变化图

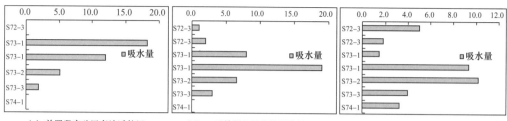

（a）前置段塞动用高渗透储层　　（b）二元前期动用中渗透储层　　（c）二元高峰期动用中低渗透储层

图 6-72　T72252 井不同阶段吸水剖面

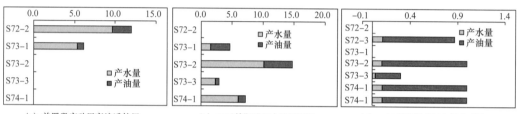

（a）前置段塞动用高渗透储层　　（b）二元前期动用中渗透储层　　（c）二元高峰期动用中低渗透储层

图 6-73　T72246 井不同阶段吸水剖面

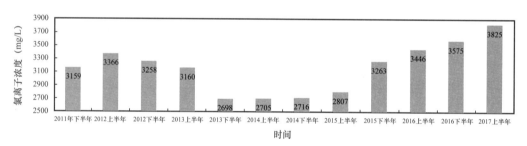

图 6-74　试验区氯离子浓度变化图

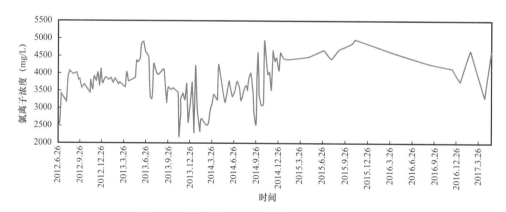

图 6-75　中心井 T72246 井氯离子浓度变化图

10）乳状液含量

矿场试验表明，二元复合驱阶段产出液中的乳状液类型以油包水型为主，单井的乳状液体积比差异较大（40%～100%），二元复合驱阶段累计产油与乳状液体积比存在相关性，乳状液体积比越高，二元复合驱阶段累计产油越高（图 6-76、图 6-77）。

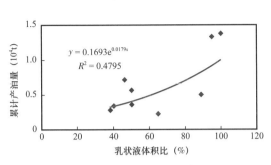

图 6-76 单井累计产油量与乳状液体积比关系图

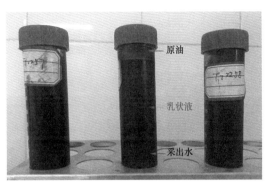

图 6-77 七中区二元复合驱单井乳状液样品

5. 不同物性段开发指标

不同物性段剖面动用统计结果表明，二元驱油体系注入初期主要动用 100mD 以上储层，高峰期 30～50mD 动用程度大幅提高（图 6-78 至图 6-81）。

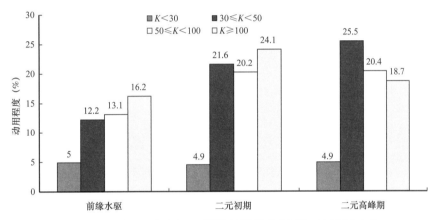

图 6-78 8 注 13 采试验区不同物性层段吸水层数动用程度变化

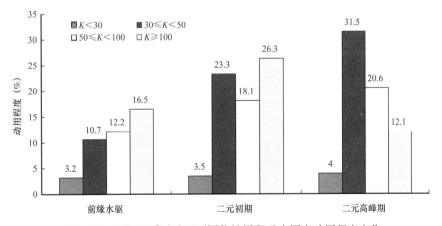

图 6-79 8 注 13 采试验区不同物性层段吸水厚度动用程度变化

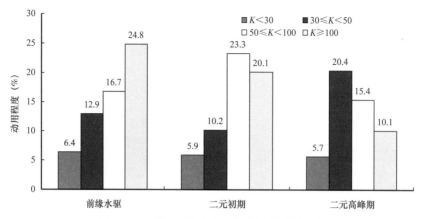

图 6-80　8 注 13 采试验区产液层数动用程度

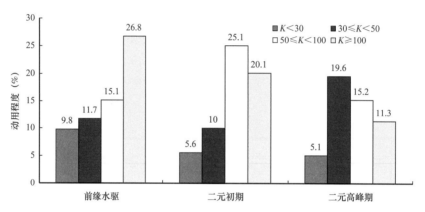

图 6-81　8 注 13 采试验区不同物性层段吸水厚度动用程度变化

　　注入前置段塞（0.10PV）主要动用Ⅰ类储层（100mD 以上），注入初期（0.10～0.34PV）主要动用Ⅱ类储层（50～100mD），注入中期主要动用Ⅲ类储层（30～50mD）。Ⅳ类储层（30mD 以下）二元驱阶段采出程度较低，仅为 6.12%（图 6-82、图 6-83）。

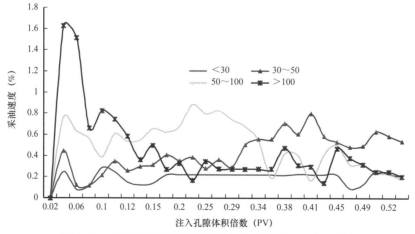

图 6-82　不同物性储层采油速度变化（截至 2017 年 5 月）

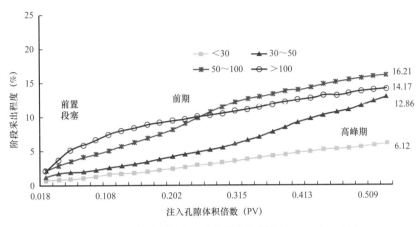

图 6-83　不同物性储层二元阶段采出程度（2017 年 5 月）

1）阻力系数变化

与国内其他成功的化学驱油藏相比，经过配方调整后，七中区二元驱阻力系数
（12.5）和残余阻力系数（2.6）处于合理范围（表 6-48 和图 6-84），同时视阻力系数稳步
提升（表 6-49），反映出二元驱见效特征。

截至 2018 年 7 月累计注剂 0.534PV，完成设计 80%；二元驱阶段采出程度 17.3%，
完成设计 92%。试验正常运行，好于方案预期，能够完成方案指标，最终采收率 18.0%，
超方案设计 2.5 个百分点（图 6-85）。

表 6-48　国内各化学驱阻力系数和残余阻力系数（岩心实验）

油田	区块	渗透率（mD）	化学驱类型	聚合物分子量（万）	聚合物浓度（mg/L）	阻力系数	残余阻力系数
新疆	七中区	95	二元驱	1000	1000	12.5	2.6
新疆	七东 1 区	560	聚合物驱	2500	1500	8.5	1.6
大港	港西三区	2500	二元驱	2500	2500	15.2	2.4
辽河	锦 16 块	3000	二元驱	2500	1600	14.5	3.2
大庆	—	700	三元驱	2500	1800	10.2	1.9
大庆	—	700	聚驱	2500	1800	12.1	2.2
吉林	红 113	110	二元驱	1500	1500	54.8	24.9
长庆	北三区	100	二元驱	1500	1500	44.8	20.8

表 6-49　二元驱试验区霍尔斜率（视阻力系数）

调剖调试	二元驱初期	二元驱见效高峰期
1.2	1.4	1.9

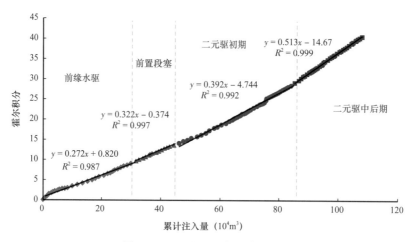

图 6-84　二元驱试验区霍尔曲线

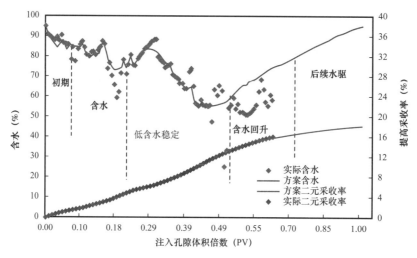

图 6-85　试验区含水和采出程度拟合曲线（2018/7/12）

试验降水增油效果明显，开发效果显著，于 2015 年 11 月二元驱试验区达到见效高峰期，并持续有效，日产油由 17.7t 上升至 54.6t；含水由 95.0% 下降至最低含水 47.5%，目前含水 55.9%，最大降幅 47.5 个百分点（图 6-86、图 6-87）。

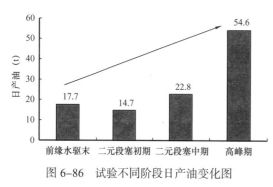

图 6-86　试验不同阶段日产油变化图

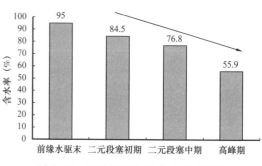

图 6-87　试验不同阶段含水率变化图

2）同类试验对比

七中区克下组二元复合驱试验效果与辽河高渗透砂岩油藏相当（图 6-88、图 6-89 和表 6-50）。

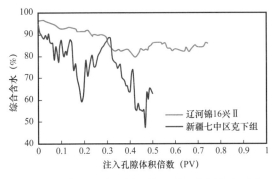

图 6-88　中国石油不同区块二元复合驱含水对比

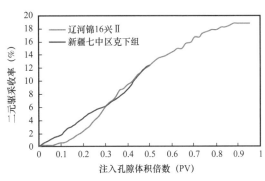

图 6-89　中石油不同区块二元复合驱采收率对比

表 6-50　新疆和辽河二元驱效果对比数据表（0.5PV）

区块	油藏类型	渗透率（mD）	阶段采出程度（%）	含水最大下降幅度（%）
新疆七中区克下组	砾岩	94.8	17.2	47.5
辽河锦 16 兴Ⅱ	砂岩	3442	18.0	17

3）折算吨聚增油

二元复合驱在初期、中期阶段折算吨聚增油 20t/t 左右，545mg/L·PV 以后见效高峰期折算吨聚增油 40t/t 以上（图 6-90）。

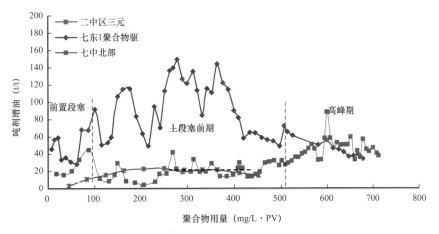

图 6-90　不同化学驱吨剂增油量变化曲线

6. 试验取得阶段成果与认识

通过攻关与实践，形成了砾岩油藏二元复合驱大幅度提高采收率技术。试验区 2015

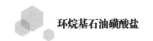

年 11 月达到见效高峰，含水最大降幅超过 40 个百分点，单井日产油由 1.0t 提高到 4.2t，提高 4.2 倍，采油速度由 0.9% 提高到 3.6%，提高 4.0 倍。截至 2019 年底提高采收率 17.2%，预计最终提高采收率 18%，超方案设计 2.5 个百分点。

试验取得三项主要成果。

（1）首次构建了复模态砾岩油藏"梯次注入、分级动用"二元复合驱油高效开发模式。利用恒速、恒压物理模拟流动性实验，建立了二元驱油体系与不同储层配伍图版。室内多层并联物理模拟实验研究表明梯次降低分子量降低黏度注入方式波及范围最大、驱油效率最高，提高采收率幅度比注入单一二元驱油体系高 7.0 个百分点。建立了梯次降黏渗流模型，揭示了不同物性储层启动机制。以此为基础，首次构建了复模态砾岩油藏"梯次注入、分级动用"二元复合驱油模式，初期注入高分高浓、强乳化的驱油体系，以"调堵为主"动用高渗透层，然后通过梯次降低分子量降低黏度注入中低分子量、中低浓度、适度乳化的驱油体系，以"驱油为主"动用中低渗透层。现场实施后，实现大幅度提高采收率 18 个百分点，动用下限较筛选标准 50mD 进一步降至 30mD，拓宽了化学驱动用物性界限。

（2）揭示了"胶束增溶，乳化携油"和原位乳化是 KPS 表面活性剂提高采收率的重要机理。新疆油田自主研发的 KPS 产品，其疏水链呈"正 Y 形"结构，胶束内核尺寸为 218nm，是其他类型表面活性剂的 2～5 倍，0.01% 的 KPS 溶液极限增溶原油能力为 350kg/t，是其他类型表面活性剂的 1.5 倍，具有更强的胶束增溶原油能力；原位乳化时间小于 60min，乳化综合指数在 30%～80% 范围内可调。可控乳化二元驱油体系室内驱油效率达到了 29%，其中乳化携油对采收率的极限贡献率为 8 个百分点，优于同类产品。

（3）首创"嵌套曝气、多元可调"分压个性化配注技术，实现了采出水的复配回用及砾岩油藏强非均质性条件下的差异化注入；首创"生物法"采出水处理技术，利用微生物分解代谢的能力，分解水中的乳化油及其他有机杂质，绿色环保，实现了采出水循环利用。

得到两项主要认识：

（1）砾岩油藏二元复合驱技术可以大幅度提高采收率，实现经济有效开发；

（2）采出水配制二元驱具有"高效、低成本、绿色"的特点，有望成为砾岩油藏大幅度提高采收率的主体技术。

按中国石油化学驱评价标准，新疆砾岩油藏中，渗透率大于 50mD 的地质储量为 $2.79 \times 10^8 t$，具有二元复合驱推广潜力，可以"水驱 + 二元复合驱"二三结合形式新增可采储量 $3370.0 \times 10^4 t$。

第四节　环烷基石油磺酸盐在特超稠油开采中的应用

新疆油田风城重 32 井区地层条件下原油黏度在 $100 \times 10^4 mPa \cdot s$ 以上，属于特超稠油，地层裂缝发育，天然能量不足，油藏流体不具备流动性。2006 年该区块进行了规模化热采试验，2007 年投入整体开发，截至 2013 年 3 月单井平均油气比为 0.16，日产油 2.1t，存在气窜严重、井况变差和产量低等问题。为进一步提高单井采出程度，2013 年 11 月在油藏中东部区域进行了两口井蒸汽泡沫驱采油试验，取得了较好的效果。

一、试验目的

（1）评价砾岩油藏特超稠油蒸汽泡沫驱技术经济效果；
（2）形成稠油蒸汽泡沫驱配套技术系列。

二、试验区概况

重 32 井区油藏埋藏浅，中部深 190m，地层温度低，原始地层温度为 16.37℃，地层条件下原油黏度在 100×10^4mPa·s 以上，地层裂缝发育，天然能量不足，油藏流体不具备流动性。

1. 储层物性

重 32 井区齐古组储层岩性为砂砾岩、粗砂岩、含砾砂岩、中砂岩、细砂岩和粉砂岩，以中砂岩、细砂岩为主，砂砾岩和含砾砂岩次之。胶结物成分主要为黄铁矿、方解石和菱铁矿，含量为 0～20%，胶结程度疏松，胶结类型大多属孔隙型。由于胶结程度疏松，在注入过程应以低速度注入为宜。

2. 储层孔隙结构

齐古组储集空间主要为原生粒间孔（占比 90%），其次为剩余粒间孔（占比 10%），还有微量的粒内溶孔以及高岭石晶间孔。粒间孔径一般为 42～389.2μm，平均为 200.7μm，目估面孔率为 8.1%，孔喉配位数为 0.09～1.81。

3. 孔隙度、渗透率分布

重 32 井区齐古组孔隙度变化在 2.6%～42.65% 之间，平均为 27.87%。水平渗透率变化在 0.01～5000mD 之间，平均为 753.1mD。垂向渗透率变化在 0.017～5000mD 之间，平均为 1736mD。油层孔隙度在 23%～36.4% 之间，平均为 31.1%，渗透率在 91～29124mD 之间，平均为 3297mD。重 32 井区齐古组为高孔、高渗透储层，有利于注入并发挥泡沫的改善波及体积的作用。

4. 非均质性

重 32 井区 J_3q^{2-2-1}、J_3q^{2-2-2}、J_3q^{2-2-3}、J_3q^3 层均属于强非均质性储层，其中 J_3q^{2-2-1} 层和 J_3q^{2-2-2} 层平面连通性相对较好，层内岩性变化不大，没有明显的夹层，非均质性程度相对较弱；其次为 J_3q^{2-2-3} 层，J_3q^3 层非均质性最强。

5. 黏土矿物与敏感性

重 32 井区齐古组储层黏土矿物主要以伊蒙混层矿物（占比 42.3%）为主，混层比（占比 80%），其次为高岭石（占比 28.7%）、伊利石（占比 14.5%）和绿泥石（占比 14.5%）。储层敏感性为弱水敏性、无—弱速敏性。

6. 储层润湿性

主要含油岩性（中细砂岩）的水排油比为 2.46，水润湿指数为 0.00～0.085，平均为 0.0019，表明齐古组储层为中—弱亲油型。

三、试验方案设计要点

通过室内实验和数值模拟对注入参数进行优化，确定注入方案为：

注入井：DF3034 井、F10129 井；

注入工艺：注入表面活性剂—注蒸汽—焖井—生产；

注汽速度：120～140t/d；

注入量：化学剂用量 1500～2100m³，注汽量 1900～2700m³；

化学配方：0.5% 环烷基石油磺酸盐 +0.5% 自生汽助剂 +0.2% 助剂。

四、试验取得阶段成果与认识

以克拉玛依稠油减压馏分油为原料，研究生产了一种环烷基石油磺酸盐表面活性剂，并针对风城重 32 井区，研究了该区块的油藏特性和储层流体特征，评价了以多元酸盐为主剂的复合表面活性剂的起泡性能、泡沫稳定性、降低界面张力性能、高温稳定性、乳化降黏性能、乳液的稳定性、泡沫的流变性以及表面活性剂对润湿性的影响。200℃高温岩心实验表明：该技术与蒸汽驱相比可提高采收率 7.9%。2013 年 11 月顺利完成 2 口井（DF3034、F10129 井）的现场注入试验，试验效果良好，单井日增油 16t，为新疆油田特超稠油的增产稳产提供了一种新的技术。